FANUC

数控宏程序编程案例手册

第 2 版

沈春根　刘　义　邢美峰　侯军明　胡　胜　主　编

机 械 工 业 出 版 社

本手册采用实例形式，针对数控加工中的常见型面，叙述了宏程序基本概念、数学基础和宏程序编制方法，介绍了实际生产中最常见的简单型面、非圆型面、螺纹、孔系、倒角等数控加工宏程序编制的详细过程。

本手册注重概念阐述和应用实例相结合、数控车和数控铣实例相结合、工艺路线和编程思路相结合、逻辑算法和刀路规划相结合、操作步骤和内容提示相结合、单型面编程和综合编程实例相结合，循序渐进，由浅入深，通过大量实例引导初学者逐步提高数控加工宏程序的编制技能和水平。

手册中的所有实例均通过 FANUC 数控系统进行仿真和实际上机运行。

本手册可以作为数控技术进阶培训、数控编程操作用书和自学教材，也可作为高等学校、高职高专等院校数控技术课程教学的辅导教材。

图书在版编目（CIP）数据

FANUC数控宏程序编程案例手册/沈春根等主编．—2版．—北京：机械工业出版社，2021.9

ISBN 978-7-111-69016-0

Ⅰ．①F…　Ⅱ．①沈…　Ⅲ．①数控机床—程序设计—技术手册

Ⅳ．①TG659-62

中国版本图书馆CIP数据核字（2021）第172368号

机械工业出版社（北京市百万庄大街22号　邮政编码100037）

策划编辑：周国萍　　　责任编辑：周国萍　刘本明

责任校对：樊钟英　　　封面设计：马精明

责任印制：李　昂

河北鹏盛贤印刷有限公司印刷

2022年1月第2版第1次印刷

169mm×239mm・18.5印张・318千字

0 001—2 500册

标准书号：ISBN 978-7-111-69016-0

定价：69.00元

电话服务　　　　　　　　　　网络服务

客服电话：010-88361066　　　机　工　官　网：www.cmpbook.com

　　　　　010-88379833　　　机　工　官　博：weibo.com/cmp1952

　　　　　010-68326294　　　金　书　网：www.golden-book.com

封底无防伪标均为盗版　　机工教育服务网：www.cmpedu.com

前言
preface

近 10 年来，笔者和所在团队成员坚持耕耘在 CAD/CAM/CAE/CNC 技术的教学、培训和工程应用领域，在读者和机械工业出版社的肯定和鼓励下，在 CNC 领域先后推出了《数控车宏程序编程实例讲解》（2012 年出版）、《数控铣宏程序编程实例讲解》（2014 年出版）和《FANUC 数控宏程序编程案例手册》（2016 年出版）等图书，其中《数控车宏程序编程实例讲解》第 1 版、第 2 版已经累计 11 次印刷，销量超过 2 万册，这些数字说明了本团队编写的宏程序书籍具有显著的行业示教和技术引导特色，也鼓励了团队成员不断领悟和挖掘宏程序编程的技术特点及其应用场合。

本书第 1 版内容覆盖了数控车床、数控铣床、加工中心、车铣复合和动态应用等诸多宏程序应用领域，内容实用，得到了读者的认可和喜爱。随着时间的推移，应出版社的要求和读者的意见，决定对手册中类似的案例和内容进行取舍和调整，以达到"风格不变、内容精简和性价比高"的改版目标。

扼要来说，第 2 版除了进一步提升编程及算法的引导和更换了全部实例之外，主要特点一是摒弃了不常用的宏程序应用实例；二是对思路、流程和算法相似的实例进行了整合，特别是算法和数学模型的衔接更加紧密；三是增加了雷绍尼自动探测宏编程实例。

本版继续秉承《数控车宏程序编程实例讲解》《数控铣宏程序编程实例讲解》和《FANUC 数控宏程序编程案例手册》这三本书的编写风格：以最简单型面加工的宏程序编程案例入手，详解编程思路、刀路规划、算法流程和编程步骤，循序渐进，加工零件的编程难度逐渐加大，最终引导读者能够运用宏程序编程去解决数控车床、数控铣床和加工中心的实际加工问题。

本手册主要内容

第 1 章介绍了用户宏程序功能 A 的基本概念和应用方法，以及一个简单的应用实例。

　　第 2 章介绍了用户宏程序功能 B 的基本概念和应用方法，以及一个简单的应用实例。

　　第 3 章介绍了宏程序编程中的数学模型，以及由数学模型到编制宏程序的基本过程。

　　第 4 章介绍了粗车端面、车削单外圆、大直径切断外圆、车削外圆锥面、车削 1/4 凸圆弧 5 个常见型面车削的宏程序应用实例。

　　第 5 章介绍了方程型面宏程序编程方法，车削 1/4 右椭圆、1/4 左椭圆、1/2 凹椭圆、大于 1/4 椭圆 4 个方程型面加工的宏程序应用实例。

　　第 6 章介绍了螺纹车削方法，车削单线螺纹、双线螺纹、大螺距外螺纹、外圆梯形螺纹、圆弧牙型螺纹、等槽宽等齿宽变距螺纹、异型螺纹 7 个螺纹加工的宏程序应用实例，以及异型螺纹加工方法和宏程序编程思路。

　　第 7 章介绍了直线排孔、圆周均布孔系和矩阵孔系 3 个数控铣钻孔宏程序应用实例。

　　第 8 章介绍了铣削矩形平面、圆柱形台阶、矩形型腔、矩形斜面型腔铣和内螺纹铣削 5 个常见型面铣削加工的宏程序应用实例。

　　第 9 章介绍了圆形 45°斜面、圆形 R 角和椭圆形 45°斜角 3 个圆角和斜角铣削的宏程序应用实例，以及铣削斜面和 R 面的宏程序编程总结。

　　第 10 章介绍了 FANUC 数控系统中可编程参数输入（G10）应用、系统变量编程概述、系统变量在工件坐标系中的应用、系统变量在刀具长度补偿中的应用、系统变量在刀具半径补偿中的应用，以及雷尼绍自动探测工作原理和编程应用。

本手册编排特点

　　注重工艺路线和编程思路相结合、逻辑算法和刀路规划相结合、操作步骤和内容提示相结合、单型面编程和综合实例相结合。

　　实例类型基本覆盖了数控车削和数控铣削加工中常见的加工型面和编程方法，最后一章介绍了宏程序编程动态应用和雷尼绍自动探测功能应用实例。本书实例中的程序语句均有注释说明和编程总结。

本手册适合读者

　　本手册可以作为数控技术进阶培训、数控编程操作用书和自学教材，也可作为高校、高职高专等院校数控技术课程的课外辅导教材。

本手册学习方法建议

学习 CNC 编程基本知识→上机实践→学习子程序、固定循环和宏程序的基本概念→对照本手册实例进行学习和模仿→程序仿真和验证→上机再次实践→加工实物→不断实操和总结→独立编写宏程序和生产实践。

本手册编写人员

本手册由沈春根、刘义、邢美峰、侯军明、胡胜担任主编，丁明泉、邹晔、汪健、周丽萍、许洪龙、史建军、陈建、范燕萍、王春艳、卜文卓、徐雪、黄冬英、徐晓翔、袁进、高宗飞、封士政、沈卓凡和李海东等参与了部分章节的编写和文字校对工作，全书由沈春根负责统稿。本书在编写过程中借鉴了国内外同行有关宏程序编程应用技术的最新成果，在此一并表示感谢。

由于作者水平有限，加之内容丰富和时间仓促，不足和错误之处恳请读者斧正，并提出宝贵建议，便于后续书籍的编写和改进。

编　者

目录

Contents

目录

2.2 逻辑变量与辅助变量......18
2.2.1 逻辑变量......18
2.2.2 辅助变量......20
2.3 变量的数学运算与逻辑运算......22
2.3.1 数学运算与逻辑运算概述......22
2.3.2 变量的数学运算......24
2.3.3 变量的逻辑运算......25
2.3.4 运算特例......26
2.4 控制流向语句......26
2.4.1 语句的分类......26
2.4.2 运算符的描述......30
2.5 条件转移语句（IF）与循环语句（WHILE）的区别与联系......31
2.5.1 条件转移语句的嵌套功能......31
2.5.2 循环语句的嵌套功能......32
2.5.3 循环语句与条件转移语句的组合......34
2.6 IF [条件表达式] THEN 语句......35
2.6.1 语句概述......35
2.6.2 语句应用实例......35
2.7 宏程序的调用与调用取消......37
2.7.1 宏程序调用（G66）......37
2.7.2 宏程序调用（G65）......39
2.8 用户宏程序功能 B 入门实例......43
2.9 宏程序编程基础......44
2.9.1 宏程序编程步骤......44
2.9.2 变量设置常见方法......45
本章小结......48
第 3 章 宏程序和数学基础......49
3.1 宏程序与数学模型......49
3.1.1 单一型面零件与数学模型......49
3.1.2 复合型面零件与数学模型......51
3.2 宏程序与一次函数......52
3.2.1 一次函数概述......52

第1章

用户宏程序功能 A

本章内容提要

FANUC 数控系统提供两种用户宏程序功能：用户宏程序功能 A（A 类宏程序）和用户宏程序功能 B（B 类宏程序）。用户宏程序功能 A 是 FANUC 数控系统的标准配置功能。

本章详细介绍用户宏程序功能 A 的变量与常量、数学运算、逻辑运算、控制流向语句、设置变量几种方式等基本知识，最后通过一个简单的实例详细叙述用户宏程序功能 A 在实际数控编程加工中的应用。

1.1 常量与变量

1.1.1 常量的概述

看如下程序：

```
……;
G0 X30 Z1;
G01 Z-50 F0.2;
G0 U0.5;
Z1;
……;
```

像程序中 30、1、−50、0.5、0.2 等数值在程序运行过程中是不能改变的，这类数值称为常量。

常量的特点如下：

1）常量无法改变自身的数值，如常量 9 代表数学意义：数值 9；某一时刻天气温度：9℃……，这些数值固定且无法改变。

2）常量可以参与运算，运算结果还是常量。如 12+13 是常量 12 与常量 13 进行加运算，运算结果等于 25，25 也是常量。

3）常量运算符遵循"自左至右结合"，即运算对象先与左面的运算符结合。如常量 1+ 常量 2= 常量 3，其中常量 1、常量 2 是参与"加运算"的两个对象，常量 3 存放常量运算结果，这样的运算称为"自左至右"结合。

1.1.2　变量的概述

1. 变量概述

看如下程序：

```
……;
G65 H01 P#200 Q30;
G65 H01 P#201 Q50;
G0 X#1 Z1;
G01 Z-#2  F0.2;
G0 U0.5;
Z1;
G65 H03 P#1 Q#1 R2;
……;
```

像程序中 #200、#201 等数据在数控程序运行中，其值是可以改变的，这类数据称为变量。变量名是代表数控系统特定属性的存储单元，用来存放数据即变量的值。

一个变量具有 3 个属性：变量名、变量值和变量使用基本原则。

变量名与变量值是两个不同的概念。变量名是数控系统的存储单元，在 FANUC 数控系统中，变量名采用"#"和后面指定的变量号来表示；变量值是存放在数控系统指定单元的数值。变量名与变量值之间的关系如图 1-1 所示。

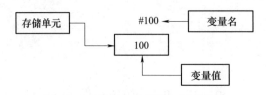

图 1-1　变量名与变量值之间的关系

变量使用基本原则：先定义后使用。

数控系统对数控程序出现的变量名没有规定，因此必须强制定义变量，即遵循"先定义后使用"的基本原则。对于程序中出现的未定义变量，数控系统不会进行检查，更不会报警，但是会给使用者带来隐患。未定义变量名的值具有不确定性，未定义变量名的值可以是正值，可以是负值，也可以是数控系统"垃圾值"。因此，变量使用应遵循"先定义后使用"的基本原则。

2. 变量定义

FANUC 数控系统中变量采用"#"和后面指定的变量号来表示，其中变量号可以是数值，也可以是表达式，甚至可以是其他变量，如 #100、#[3×2-1]、#[#101]……

用变量可以代替地址后面的具体数字，当用变量代替变量号时，不能表示为"##101"，而应写成 #[#101] 或"#[9]"。

例：#100 = 10，G0 Z[#100]，相当于 G0 Z10；

　　#101 = 10，G0 X[#101]，相当于 G0 X10；

地址 O、L、P、G 和 N 后面不能引用变量，如 O#100、N#100 是错误的。

3. 变量赋值

定义了变量号之后，数控系统会临时开辟一个内存字节来存放该变量，但该变量没有任何意义，只是向系统要一个空的内存，必须对该变量进行赋值后才能实现运算功能。用户宏程序功能 A 赋值功能格式：G65 H01 P#i Q#j；，其中：

G65：宏程序调用功能。

H01：用户宏程序功能 A，赋值运算功能（赋值运算符）。

P#i：存放运算结果的变量。

Q#j：参与赋值运算的变量。

变量的赋值运算是宏程序变量运算唯一的"一元次运算"，即参与运算的变量仅有一个。G65 H01 P#i Q#j 语句的作用：将 #j 的值传递给 #i，Q 后面可以是常量，也可以是变量。

说明如下：

1）例如 G65 H01 P#200 Q1；，该语句的作用：定义变量名为 #200 的变量，并把常量 1 赋给变量名为 #200 号变量。机床数控系统执行该语句后，变量名 #200 的变量值是 1。变量值在程序中也可以任意修改，如 G65 H01 P#200 Q3，变量号 #200 的变量值就修改为 3。

注意：P#200 与 Q1 位置不能互换。如果 G65 H01 P#200 Q1 误写成 G65 H01 Q1 P#200，则会触发系统报警。

如果 Q 后面的数值为"-"，如 G65 H01 P#200 Q-1；，该语句的作用：定

义变量名 #200 的变量并把常量 −1 赋给变量名为 #200 号变量。

2）数控系统执行 G65 H01 P#200 Q#3；语句时，变量名为 #3 的变量必须被定义且赋值，否则会给使用者带来隐患，这也从另外的角度验证了变量使用基本原则。

1.1.3　常量与变量的区别

常量与变量是相对的，相辅相成的。没有常量，变量也没有存在价值。常量是变量的基础，变量是常量的衍生和发展。当数据用常量表达很复杂且有规律时，就产生了变量。

常量与变量的区别如下：

1）数据、事物用常量表示，表明该数据有具体的数值；事物是固定的，具有某种固定特征，所以常量通常用于有固定特征的事物；具体数值的数据。

2）数据、事物用变量表示，表明该数据是有规律且重复出现的；事物在一定时期是有规律变化的，所以变量通常用于有规律变化且重复出现的数据和事物。

在数控宏程序编程中，固定不变的量定义为常量；有规律变化且重复出现的数据定义为变量。下面举例说明：加工图 1-2 所示零件，毛坯如图 1-3 所示。

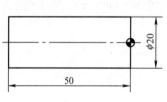

图 1-2　加工零件示意

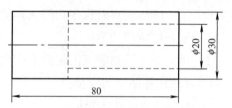

图 1-3　加工零件的毛坯

该零件将 $\phi30$mm×80mm 的圆棒料加工成 $\phi20$mm×50mm 的销轴。在车削加工过程中，毛坯外圆尺寸由 $\phi30$mm 逐渐减小至 $\phi20$mm，长度方向的尺寸不发生改变（端面、切断加工不作考虑）。显然，在零件加工过程中，常量有 50mm（长度尺寸）、$\phi20$mm；变化的尺寸：毛坯由初始 $\phi30$mm 加工至 $\phi20$mm；加工余量由 10mm 减小至 0。

采用宏程序编程时，定义变量控制毛坯尺寸或加工余量，定义常量控制最终直径尺寸和零件长度。定义变量的程序如下：

```
……
G65 H01 P#200 Q30;　（定义变量名为 #200 变量，赋初始值 30，控制毛坯尺寸）
G65 H01 P#201 Q10;　（定义变量名为 #201 变量，赋初始值 10，控制加工余量）
……
```

1.2　变量的数学运算与逻辑运算

1.2.1　变量的数学运算

宏程序中的变量可以进行数学运算，FANUC 系统用户宏程序功能 A 支持的数学运算见表 1-1。

表 1-1　变量的数学运算

功能	格式	备注
定义置换	G65 H01 P#i Q#j	变量的赋值
加法	G65 H02 P#i Q#j R#k	变量的数学运算
减法	G65 H03 P#i Q#j R#k	
乘法	G65 H04 P#i Q#j R#k	
除法	G65 H05 P#i Q#j R#k	
正弦	G65 H31 P#i Q#j R#k	三角函数和反三角函数的数值均以度（°）为单位来指定。例如：90°30′应写成 90.5°
正切	G65 H33 P#i Q#j R#k	
平方根	G65 H21 P#i Q#j	
绝对值	G65 H22 P#i Q#j	

1）表 1-1 只罗列了变量部分数学运算的基本功能。在实际宏程序编制中，不是每个功能及其格式都需要用到，建议记住常用的一些命令，比如定义置换、加减乘除、平方根、正弦、余弦等，其他的指令可以在实际编程中按需查询。

2）以"加法运算"为例分析变量数学运算的过程。

加法运算格式：G65 H02 P#i Q#j R#k；

其中：H02：加法运算符；

P#i：存放运算结果变量 #i；

Q#j：参与加运算的变量 #j；

R#k：参与加运算的变量 #k。

变量加法运算是宏程序变量运算的"二元次运算"，即参与运算的变量必须有 2 个：#j、#k。

例：G65 H02 P#201 Q#202 R#203；

分析以下语句的意义：

G65 H01 P#200 Q1；　　　　　　①

G65 H01 P#201 Q2；　　　　　　②

G65 H02 P#202 Q#200 R#201；　　③

具体分析如下：

语句①的作用：

第 1 步：定义 #200 号变量，此步骤数控系统准备了存储单元，此存储单元的存储值是未知的，可能是正值，可能是负值，也可能存储系统垃圾。

第 2 步：进行赋值运算，此步骤将常量 1 赋值给变量名为 200 的存储单元，此时变量名 #200 有了确切的数据 1。

执行该语句①后 200 号变量的值为 1。

语句②的作用：

第 1 步：定义 #201 号变量。

第 2 步：进行赋值运算。

执行该语句②后 201 号变量的值为 2（分析过程，参见语句①）。

语句③的作用：

第 1 步：将变量号为 200 的存储单元里的数据与变量号为 201 的存储单元里的数据进行加法运算，结合语句①、②分析可知，相当于 1 与 2 进行加法运算，结果等于 3。

第 2 步：进行定义运算，定义变量名为 #202 的变量。

第 3 步：进行赋值运算，此步骤将常量 3 赋值给变量名为 202 的存储单元，此时变量号 #202 有了确切的数据 3。

语句③的作用是将变量号为 200 的存储单元里的数据与变量号为 201 的存储单元里的数据进行加法运算，将两者相加的结果赋值给变量号为 202 的存储单元。

数控系统执行上述①②③语句后，变量号为 202 的存储单元里的数据为 3。

其余数学运算的过程感兴趣的读者参考加法运算自行进行分析，在此不再赘述。

1.2.2　变量加减运算特例：变量自加与自减运算

变量自加或自减的作用是使变量每次运算增加 1 或减小 1，例如 G65 H01 P#200 Q#200 R1、G65 H03 P#200 Q#200 R1。变量的自加、自减运算在宏程序编程中应用较为广泛，又例如：

```
G65 H01 P#200 Q10;
G65 H02 P#200 Q#200 R1;
```

分析如下：

第一步：机床顺序执行到程序 G65 H01 P#200 Q10 时，数控系统开辟一个内存并赋值，此时变量号为 100 的存储单元里的数据为 10。

第二步：机床顺序执行到程序 G65 H02 P#200 Q#200 R1 时，数控系统会进行判断 #100 号变量是否被定义并且被赋值，如 #100 没有被定义，此时数控系统会触发报警；若 #100 被定义，但 #100 没有被赋值，此时数控系统会触发报警；当且仅当 #100 被定义且被赋值，机床执行第三步。

第三步：机床进行相应的数学运算。根据变量运算的优先级可知：赋值运算符级别最低。数控系统先进行数学运算（减法运算），再进行赋值运算，具体执行如下：

① 由第一步可知：变量号为 100 的存储单元里的数据为 10，即 #100 = 10 因此 #100−1 = 10−1 = 9；

② #100 = 9，因此机床顺序执行语句 #100 = #100−1，变量号为 100 的存储单元里的数据被修改成 9。

第四步：数控系统判断 #100 的值是否大于 0，若 #100 的值大于 0，程序跳转到第三步执行；若 #100 的值小于等于 0，程序执行结束。

以上程序执行流程图，如图 1-4 所示。

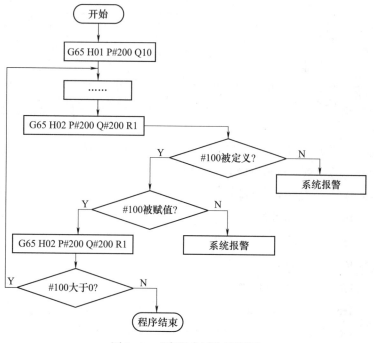

图 1-4　"变量自减"流程图

变量自加运算同自减运算，在此不再赘述。

1.2.3 变量的逻辑运算

变量不但可以进行数学运算，而且可以进行逻辑运算，FANUC 系统用户宏程序功能 A 支持的逻辑运算见表 1-2。

表 1-2 变量的逻辑运算

功能	格式	备注
或	G65 H11 P#i Q#j R#k	
与	G65 H12 P#i Q#j R#k	逻辑运算是按位进行运算的，按照二进制数据进行运算
异或	G65 H13 P#i Q#j R#k	

用逻辑运算符将变量连接起来的条件表达式就是变量之间的逻辑。如果逻辑运算的表达式成立，则逻辑运算的值为真，用 T 表示；如果逻辑运算的表达式不成立，则逻辑运算的值为假，用 F 表示。常见的逻辑运算真值见表 1-3。

表 1-3 逻辑运算真值表

#j	#k	G65 H11 P#i Q#j R#k	G65 H12 P#i Q#j R#k
真	真	真	真
真	假	真	假
假	真	真	假
假	假	假	假

从表 1-3 可知，逻辑或运算：一真即真，全假即假；逻辑与运算：全真即真，一假即假。

下面以"逻辑与运算"为例分析变量逻辑运算的过程：

逻辑与运算格式：G65 H12 P#i Q#j R#k；

其中：H12：逻辑与运算符；

P#i：存放运算结果变量 #i；

Q#j：参与加法运算的变量 #j；

R#k：参与加法运算的变量 #k。

例：　　G65 H01 P#200 Q20；　　　　　　　①

　　　　G65 H01 P#201 Q1；　　　　　　　②

　　　　G65 H12 P#101 Q#102 R#103；　　③

语句①、②读者参考加法运算语句①、②自行进行分析，在此不再进行赘述。

语句③根据逻辑运算规则：首先转换为二进制，然后按二进制运算规则进行运算。

第 1 步：将 20 转化为二进制数：20=（10100）$_2$。

第 2 步：10100 AND 1，其中 1 可以写出 00001，则按位运算 1 与 0 得 0、0 与 0 得 0、0 与 0 得 0、0 与 0 得 0、0 与 0 得 0。

第 3 步：20 AND 1 的值为 0，即 F（假，不成立）。

1.3 用户宏程序功能 A 的控制流向语句

FANUC 系统提供的跳转语句在程序设计者和数控系统之间搭建了沟通的桥梁，使宏程序编程得以实现。其中，跳转语句可以改变程序的流向，使用得当可以让程序变得简洁易读，反之则会使程序变得杂乱无章。

FANUC 系统用户宏程序功能 A 控制流向语句见表 1-4。

表 1-4　FANUC 系统用户宏程序功能 A 控制流向语句

功能	格式	作用
绝对跳转	G65 H80 Pn	程序跳转到标号为 n 处（n 为跳转的标号）
等于跳转	G65 H81 Pn Q#j R#k	如果 #j=#k，那么程序跳转到标号为 n 处（n 为跳转的标号），否则执行下一程序段
不等于跳转	G65 H82 Pn Q#j R#k	如果 #j≠#k，那么程序跳转到标号为 n 处（n 为跳转的标号），否则执行下一程序段
大于跳转	G65 H83 Pn Q#j R#k	如果 #j>#k，那么程序跳转到标号为 n 处（n 为跳转的标号），否则执行下一程序段
小于跳转	G65 H84 Pn Q#j R#k	如果 #j<#k，那么程序跳转到标号为 n 处（n 为跳转的标号），否则执行下一程序段
大于等于跳转	G65 H85 Pn Q#j R#k	如果 #j≥#k，那么程序跳转到标号为 n 处（n 为跳转的标号），否则执行下一程序段
小于等于跳转	G65 H86 Pn Q#j R#k	如果 #j≤#k，那么程序跳转到标号为 n 处（n 为跳转的标号），否则执行下一程序段

控制流向语句运算类型是逻辑运算（绝对跳转除外）。逻辑结果有两种情况：真或假（判断参与运算对象 1、对象 2 条件是否成立？如果成立，执行行号为 N 程序；如果不成立，执行下一行程序）。下面以 G65 H83 Pn Q#j R#k 为例详细介绍其用法：

格式：G65 H83 Pn Q#j R#k；

其中：H83：大于跳转；

Pn：跳转行号（n 行处）；

Q#j：参与逻辑运算对象 1；

Q#j：参与逻辑运算对象 2。

语句意义：如果 #j>#k 的条件成立，那么程序跳转到标号为 n 处（n 为跳转的标号），否则执行下一程序段。具体程序说明如下：

```
……
G65 H01 P#200 Q80;               （定义 #200 号变量，并赋初始值 80）
N10;                             （行号：程序第 10 行）
G0 X#200 Z1;                     （X、Z 轴快速移动至 X#200、Z1 处）
G01 Z-50 F0.2;                   （Z 轴直线插补至 Z-50）
G0 U0.5;                         （X 轴沿正方向快速移动 0.5mm）
G0 Z1;                           （Z 轴快速移动至 Z1 处）
G65 H03 P#200 Q#200 R2;          （变量名 #200 变量值依次减去 2）
G65 H83 P10 Q#200 R20;           （条件判断语句，若 #200 号变量的值大于 20，则跳转
                                  到号为 10 的程序段处执行，否则执行下一程序段）

G0 X300 Z300;
……
```

分析如下：

第 1 步：机床顺序执行到 G65 H01 P#200 Q80 时，数控系统开辟一个内存并赋值，此时 #200 号变量的值等于 80。

第 2 步：机床 X、Z 轴快速移动至 X#200、Z1 处。

第 3 步：Z 轴直线插补至 Z-50。

第 4 步：X 轴沿正方向快速移动 0.5mm

第 5 步：Z 轴快速移动至 Z1 处。

第 6 步：机床顺序执行到 G65 H03 P#200 Q#200 R2 时，变量号为 200 的存储单元里的数据进行自减运算。

根据变量运算的优先级可知：赋值运算符级别最低，数控系统先进行数学运算（减运算），再进行赋值运算，具体执行如下：#200=80-2=78，此时变量名 #200 的变量值是 78。

第 7 步：机床执行到 G65 H83 P10 Q#200 R20 时，系统进行逻辑运算。过程如下：

① 变量名 #200 的变量值与常量 20 进行比较，如果 Q#200>20，跳转到行号为 10 行处执行；否则执行 G0 X300 Z300。由步骤 6 可知，此时变量名 #200 的变量值是 78，78>20，因此逻辑运算结果为真（即条件成立）。

② 跳转到 N10 处，执行程序 G0 X#200 Z1 如此循环。循环过程流程框图如图 1-5 所示。

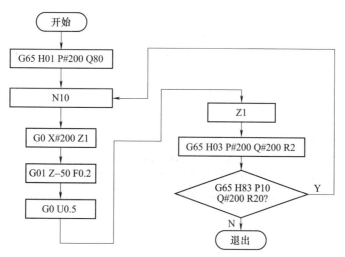

图 1-5　G65 H83（大于跳转）执行过程流程框图

1.4　用户宏程序功能 A 的简单应用

1.4.1　零件图以及加工内容

加工零件如图 1-6 所示，毛坯为 φ50mm×100mm 的圆钢棒料，需要加工成 φ30mm×60mm 的光轴，材料为 45 钢，试采用用户宏程序功能 A 编写数控车加工宏程序代码。

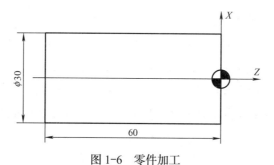

图 1-6　零件加工

1.4.2　分析零件图样

该实例要求车削成形一个 φ30mm×60mm 的光轴，在径向（X 轴）的直径余量为 20mm，加工和编程之前需要考虑以下方面：

1）机床：选择 FANUC 系统的数控车床。

2）装夹：自定心卡盘，夹持 φ50mm×100mm 的圆钢，伸出长度大约 65mm。

3）刀具：①外圆车刀（1 号刀，粗加工）；②外圆车刀（2 号刀，精加工）。

4）量具：① 0 ～ 150mm 游标卡尺；② 25 ～ 50mm 外径千分尺。

5）编程原点：工件右侧端面如图 1-6 所示。

6）车削余量 20mm（直径），车削外圆方式：分层车削；车削外圆模式：单向切削；背吃刀量：2mm。

7）设置转速和进给量。见表 1-5 所示工序卡。

表 1-5　车削光轴工序卡

工序	主要内容	设备	刀具（刀号）	切削用量		
				转速 /(r/min)	进给量 /(mm/r)	背吃刀量 /mm
1	车削端面	数控车床	外圆车刀（1 号刀）	2000	0.2	0.5
2	粗车外圆	数控车床	外圆车刀（1 号刀）	2000	0.2	2
3	精车外圆、倒角	数控车床	外圆车刀（2 号刀）	3000	0.12	0.3

1.4.3　分析加工工艺

该零件是粗车外圆宏程序应用实例，其基本思路：X、Z 轴从循环起点（X51，Z1）快速移至第一次加工位置（X48，Z1），Z 轴直线插补外圆后，X 轴沿正方向快速移动 1mm（G0 U1），Z 轴退刀至（X49，Z1）；X、Z 轴快速移至第二次加工位置（X46，Z1），Z 轴直线插补外圆，完成整个循环直线插补外圆过程（整个余量为 20mm）。

1.4.4　选择变量方法

根据本实例的具体加工要求，选择变量的方法有以下几种方式：

1）将 ϕ50mm×100mm 的圆棒料加工成 ϕ30mm×60mm 的销轴零件。在加工过程中，毛坯直径由 50mm 逐渐减小至 30mm，且轴向的尺寸不发生改变，符合变量设置原则：优先选择加工中"变化量"作为变量，因此选择毛坯"直径"作为变量。设置 #200 并赋初始值 50 控制毛坯直径变化。

2）在加工过程中，直径加工余量由 20mm 逐渐减小至 0，且轴向尺寸不发生改变，符合变量设置原则：直径加工余量作为变量。设置 #200 并赋初始值 20，控制"直径加工余量"变化。

3）由表 1-5 可知，粗车外圆的背吃刀量 2mm（直径）；从分析加工零件图及毛坯可知：加工余量 20mm，加工次数 = 加工余量 / 背吃刀量 =10，且轴向尺寸不发生改变，符合变量设置原则：选择"标志变量""计数器"等辅助性变量作为变量。设置 #100 并赋初始值 10，控制"加工次数"变化。

从上述 1）～ 3）变量设置分析可知，确定变量的方式不是唯一，但变量控制类型决定了程序流程框图，同时也决定了宏程序代码。

本实例选择"毛坯直径尺寸"变化作为变量进行叙述，其余请读者自行完成。

1.4.5   选择程序算法

车削外圆采用宏程序编程时，需要考虑以下问题：一是怎样实现循环车削外圆，二是怎样控制循环的结束（实现 X 轴变化）。下面进行分析：

（1）实现循环车削外圆   设置 #200 变量赋初始值 50，控制毛坯直径尺寸。通过变量自减运算 G65 H03 P#200 Q#200 R2，实现 X 轴每次进刀量（2mm）。X 轴（刀具）快速移至 X48 后，Z 轴直线插补至 Z-63.5，X 轴沿正方向快速移动 1mm（G0 U1）后，Z 轴退刀至 Z1（或 Z、X 轴联动退刀）；X 轴（刀具）快速移至 X46，Z 轴直线插补至 Z-63.3……完成整个循环直线插补外圆过程。

（2）控制循环的结束   车削一次外圆循环后，通过条件判断语句，判断加工是否结束？若加工结束，则退出循环；若加工未结束，则 X 轴（刀具）快速移至 X[#200]，Z 轴直线插补至 Z-63.3，如此循环，完成整个循环直线插补外圆过程。

1.4.6   绘制刀路轨迹

根据加工工艺分析及选择程序算法分析，绘制车削外圆单一循环刀路轨迹如图 1-7 所示，绘制车削外圆多层循环刀路轨迹如图 1-8 所示。

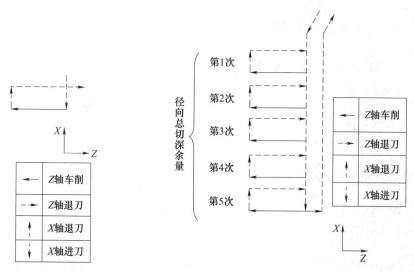

图 1-7   车削外圆单一循环刀路轨迹   图 1-8   车削外圆多层循环刀路轨迹

1.4.7　绘制程序框图

根据以上算法设计和刀路轨迹分析，车削单外圆多层程序流程框图如图 1-9 所示。

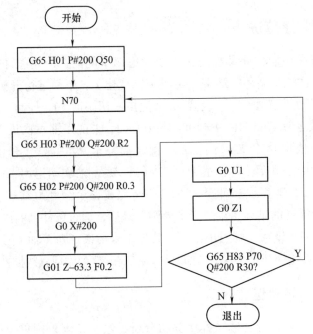

图 1-9　车削单外圆多层程序流程框图

1.4.8　编写宏程序代码

根据算法以及流程图编写加工的宏程序代码如下所示：

O0001;	
T0101;	（调用 01 号刀具及其补偿参数）
M03 S2000;	（主轴正转，转速为 2000r/min)
G0 X51 Z1;	（X、Z 轴快速移至 X51、Z1）
G65 H01 P#200 Q50;	（X 轴直径初始赋值 50mm）
N70 G65 H03 P#200 Q#200 R2;	（#200 号变量依次递减 2mm)
G65 H02 P#201 Q#200 R0.3;	（计算 #201 号变量的值，0.3mm 为精加工余量）
G0 X#201;	（X 轴快速移至 X#201）
G01 Z–63.3 F0.2;	（车削直径为变量号 201 的存储单元里的数据、长度为 63.3mm 的外圆）
G0 U1;	（X 轴快速退刀，增量退刀 1mm）
Z1;	（Z 轴快速移至 Z1）

```
G65 H83 P70 Q#200 R30;              （条件判断语句，若 #200 号变量的值大于 30mm，
                                     则跳转到标号为 70 的程序段处执行，否则执
                                     行下一程序段）
G0 X100;                            （X 轴快速移至 X100）
Z100;                               （Z 轴快速移至 Z100）
M05;                                （主轴关闭）
M09;                                （关闭切削液）
M30;
```

编程要点提示：

1）程序 O0001 是 FANUC 系统数控车床车削 ϕ30mm×60mm、粗加工用户功能 A 的加工代码。

2）程序 O0001 选择直径（X 向）作为变量，并作为循环结束判定依据。

3）车削 Z 向长度 63.3mm，是为了保证切断和车削另一端面的加工余量。

1.4.9　本节小结

1）本实例编程过程虽然简单，但体现了用户宏程序功能 A 编程的基本思路，可以作为学习宏程序功能 A 入门的实例，其中，设置合理的变量、变量之间的运算和选择判断语句（控制指令）是宏程序编程的关键。

2）用户宏程序功能 A 采用 G65 Hm P#I Q#J R#K 格式编写宏程序代码，给阅读和编写带来一定的困难，且在生产中应用较少，但其编程思路、变量赋值方法和逻辑算法等，同样适用于用户宏程序功能 B 和其他编程方式。

本　章　小　结

1）本章详细介绍了 FANUC 系统用户宏程序功能 A 的变量赋值方式、数学运算、逻辑运算以及跳转等相关的基础知识。变量是宏程序编程的基本单元，合理设置变量、选择合理的跳转语句、高效的算法是编写宏程序的关键，更是学习宏程序的重点。

2）本章通过一个简单车削加工实例，详细介绍其编程思路和加工工艺流程，给出了详细的用户宏程序功能 A 加工程序代码，可以作为学习和实操之用。

3）用户宏程序功能 A 在系统配置比较低端的机床上应用比较广泛。由于其赋值、条件判断语句表述等特殊性，大多数人对其不太习惯，越来越多的人会选择用户宏程序功能 B 来编写宏程序，但它们设置变量的方法和逻辑算法是相同的。

第2章

用户宏程序功能 B

本章内容提要

第 1 章主要介绍了用户宏程序功能 A 的相关知识。用户宏程序功能 A 在数控系统低版本中应用较广。随着数控系统的发展，用户宏程序功能 B 逐渐取代用户宏程序功能 A，其中用户宏程序功能 A 的变量设置、逻辑算法也适用于用户宏程序功能 B。

本章主要介绍用户宏程序功能 B 编程的基本知识，包括变量、控制流向的语句（语法）以及宏程序的调用、标志变量（辅助）、用户宏程序功能 A 与用户宏程序功能 B 之间的区别以及 IF….THEN 语句特殊用法等内容。其中，变量的定义是编写宏程序的基础；语法（即控制流向的语句）是编写宏程序的工具。

2.1 变量与常量

2.1.1 变量的概述

变量是表示事物某种属性随着特定条件变化而变化的量。例如：某天的气温从 0 时到 24 时是 6 ～ 12℃，表示该天气温是在不断变化的（变量），而某一时刻的气温为 0 时，是恒定的（常量）。

又例如：将图 2-1 所示毛坯加工成图 2-2 所示轴，加工过程是毛坯直径不断改变，直到毛坯直径等于加工零件的直径。在加工过程中，毛坯直径随着加工时间的变化而越来越接近零件直径。毛坯直径从 30mm 到 20mm 是不断变化的（变量），某一时刻直径是恒定的（常量）。

变量描述加工变化的过程，并且是能被数控机床识别的语言。每种数控系统的变量是不同的，FANUC 数控系统中变量定义是用 "#" 和后面指定的变量号表示，其中变量号可以是数值，也可以是表达式，甚至可以是其他方式的变量，如 #100、#[3*2-1] 等。

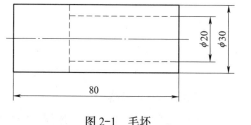

图 2-1　毛坯

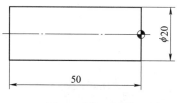

图 2-2　加工零件

2.1.2　变量的赋值

定义了变量号之后，数控系统会临时开辟一个内存字节来存放该变量，但该变量没有任何意义，只是向数控系统请求一个空的内存地址而已，必须对该变量进行赋值后才能实现运算功能。

格式：变量号 = 表达式。

其中，"="为赋值运算符，其作用是把赋值运算符右边的值、变量、表达式赋给左边的变量。赋值运算符右边必须有明确的定义或者赋值；赋值运算符左边必须是变量。

有以下三点需要说明：

1）FANUC 系统规定："="为赋值运算符，不是数学表达式中的等于号；"等于号"是 EQ，为逻辑运算。例如 #100=2 是把数值 2 赋给 #100 号变量，以后在程序中出现 #100 号变量就代表数值 2。

2）赋值运算符两边的内容不能互换，举例说明如下：

① #100=#101+#102 执行运算步骤如下：

第一步：进行数学运算：#101 与 #102 的值进行加运算。

第二步：将第一步运算的结果赋值给 #100 号变量。

第三步：#100 的值等于第一步计算的结果。

② #101+#102=#100 执行运算步骤如下：

第一步：计算 #101 与 #102 的值。

第二步：#100 号变量的值赋给表达式：#101+#102。

第三步：表达式 #101+#102 的值等于 #100 的值。

从以上分析可知：变量的赋值运算时，只能把赋值运算符（=）右边的值赋给赋值运算符左边的变量号。

3）变量既可以参与运算，也可以相互进行赋值运算。

例如：#100=1；　　　　　把 1 赋值 #100 号变量

　　　#101=2；　　　　　把 2 赋给 #101 号变量

　　　#103=#100+#101；　把 #100 号变量的值加上 #101 号变量的值赋值
　　　　　　　　　　　　给 #103

　　　#104=#103；把 #103 号变量的值赋值给 #104 号变量

注意：在 #104=#103 这个赋值语句中，#103 必须有明确的值，如果 #103 没有确定的值，把 #103 赋值给 #104 是没有任何意义的。

2.1.3　A 赋值与 B 赋值的区别

首先阅读如下程序：

……	……
G65 H01 P#200 Q50；	#200=50；
G65 H01 P#201 Q#200；	#201=#200
G65 H01 P#200 Q30；	#200=30；

试分析经以上变量赋值，变量名 #200、#201 的变量值各为多少，并找出用户宏程序功能 A 与用户宏程序功能 B 赋值运算之间的区别。

执行以上运算：#200=30、#201=50。

用户宏程序功能 A 与用户宏程序功能 B 赋值运算的区别是：用户宏程序功能 B 比用户宏程序功能 A 更加直观，简洁。

2.1.4　常量

像 1、10、99、ln、0、10.1、2/3 等值无法改变的量，称为常量，相对于变量来说，它容易理解，在此不再赘述。

2.2　逻辑变量与辅助变量

2.2.1　逻辑变量

采用宏程序编制零件加工程序，一般根据零件加工型面构建数学模型，根据数学模型构建关系表达式，根据关系表达式定义变量、常量。定义常量是为了保证零件尺寸、精度等从而简化编程，在实际应用中会定义一些变量，这些变量与零件加工尺寸、加工精度无关，是为避免逻辑关系出现无限循环而定义的，称为逻辑变量。

逻辑变量通常与加工零件型面、零件的尺寸以及精度无关，但是没有逻辑变量参与作用，程序逻辑关系会更加复杂甚至会出现无限循环、间接影响加工零件尺寸，因此逻辑变量对于宏程序编程也是至关重要的。

举个生活中的实例：马路十字路口红绿灯虽然对规划出行路线作用不大，但是十字路口没有红绿灯，通常会出现交通拥堵、频发交通事故，严重影响出行效率。逻辑变量在宏程序编程实际应用中和红绿灯的作用类似。

下面看一个具体加工实例：

加工零件如图 2-3 所示，毛坯为 ϕ30mm×70mm 的圆钢棒料，要求外圆加工的背吃刀量（X 轴每次切削深度）为 2mm，X 向（直径方向）精加工余量为 0.5mm，为了节省机床储存空间，粗精车采用同样程序。

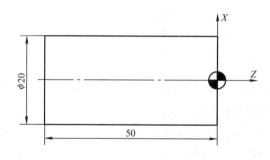

图 2-3　加工零件

加工思路分析如下：

1）从毛坯、零件、精加工余量分析可知：X 轴粗加工的加工余量为 9.5mm，背吃刀量为 2mm。

2）设置 #100 号变量，赋初始值 30 控制毛坯直径。

3）选择 IF [条件表达式] GOTO 10 语句来控制整个循环过程。

4）定义"逻辑变量"控制精加工结束后跳转。

5）编制宏程序如下：

```
O2001;
T0101;
M03 S2000;                （主轴正转，转速为 2000r/min）
G0 X31 Z10;               （X、Z 轴快速移至 X31、Z10）
#100 = 30;                （设置 #100 号变量，控制零件 X 轴尺寸）
```

```
#101 = 0.5;                （设置 #101 号变量，控制精加工余量）
#102 = 0;                  （设置 #102 号变量，逻辑变量）
N10 #100 = #100-2;         （#100 号变量依次减小 2mm）
N20 G0 X[#100+#101];       （X 轴快速移至 X[#100+#101]）
G01 Z-55 F0.2;             （Z 轴进给至 Z-55）
G0 U0.5;                   （X 轴沿正方向快速移动 0.5mm）
Z1;                        （Z 轴快速移至 Z1）
IF [#100 GT 20 ] GOTO 10;  （条件判断语句，若 #100 号变量的值大于 20，则跳转
                            到标号为 10 的程序段处执行，否则执行下一程序段）
#101 = #101-0.5;           （#101 号变量依次减小 0.5mm，精车余量等于 0）
#102 = #102+1;             （#102 号变量依次增加 1）
IF [#102 GT 1] GOTO 30;    （条件判断语句，若 #102 号变量的值大于 1，则跳转到
                            标号为 30 的程序段处执行，否则执行下一程序段）
GOTO 20;                   （无条件跳转至行号为 20 的程序段执行）
N30 G0 X100 Z100;          （X、Z 轴快速移至 X100、Z100）
G28 U0 W0;                 （X、Z 轴返回参考点）
M09;                       （关闭切削液）
M05;                       （关闭主轴）
M30;
```

本实例中定义 #102 号变量作为逻辑变量。#102 号变量不参与零件加工尺寸运算，控制精加工结束后程序跳转，使程序顺利避开 GOTO 20（无条件跳转）避免无限循环，达到编程的预期目的。

在本实例中由于加工零件的轮廓单一，"逻辑变量"的作用可以采用别的方式来完成，但是随着加工零件轮廓变复杂，逻辑变量的功能更加不可或缺。

2.2.2　辅助变量

一般根据加工零件型面构建数学模型，根据数学模型构建关系表达式，根据关系表达式定义变量和常量，定义变量是为了保证零件加工精度等从而简化编程，定义常量为了保证零件加工尺寸；在实际应用中会定义一些变量，这些变量与加工零件的型面无关，更多是为了简化编程、辅助编程而定义的，称为辅助变量。

辅助变量与逻辑变量一样，与加工零件型面、零件的尺寸以及加工精度无关，合理巧妙地定义辅助变量参与作用，可使逻辑关系、程序更加简单易懂，避免了复杂的算术运算，因此合理定义辅助变量对于宏程序也是至关重要的。

辅助变量和计数器有点类似，完成一个加工后，计数器（辅助变量）进行

一次自增运算，再进行下一个加工，当辅助变量值到与目标值相同时，结束循环，停止计数，完成加工。

辅助变量一般与增量编程（G91）同时使用，在直线排孔、矩阵孔、圆周孔、多工位加工同一零件、大余量毛坯粗加工等场合应用较广。

下面看一个具体的实例：

加工零件如图 2-4 所示，毛坯为 200mm×50mm×30mm 的长方体，材料为 45 钢，在长方体表面加工 7 个均匀分布的通孔，孔直径为 10mm，孔与孔的间距为 30mm，试编写数控铣钻孔的宏程序代码。

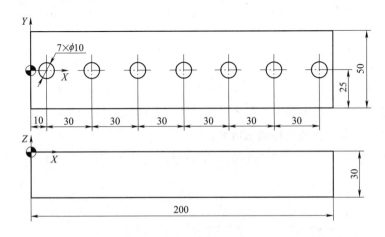

图 2-4　加工零件

加工思路分析如下：

1）设置 #100 号辅助变量，控制加工孔的数量。

2）选择 IF [条件表达式] GOTO n 语句来控制整个循环过程。

3）编制宏程序如下：

```
O2002;
G15 G17 G21 G40 G49 G54 G80 G90;
T1 M06;
G0 G90 G54 X-20 YO M03 S1500;      （X、Y 轴快速移动至 X-20、Y0）
G43 Z50 H01;                       （Z 轴快速移动至 Z50）
M08;                               （打开切削液）
N20 #100 = 0;                      （设置 #100 号变量控制钻孔的个数）
N10 G91 X30;                       （X 轴沿正方向移动 30mm）
G90 G98 G81 Z-35  R5 F400 M08;     （钻孔）
G80;                               （钻孔循环取消）
```

```
#100 = #100 + 1;                  （孔数量自增 1）
IF [#100 LT 7] GOTO 10;           （条件判断语句，若 #100 号变量的值小于 7，则
                                   跳转到标号为 10 的程序段处执行，否则执行下
                                   一程序段）
G91 G28 Z0;                       （Z 轴返回参考点）
M05;                              （主轴停止）
M09;                              （关闭切削液）
M30;
```

本实例定义 #100 号变量作为辅助变量。#100 号变量不参与零件加工孔深度的运算，只控制加工孔数量（类似于计数器），加工完成一个孔，辅助变量自增 1，当 #100（辅助变量）值等于要加工孔数量，结束循环，停止计数完成加工。

本实例简单介绍"辅助变量"的应用场合，在实例中加工孔数量为 7 个，还无法体现辅助变量的编程优势。在矩阵孔、圆周（孔数量较多）、多工位加工同一零件、大余量粗加工等时采用辅助变量和增量编程，能减少复杂的算术、逻辑运算，提高编程及首件调试效率。

请读者自行思考：条件判断语句结束条件为什么用小于（LT）而不是小于等于（LE）。

2.3 变量的数学运算与逻辑运算

2.3.1 数学运算与逻辑运算概述

变量之间既可以进行数学运算也可以进行逻辑运算。例如：#100 = #100+1、#100 = #100−1、#100=#100*1 等数学运算；#100=#101 AND 1、#100=#101 OR 1 等逻辑运算。变量在实际应用中，数学运算是必需的；合理的逻辑运算，能使加工程序更加简洁、逻辑关系更加合理，逻辑运算是开发模块编程的基础。FANUC 系统常见的算术运算、逻辑运算见表 2-1。

1）表 2-1 只是罗列了变量数学运算和逻辑运算的基本功能。在实际宏程序编制中，也不是每个功能及其格式都需要用到，记住常用的一些功能，如定义置换（赋值运算）、加减乘除、SQRT[ ]、SIN[ ]、COS[ ] 等，其他的在实际编程中需要时查询即可。

表 2-1　变量的数学运算和逻辑运算一览表

功能	格式	备注
定义置换	#i=#i	
加法	#i=#i+#k	
减法	#i=#i−#k	
乘法	#i=#i*#k	
除法	#i=#i/#k	
正弦	#i=SIN[#j]	
反正弦	#i=ASIN[#j]	三角函数和反三角函数的数值均以度（°）为单位来指定。例如：90°30′ 应写成 90.5°
余弦	#i=COS[#j]	
反余弦	#i=ACOS[#j]	
正切	#i=TAN[#j]	
反正切	#i=ATAN[#j]	
平方根	#i=SQRT[#j]	
绝对值	#i=ABS[#j]	
舍入	#i=ROUND[#j]	
指数函数	#i=EXP[#j]	按四舍五入取整进行运算
（自然对数）	#i=LN[#j]	
上取整	#i=FIX[#j]	
下取整	#i=FUP[#j]	
与	#I AND #j	
或	#I OR #j	逻辑运算是按位进行运算的，按照二进制数据运算
异或	#I XOR #j	
从 BCD 转为 BIN	#I=BIN #j	用于与 PMC 信号交换（BIN 为二进制，BCD 为十进制）
从 BIN 转为 BCD	#I=BCD #j	

2）变量运算的优先次序：函数→乘和除运算（*、/、AND）→加和减运算（+、−、OR、XOR）→赋值运算（＝）。

该类运算是按从高到低的顺序执行的。

3）方括号的嵌套：方括号 [ ] 用于改变运算的次序，方括号最多可以使用五级，包括函数内部使用的括号；圆括号（ ）则用于注释程序的含义。

例如：#100=SQRT[1-[#101*#101]/[#103*#103]]；　　（2 重括号）

4）关于上取整函数 FIX 和下取整函数 FUP，在实际应用时要注意使用后值的变化。应用 FIX 函数时，绝对值比原来的绝对值大，反之为下取整。

5）关于函数计算的误差而引起零件精度的问题，可以参考北京 FANUC 公司提供的 FANUC 0i 操作说明书和参数说明书，在此不再赘述。

2.3.2　变量的数学运算

用加减乘除、正余弦、平方根等数学运算符将变量与常量、变量与变量连接的表达式称为数学运算。变量进行数学运算必须具有特定的值（即变量必须先赋值后使用），没有特定的值的变量进行数学运算是无意义的。

例如：

#100=2；	（变量赋值）
#100=#100+2；	（#100 变量与常量 2 进行数学加运算，运算结果 #100 的值为 4）
#100=#100+#100；	（#100 变量与 #100 变量进行数学加运算，运算结果 #100 的值为 8）

试比较程序 O2003、O2004 的区别：

```
O2003;                        O2004;
#100=2;                       #100=2;
N10#100=#100+2;               N10#100=#100+#100;
……;                          ……;
GOTO10;                       GOTO10;
……;                          ……;
```

程序执行循环次数，#100 号变量的值见表 2-2。

表 2-2　执行次数与 #100 号变量值对应表

执行次数	O2003	O2004
1	#100=4	#100=4
2	#100=6	#100=8
3	#100=8	#100=16
4	#100=10	#100=32
⋮	⋮	⋮

程序 O2003 是变量与常量进行算术加运算，程序 O2004 是变量与变量进

行算术加运算。从表 2-2 可知，第一次执行程序 #100 号变量的值相同，随着执行程序次数的增加，#100 号变量差值越来越大。很多初学者比较困惑，为什么会这样呢？他们认为 #100=2 相当于常量 2，程序 O2003、O2004 随着执行次数的增加被加数 #100 号变量值是不变才对的。原因在于，#100 号变量的值随着执行次数增加而改变，而常量 2 是永恒不变的，这也是变量与常量的本质区别。

2.3.3　变量的逻辑运算

用逻辑运算符将变量与常量、变量与变量连起来的运算就是逻辑运算，逻辑运算结果只有"真"或"假"，数控系统在表示逻辑运算结果时，以数字 1 代表"真"，以数字 0 代表"假"。当逻辑运算的关系式成立，逻辑运算的结果就是"真"，反之逻辑运算结果为"假"。

用户宏程序功能 B 逻辑运算有 3 种不同运算方式：逻辑与（AND）、逻辑或（OR）、逻辑异或（XOR）。逻辑运算是转换为"二进制"按"位"进行运算的。

变量进行逻辑运算必须具有特定的值（即变量必须先赋值后使用），没有特定的值的变量进行逻辑运算是无意义的。

例如：#100=2；

　　　#101=#100 AND 1；

试分析执行逻辑与运算后 #101 的值是 0 还是 1？

第 1 步：将 2 转换为二进制 $(10)_2$，1 转换为二进制 $(01)_2$。

第 2 步：将二进制 $(10)_2$ 与二进制 $(01)_2$ 按位进行逻辑与运算。

第 3 步：逻辑与运算的法则：一假必假，全真必真。

第 4 步：根据第 3 步运算法则可知：#100 AND1 结果为"假"，#101=0。

再看下面的程序：

```
#100=2；
#101=#100 OR 1；
```

试分析执行逻辑或运算后 #101 的值是 0 还是 1？

第 1 步：将 2 转换为二进制 $(10)_2$，1 转换为二进制 $(01)_2$。

第 2 步：将二进制 $(10)_2$ 与二进制 $(01)_2$ 按位进行逻辑或运算。

第 3 步：逻辑或运算法则：一真必真，全假必假。

第 4 步：根据第 3 步运算法则可知：#100 AND1 结果为"真"，#101=1。

再看下面的程序：

```
#100=2;
#101=#100 XOR 1;
```

请读者根据逻辑与、逻辑或进行分析逻辑"异或"运算，具体讲解过程扫描下面二维码观看。

2.3.4 运算特例

变量自减、自增的作用使变量每次运算增加、减小 1，例如：#100 = #100+1、#100 = #100−1。

变量的自增、自减运算在宏程序编程中应用较为广泛，例如：

```
…… ;
#100=10;
N10 …… ;
#100=#100−1
IF [#100 GT 0] GOTO 10;
…… ;
```

变量自增运算同自减运算的应用和用户宏程序功能 A 相同，请读者参考 1.2.2 节相关内容。

2.4 控制流向语句

FANUC 系统提供的跳转语句和循环语句在程序设计者和数控系统之间搭建了桥梁，使宏程序编程得以实现。其中，跳转语句可以改变程序的流向，使用得当可以让程序变得简洁易读，反之则会使程序变得杂乱无章。

2.4.1 语句的分类

1. 条件转移语句

格式：IF [条件表达式] GOTO n;　　　　　（n 为程序的标号）

语义：指定表达式成立时，转移到标有顺序号 n 的程序段执行；指定的条件表达式不成立时，则执行下一个程序段。

例如：

```
…… ;
N20 … ;
…… ;
IF [ 条件表达式 ] GOTO 20 ;
…… ;
```

如果 [ ] 中表达式成立，则跳转到程序号为 20 的程序段处执行，否则执行下一个程序段，其流程框图如图 2-5 所示。

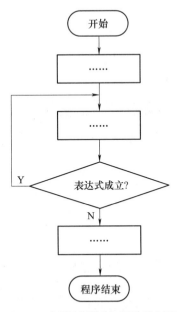

图 2-5　条件转移语句的流程框图

2. 无条件跳转指令（也称绝对跳转指令）

格式：GOTO n（n 为标号，n 的范围为 1 ~ 99999，不在这个范围内，系统会自动报警，报警号 No.128）。

语义：跳转到标号为 n 的程序段。

例如：

注意：使用该跳转语句时，必须要有跳转语句使程序跳转到 GOTO 20 后面程序段处执行后面的程序，否则会执行无限循环（死循环），在程序设计中要尽量避免使用该类语句。

一般用法是：GOTO 语句和 IF [条件表达式] GOTO n（[ ] 中为条件判断语句）组合使用，其流程框图如图 2-6 所示。

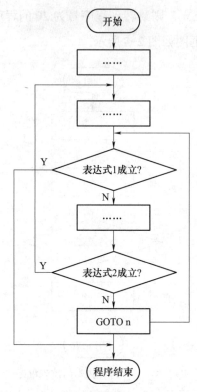

图2-6　条件转移语句和绝对跳转语句常见用法的流程框图

3. 循环语句（WHILE 语句）

格式：WHILE [条件表达式] DO m

　　　　循环体

　　　　END m　　　（m 为取值的标号）

语义：在 WHILE 后面指定了一个条件表达式，当条件表达式的值为 True 时，则执行 WHILE 到 END 之间的循环体的程序段；当条件表达式的值为 False 时，执行 END 后面的程序段，其流程框图如图2-7所示。

关于 WHILE 语句的几点说明如下：

1）DO m 和 END m 必须成对使用，而且 DO m 必须在 END m 之前使用，是用识别号 m 来寻找和 DO 相配对的 END 语句，下面是错误的用法：

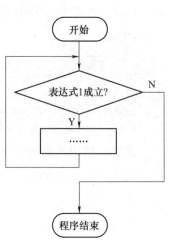

图2-7　循环语句流程框图

WHILE [条件表达式] DO 1;

循环体

END 2;

下面是正确的用法:

WHILE [条件表达式] DO 1;

循环体

END 1;

2）m 的取值只能为 1、2、3，如果使用 1、2、3 以外的数值，系统会报警。

3）[ ] 中的语句为条件表达式，循环的次数根据条件表达式来决定，如果条件表达式的值一直为 True 时，则会无限次执行循环体，即出现死循环的现象。例如:

WHILE [1 GT 0] DO 1

循环体

END 1

因为 1 恒大于 0，所以此语句会无限次地执行循环体中的程序段。

4）条件判断语句（IF [条件表达式] GOTO n）和循环语句（WHILE）的区别：判断的先后顺序不同，本质没有太大区别，但在实际应用中要注意它们微小的区别。一般能用 IF [条件表达式] GOTO n 语句的都可以用循环语句（WHILE）来替代。例如:

```
……;
#100 = 20 ;
N20 …… ;
程序段;
#100 = #100-10 ;
IF  [ #100 GT 20 ] GOTO 20;
……;
```

```
……;
#100 = 20;
WHILE [ #100 GE 20 ] DO 1;
程序段;
#100 = #100-10;
END 1;
……;
```

这两个程序的运行结果完全一样。

再看下面的程序:

```
……;
#100 = 20;
N20 #100 = #100-10;
……;
程序段;
IF [ #100 GT 20 ] GOTO 20;
……;
```

```
……;
#100 = 20;
WHILE [ #100 GT 20 ] DO 1;
#100 = #100-10;
程序段;
END 1;
……;
```

通过这两个简单程序的比较，不难发现它们的不同点：循环语句（WHILE [条件表达式] DO m；… END m；）先执行条件表达式，再执行循环体；条件转移语句(IF [条件表达式] GOTO n；)一般先执行循环体,再执行条件表达式(特殊情况本书不作深入讨论)。

2.4.2　运算符的描述

运算符的表示方式和表达的意义见表 2-3。

表 2-3　运算符的表达方式

运算符	EQ	NE	GT	GE	LT	LE
表达的意义	=	≠	>	≥	<	≤

运算符和表达式组合成条件判断语句，从而实现程序流向的控制。在任何一个条件判断语句 IF[条件表达式 1] GOTO n 和循环语句 WHILE [条件表达式 2] DO m…END m 中，运算符都起了比较重要的作用。例如：

```
#100 = 100;
N20 #100 = #100-10;
程序段 1;
IF [ #100 GT 20 ] GOTO 20;
程序段 2;
```

该程序段中 GT 的作用就是让 #100 变量和 20 进行比较，从而决定程序执行的流向。

运算符进行逻辑运算，其值只有 0 和 1（即 False 和 True）两种情况。如果比较的结果为 1，即条件表达式成立，则跳转到程序号为 20 的程序段，然后顺序执行下面的程序段，直到表达式的值出现 0 的情况，则转去执行程序段 2 的程序。

注意：GE 和 GT、LE 和 LT 是不同类型的运算符，在实际编程中要注意它们的区别，以 GE 和 GT 为例说明它们的不同点：

```
程序 1: #100 = 20;              程序 2: #100 = 20;
       N20 #100 = #100-10;            N20 #100 = #100-10;
       程序段 1;                       程序段 1;
       IF [ #100 GT 10 ] GOTO 20;      IF [ #100 GE 10 ] GOTO 20;
       程序段 2;                       程序段 2;
       ……;                           ……;
```

程序 1 执行了 1 次，而程序 2 则执行了 2 次。通过这两个简单程序的比较，不难发现它们的不同点，在实际使用时要加以区分。

2.5 条件转移语句（IF）与循环语句（WHILE）的区别与联系

用户宏程序功能 B（FANUC 系统）提供了循环（WHILE）语句和条件判断语句（IF）语句两种控制流向语句，使编程人员的编程思路、逻辑算法转换成能够被机床识别的宏程序代码。

条件转移语句与循环语句在功能和作用上是大同小异的（本质区别不大）；一般能用循环语句实现的单层循环包括 3 层以内（包含 3 层）循环嵌套功能，用条件转移语句也能够实现；反之用条件转移语句实现的单层循环包括 3 层以内（包含 3 层）循环嵌套功能，用循环语句也能够实现；但超过 3 层嵌套、交叉嵌套等功能，只能采用条件转移语句。

2.5.1 条件转移语句的嵌套功能

条件转移语句、循环语句之间可以嵌套条件转移语句、循环语句，此类语句称为执行流向语句的嵌套。

1）条件转移语句 2 层嵌套如下所示：

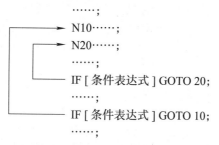

```
        ……;
   →  N10……;
    → N20……;
        ……;
      IF [ 条件表达式 ] GOTO 20;
        ……;
      IF [ 条件表达式 ] GOTO 10;
        ……;
```

2）条件转移语句 3 层嵌套如下所示：

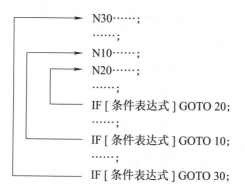

```
    → N30……;
        ……;
   →  N10……;
    → N20……;
        ……;
      IF [ 条件表达式 ] GOTO 20;
        ……;
      IF [ 条件表达式 ] GOTO 10;
        ……;
      IF [ 条件表达式 ] GOTO 30;
```

3 层以上嵌套可以参考 3 层嵌套的格式，嵌套的行号（地址符）可以不按照从小到大的顺序排列，但跳转的行号和跳转的"地址符"必须一一对应，否则会触发系统报警，报警内容：未指定跳转行号。

3）条件转移语句交叉嵌套如下所示：

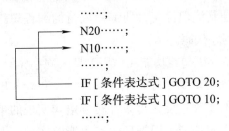

```
……;
N20……;
N10……;
……;
IF [ 条件表达式 ] GOTO 20;
IF [ 条件表达式 ] GOTO 10;
……;
```

2.5.2　循环语句的嵌套功能

1）循环语句 2 层嵌套如下所示：

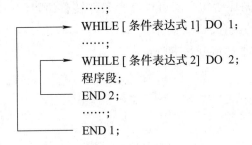

```
……;
WHILE [ 条件表达式 1] DO 1;
……;
WHILE [ 条件表达式 2] DO 2;
程序段;
END 2;
……;
END 1;
```

2）循环语句 3 层嵌套如下所示：

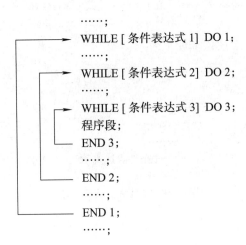

```
……;
WHILE [ 条件表达式 1] DO 1;
……;
WHILE [ 条件表达式 2] DO 2;
……;
WHILE [ 条件表达式 3] DO 3;
程序段;
END 3;
……;
END 2;
……;
END 1;
……;
```

3）嵌套不能实现交叉嵌套功能，这是和条件转移语句不同之处。

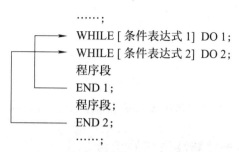

```
        ……;
        WHILE [ 条件表达式 1] DO 1;
        WHILE [ 条件表达式 2] DO 2;
        程序段
        END 1;
        程序段;
        END 2;
        ……;
```

从循环语句嵌套、条件转移语句嵌套来看：循环语句对语句格式更加严谨，嵌套的格式也有严格的要求；循环语句和数控系统的编程模块类似，更加注重"循环"，只要条件表达式满足就循环执行程序。

条件转移语句更多实现的是转移的功能，只要条件表达式满足就实现转移，而非周而复始执行程序，因此条件转移语句可以实现 3 层以上嵌套；循环语句（WHILE…DO m）中 m 的取值只能为 1、2、3，限制了循环语句嵌套层数（最多 3 层）。

循环语句（WHILE…DO m），例如 WHILE……DO 1；……；END1；可多次出现在一个程序中，而条件转移语句的跳转行号必须是唯一的，不能重复，见如下程序：

```
……;                              ……;
WHILE……DO1;                      N10……;
循环体;                             ⋮
END1;
……;                              IF [……] GOTO 10;
WHILE……DO1;                      ……;
循环体;                             N20……;
END1;                             ⋮
……;
WHILE……DO1;                      IF [……] GOTO 20;
循环体
END1;
……;
```

为什么循环语句可以重复出现，而条件转移语句不可以出现重复的转移行号呢？这是因为循环语句与条件转移语句搜索的方式不同：循环语句是向 END m 语句前方搜索循环语句主体（WHILE… DO m）语句，搜索到循环语句主体判断条件是否满足，如果条件满足，继续执行循环体；如果条件不满足，执行

END m 下一程序段。

条件转移语句执行 IF […] GOTO n 语句，判断条件是否满足，如果条件满足，系统向条件转移语句主体（IF […] GOTO n）后搜索相对应的行号，因此行号必须唯一。

很多读者可能认为：循环语句搜索的速度要比条件转移语句要快些，事实确实如此。但随着数控系统、机床硬件的升级，节省的时间越来越微不足道。

2.5.3　循环语句与条件转移语句的组合

循环语句（WHILE … DO m）与条件转移语句（IF […] GOTO n）根据编制宏程序的需要及编程人员的习惯，一般单独作用于不同的场合；如果加工零件难度较大、编程算法复杂、程序循环较多、条件转移比较频繁，尤其采用同一程序控制粗、精加工，同一程序加工多工位零件时，一般会采用 IF [条件表达式 1] GOTO n 和 WHILE [条件表达式 2] DO m…END m 组合来实现更为强大的功能，俗称循环语句与条件转移语句组合。

循环语句与条件转移语句组合通常有以下格式：

```
WHILE [ 条件表达式 2 ] DO m;
IF [ 条件表达式 1] GOTO n;
程序段;
END m;
……;
Nn……;
```

这里的 IF [条件表达式 1] GOTO n 相当于计算机编程 C 语言中的 Break 语句功能，当满足特定的条件，强制中断循环，避免了无意义地继续循环下去的情况。

例如：大余量毛坯进行粗加工，在开始加工之前，采用自动检测功能对毛坯余量进行检测。如果毛坯余量大于设定值，继续加工；如果毛坯余量小于设定值，直接跳出循环，这样会节省加工时间和节约成本。

特别注意：条件转移语句不能内嵌套循环语句，如下面所示用法是错误的。

```
Nn……;
WHILE [ 条件表达式 2 ] DO m;
程序段;
END m;
IF [ 条件表达式 1] GOTO n;
```

原因在于：如果条件转移语句的条件表达式为"真"，会转移到行号为 N 处执行，在此用法中，无条件转移语句使程序转移到 IF[条件表达式 1] GOTO n 下一段语句处执行，只会无限次转移到行号 N 处执行程序。

2.6　IF [条件表达式] THEN 语句

2.6.1　语句概述

宏程序编程时，通常会遇到最后一次循环的加工量小于或者大于背吃刀量（加工余量不能整除背吃刀量）的情况。例如：总加工量 21mm 要求 0.3mm 精加工余量，背吃刀量 2mm。采用宏程序编程，循环 10 次后剩下 0.7mm，如果停止循环，会剩余 1mm 余量，导致精加工余量过大；若再继续循环一次，会多加工 1mm，导致加工错误。

此类问题有以下的解决方法：

1）定义逻辑变量。

2）使用 FANUC 系统的 IF [条件表达式] THEN 语句。

定义逻辑变量在 2.2 节进行了详细的说明，请读者参考 2.2 节的内容

条件赋值语句格式：IF [条件表达式] THEN

语义：如果条件表达式成立，则执行 THEN 后面的语句；如果条件表达式不成立，则顺序执行 IF 程序段的下一条语句，该语句相当于对变量的有条件赋值。

例如：……

　　　IF [#100 LE 0] THEN #100 = 0;

　　　……

如果 #100 号变量值小于等于 0 那么 #100 号变量重新赋值 0，否则执行下一个程序段。

2.6.2　语句应用实例

IF [条件表达式] THEN 语句一般应用场合：加工余量不能整除背吃刀量，目的既保证零件不会过切，又保证精加工余量不会过大。举例说明如下：

加工如图 1-8 所示零件，毛坯为 ϕ30mm×70mm 的圆钢棒料，要求外圆加工的背吃刀量（每次切削深度）为 2mm，X 向（直径方向）精加工余量为 0.5mm。

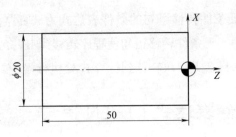

图2-8 零件加工图

加工思路分析如下：

1）从毛坯、零件、精加工余量分析可知：X 轴粗加工的加工余量为 9.5mm，背吃刀量为 2mm，9.5 不能整除 2，考虑采用 IF [条件表达式] THEN 语句来解决问题。

2）设置 #100 号变量，赋初始值 30 控制毛坯直径。

3）选择 IF [条件表达式] GOTO 10 语句来控制整个循环过程。

4）选择 IF [条件表达式] THEN 语句，既保证零件不会过切，又保证精加工余量不会过大。

5）编制宏程序如下：

```
O2005;
T0101;
M03 S2000;
G0 X31 Z10;                          （X、Z 轴快速移至 X31、Z10）
Z1;                                   （Z 轴快速移到 Z1）
M08;                                  （打开切削液）
#100 = 30;                            （设置 #100 号变量，控制零件 X 轴尺寸）
N10 #100 = #100−2;                    （#100 号变量依次减小 2mm）
IF [#100 LE 20.5] THEN #100 = 20.5;   （条件赋值语句，若 #100 号变量的值小于等于
                                       20.5mm，#100 重新赋值为 20.5）
G0 X[#100];                           （X 轴快速移至 X[#100]）
G01 Z-55 F0.2;                        （Z 轴进给至 Z-55）
G0 U0.5;                              （X 轴沿正方向快速移动 0.5mm）
Z1;                                   （Z 轴快速移至 Z1）
IF [#100 GT 20.5 ] GOTO 10;           （条件判断语句，若 #100 号变量的值大于
                                       20.5mm，则跳转到标号为 10 的程序段处执行，
                                       否则执行下一程序段）
G0 X100 Z100;                         （X、Z 轴快速移至 X100、Z100）
G28 U0 W0;                            （X、Z 轴返回参考点）
M09;                                  （关闭切削液）
M05;                                  （关闭主轴）
M30;
```

程序 O2005 的主要目的是说明 IF [条件表达式] THEN 语句的应用场合，读者只要了解此用法即可，而编程思路、程序执行流程框图和刀具加工轨迹可暂时不予深究，后面相关章节会详细介绍。

2.7　宏程序的调用与调用取消

用户宏程序调用格式：

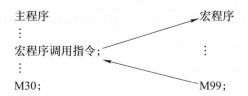

主程序　　　　　　　　　　　　　　　宏程序
⋮
宏程序调用指令；
⋮　　　　　　　　　　　　　　　　　　⋮
M30；　　　　　　　　　　　　　　　M99；

宏程序是一个可以使用变量、计算指令、控制指令等功能的特殊子程序。当需要时可以采用从主程序中调用子程序的方式来完成加工。这种调用需要使用宏程序调用指令。调用宏程序指令分为模态调用（G66）和非模态调用（G65），宏程序使用完成后，需要使用宏程序调用取消指令（G67）来结束调用。

2.7.1　宏程序调用（G66）

宏程序模态调用指令（G66）格式如下：

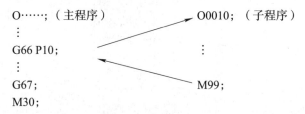

O……；（主程序）　　　　　　　　　O0010；（子程序）
⋮
G66 P10；
⋮　　　　　　　　　　　　　　　　　　⋮
G67；
M30；　　　　　　　　　　　　　　　M99；

特别注意：当指定 G66 指令时，程序段中的移动指令执行结束后，都会调用指定的子程序，直到指定 G67（宏程序调用取消）指令为止。采用 G66 调用宏程序（子程序），一般采用增量编程。

G66 指令应用实例：加工如图 2-9 所示零件，毛坯为 200mm×50mm×20mm 的长方体，材料为 45 钢，在长方体表面加工 7 个均匀分布的通孔，孔直径为 15mm，孔与孔的间距为 30mm。要求：① 采用 ϕ14.8mm 钻底孔；② ϕ10mm 铣刀进行精加工；③ 试采用 G66 调用指令编写精加工（ϕ10mm 铣刀加工 ϕ15mm 孔）宏程序代码。

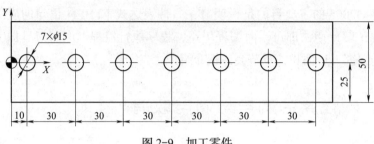

图 2-9　加工零件

加工思路分析如下：

1）将精加工 φ15mm 孔编制一个独立的程序存储在机床存储器里（子程序）。

2）采用增量（G91）编程方式编写加工孔程序。

3）采用 G66 指令调用子程序。

4）编制宏程序如下：

O2006;	
G15 G17 G21 G40 G49 G54 G80 G90;	
T1 M06;	
G0 G90 G54 X10 Y0;	（X、Y 轴快速移至 X10、Y0）
G43 Z50 H01;	（Z 轴快速移至 Z50 位置）
M03 S1500;	（主轴正转，转速为 1500r/min）
M08;	（切削液打开）
G66 P2007;	（采用 G66 指令调用 O2007）
X10 Y0;	（第 1 个孔中心坐标）
X40;	（第 2 个孔中心坐标）
X70;	（第 3 个孔中心坐标）
X100;	（第 4 个孔中心坐标）
X130;	（第 5 个孔中心坐标）
X160;	（第 6 个孔中心坐标）
X190;	（第 7 个孔中心坐标）
G67;	（取消宏程序调用）
G91 G28 Z0;	（Z 轴返回参考点）
M05;	（主轴停止）
M09;	（关闭切削液）
M30;	
⋮	
O2007;	
G90 G0 Z-20;	（Z 轴快速移动至 Z-20）
G91 G42 G01 X7.5 D1 F200;	（建立刀具半径补偿，X 轴沿正方向进给 7.5mm）
G02 I-7.5 F2000;	（加工整圆）
G01 G40 X-7.5 F3000;	（取消刀具半径补偿，X 轴沿负方向进给 7.5mm）

```
G90 Z10;
M99;
  ⋮
```

程序 O2006 采用调用子程序的方式加工 ϕ15mm 孔，从程序可以看出：采用 G66 调用子程序铣削孔和钻孔类似，只需孔的坐标。采用 G66 调用子程序，子程序一般用增量方式编程；G66 是模态调用指令，程序结束必须采用 G67 取消调用。

2.7.2　宏程序调用（G65）

G65（宏程序单纯调用功能）通常用于只在指定的程序调用且只能调用一次指定的一个用户宏程序命令，如下所示：

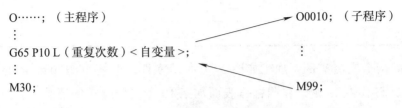

G65 格式如下：

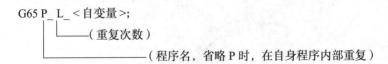

G65 与子程序调用指令 M98 类似，区别在于：G65 调用可以实现把自变量传输到子程序中；M98 无法实现把自变量传输到子程序。

当自变量被作为一个局部变量用于宏程序子程序时，地址后面必须跟随实际数值（这些数值传输到子程序中，对应的变量值被重新定义）。例如：G65 A1B2C3 P0001 执行该程序段的作用：①调用 O0001 号子程序；②将 A、B、C 后对应的数值 1、2、3 传输到 O0001 子程序中，并对 #1=1、#2=2、#3=3 进行赋值运算。

定义自变量规格 I：

格式：A _ B _ C _ …… X _ Y _ Z _

定义自变量格式几点说明：

1）除了 G、O、P、L、N 之外，其他地址都可以用于定义自变量。

2）除了 I、J、K 之外，其他地址无须按字序排列。

3）I、J、K 必须按照字序排列。

4）不用地址可以省略。

5）地址和自变量之间的对应关系见表2-4。

表2-4　地址和自变量之间的对应关系

自变量地址	对应变量	自变量地址	对应变量	自变量地址	对应变量
A	#1	I	#4	T	#20
B	#2	J	#5	U	#21
C	#3	K	#6	V	#22
D	#7	M	#13	W	#23
E	#8	Q	#17	X	#24
F	#9	R	#18	Y	#25
H	#11	S	#19	Z	#26

G66 指令应用实例：加工如图 2-10 所示零件，毛坯为 $\phi100$mm×20mm 的圆柱体，材料为 45 钢，在圆柱体表面加工 10 个均匀分布的通孔，孔直径为 10mm。要求：采用 G65 调用指令编写宏程序代码。

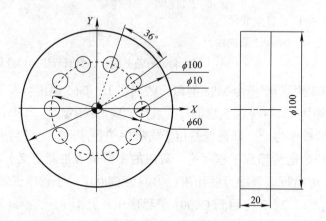

图 2-10　加工零件

加工思路分析如下：

1）根据圆周孔分布规律，构建数学模型。

2）采用 G65 定义自变量及调用子程序。

3）编制宏程序如下：

```
O2008;
G15 G17 G21 G40 G49 G54 G80 G90;
T1 M06;
G0 G90 G54 X30 YO M03 S1500;              （X、Y 轴快速移至 X30、Y0）
G43 Z50 H01;                              （Z 轴快速移至 Z50）
M08;                                      （打开切削液）
G65 P2009 A0 B36 C360 F200 R5 I30 Z-30;   （采用 G65 调用 O2009）
G91 G28 Z0;                               （Z 轴返回参考点）
M05;                                      （主轴停止）
M09;                                      （关闭切削液）
M30;


O2009;
N10#23=#4*COS[#1];                        （计算孔中心 X 坐标）
#24=#4*SIN[#1];                           （计算孔中心 Y 坐标）
G0 X#23 Y#24;                             （X、Y 快速移至 X#23、Y#24）
G81 Z#26 R#19 F#9;                        （钻孔）
G80;
#1=#1+#2;                                 （#1 号变量依次增加 #2）
IF[#1LT#3] GOTO10;                        （条件判断语句，若 #1 号变量的值小于
                                          #3，则跳转到标号为 10 的程序段处执行，
                                          否则执行下一程序段）
M99;
```

① 程序 O2008 语句：G65 P2009 A0 B36 C360 F200 R5 I30 Z-30，调用 O2009 子程序，并定义自变量 #1、#2、#3、#4、#18、#9、#26 并进行相对应的赋值，如图 2-11 所示。

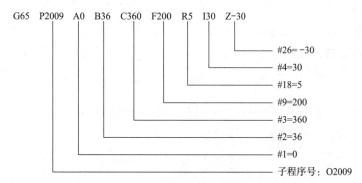

图 2-11　定义自变量与变量对应关系示意

② 程序 O2008、O2009 可以采用调用子程序的方式来实现相同的功能，程序如下：

```
O2010;
   ⋮
M98 P2011;                    （调用子程序 O2011）
   ⋮
M30;


O2011;
#1=0;                         （定义 #1 变量，控制初始角度））
#2=36;                        （定义 #2 变量，控制角度增量）
#3=360;                       （定义 #3 变量，控制结束条件）
#4=30;                        （定义 #4 变量，控制分度圆半径）
#18=5;                        （定义 #18 变量，控制 R 点）
#9=200;                       （定义 #9 变量，控制进给率）
#26=-30;                      （定义 #26 变量，控制钻孔深度）
N10#23=#4*COS[#1];            （计算孔中心 X 坐标）
#24=#4*SIN[#1];               （计算孔中心 Y 坐标）
G0 X#23 Y#24;                 （X、Y 快速移动至 X#23、Y#24）
G81 Z#26 R#19 F#9;            （钻孔）
G80;
#1=#1+#2;                     （#1 号变量依次增加 #2）
IF[#1LT#3]GOTO10;             （条件判断语句，若 #1 号变量的值小于 #3，则跳转到标
                              号为 10 的程序段处执行，否则执行下一程序段）
M99;
```

M98 调用子程序功能，自定义变量必须在子程序内部完成，子程序只能加工特定型面；G65 在主程序中将自定义变量传输到子程序里，子程序可以实现同一类型不同规格的零件加工。例如：加工零件同图 2-10 类似，毛坯为 $\phi100\times20$mm 的圆柱体，材料为 45 钢，在圆柱体表面加工 20 个均匀分布的通孔（分度圆直径为 60mm），孔直径为 10mm。只需将 G65 P2009 A0 B36 C360 F200 R5 I30 Z-3 程序段自定义变量 B36 修改成 B18，其余不做修改。

```
O2008;
   ⋮
G65 P2009 A0 B36 C360 F200 R5 I30 Z-30;   （采用 G65 调用 O2009）
   ⋮
M30;


O2012;
   ⋮
G65 P2009 A0 B18 C360 F200 R5 I30 Z-30;   （采用 G65 调用 O2009）
   ⋮
M30;
```

2.8　用户宏程序功能 B 入门实例

加工如图 2-12 所示零件，毛坯为 ϕ50mm×100mm 圆钢棒料，需要加工成 ϕ30mm×60mm 的光轴，材料为 45 钢，试用用户宏程序功能 B 编写加工宏程序代码。

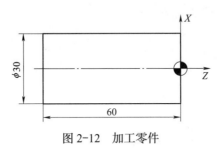

图 2-12　加工零件

本实例和 1.4 节用户宏程序功能 A 简单应用加工型面完全一样，可将本实例和 1.4 节实例结合起来学习，试比较用户宏程序功能 A 和用户宏程序功能 B 的区别和联系。

机床、刀具的选择以及算法、流程图的设计、刀具加工轨迹请读者参考 1.4 节实例的相关内容。

用户宏程序功能 B 参考程序如下：

```
O2010;
T0101;
M03 S2000;
G0X51 Z1;                    （X、Z 轴快速移至 X51、Z1）
#200=50;                     （X 轴直径初始赋值 50mm）
N70 #200=#200-2;             （X 轴直径每次递减 2mm）
#201=#200+0.3;               （X 轴每次增加 0.3mm，0.3mm 为精加工余量）
G0 X#201;                    （X 轴快速移至 X#201）
G01 Z-63.3 F0.2;             （车削外圆）
G0 U1;                       （X 轴快速退刀，增量退刀至 1mm）
Z1;                          （Z 轴快速移动至 Z1）
IF[#200 GT 30] GOTO 70;      （条件判断语句，若 #200 号变量的值大于 30，则跳转到
                               标号为 70 的程序段处执行，否则执行下一程序段）
G0 X100;                     （X 轴快速移至 X100）
Z100;                        （Z 轴快速移至 Z100）
M05;                         （主轴关闭）
M09;                         （关闭切削液）
M30;
```

编程要点提示：

1）程序 O2010 是 FANUC 系统数控车床车削 ϕ30mm×60mm、粗加工用户功能 B 的加工代码。

2）请读者与 1.4 节实例进行对比学习，更能理解用户宏程序功能 A 和用户宏程序 B 的区别和联系。

2.9　宏程序编程基础

宏程序编程与普通 G 代码、固定循环、自动编程（CAM）的区别：宏程序编程不但引入了变量、表达式，表达式之间可以进行逻辑、数学运算；而且引入控制流向的语句，不仅能实现程序之间的循环，还能实现语句与语句之间的跳转。

宏程序编程在椭圆、抛物线、有规律的三维立体等非圆型面的加工中具有强大优势，大大降低了手工编程的计算量。和自动编程相比，程序量精简得多，几行语句就可以实现复杂型面的加工且调试和修改方便。

宏程序编程采用变量、表达式、控制流向语句、逻辑算法等，给初学者学习带来很大的困难，因此学习宏程序编程方式和正确编程步骤很有必要。

2.9.1　宏程序编程步骤

宏程序编程采用变量、表达式、控制流向语句、逻辑算法等，虽然看起来很复杂，但也是按照一定的规律变化的。初学者只要遵循宏程序编程步骤、合理设置变量、选择合适的控制流向语句、合理的逻辑算法，编写高质量的宏程序也是很容易的。

宏程序编程应遵循：先审图后工艺、先算法后变量、先框架后细节、先验证后仿真的基本原则。详细步骤如下：

1）先审图后工艺：分析零件加工图以及毛坯图。

2）先算法：根据加工型面形状构建数学模型，确定自变量、应变量及之间的函数关系。

3）后变量：确定零件中哪些量是恒定不变的量（常量），哪些量是"变化"的量（变量）。

4）根据步骤 2）的分析，设置常量控制零件的"恒定量"和变量控制零件的变化量。

5）根据步骤 1）的分析，对步骤 3）设置的变量赋初始值。

6）确定变量的运算方式以及变量变化的最终值。

7）根据步骤 5）选择合理的控制流向的语句，避免程序出现无限（死）循环的现象。

8）根据步骤 1）～ 6）的分析，绘制程序执行流程框图。

9）根据程序执行流程框图编制宏程序代码。

10）先框架后细节：编制宏程序代码时，应先编制基本轮廓（框架—— 精加工程序），在基本轮廓的基础上逐步增加细节，如毛坯余量、精加工余量、加工次数、加工数量、加工平移量等粗加工程序。

11）先验证：对编制的宏程序进行手工验证。

验证的方法：一般取零件中 2 ～ 3 个特殊点的坐标值，带入程序中，把变量替换成特殊点的坐标值来计算相对应的变量及表达式的值，来验证程序是否正确。

12）后仿真：采用专业的仿真软件如斯沃、VERICUT 等软件仿真。

13）用机床加工实物，并总结。

2.9.2　变量设置常见方法

宏程序编程变量是基础，控制流向语句是工具，算法是灵魂。变量是构成宏程序的最基本单元，合理设置变量是宏程序编程不可或缺的步骤。变量设置应遵循"先常量后变量、先参数后解析、先内部后辅助、先运动后静止"的基本原则。变量设置的常见方式如下：

（1）先常量后变量　选择加工中变化的量作为变量，恒定的量作为常量。

例如加工图 2-13 所示的零件，其毛坯如图 2-14 所示，变量选择的方法如下：

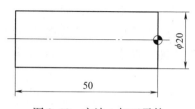

图 2-13　方法 1 加工零件

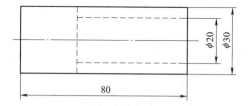

图 2-14　方法 1 加工零件的毛坯

该零件将 $\phi30mm\times80mm$ 的圆棒料加工成 $\phi20mm\times50mm$ 的销轴零件。在车削加工过程中，毛坯外圆尺寸由 $\phi30mm$ 逐渐减小至 $\phi20mm$，长度方向的尺寸不发生改变（端面、切断加工不作考虑），显然该零件编程时，定义的变量用于控制外圆直径的变化。

使用变量数量越少，逻辑关系也相对简单；使用变量数量越多，逻辑关系也相对复杂。建议初学者在编制宏程序时，能使用常量尽可能使用常量，待编程能力提高后，可逐步增加变量数量。

（2）先参数后解析　选择数学模型自身（内部）变量。

宏程序在方程型面的加工具有举足轻重的地位，根据方程型面内部的变化量来设置程序变量，也是宏程序编程设置变量的主要方法。

一般圆锥二次曲线有解析方程和参数方程两种表达方式，例如圆、椭圆、抛物线等，其中椭圆型面是宏程序编程中最为经典的案例之一。

宏程序编程时建议优先考虑以"参数方程"自身变量（角度）作为自变量；只有当起始、终止角度未知时，才考虑以"解析方程"自身变量作为自变量。

加工图 2-15 所示零件的椭圆轮廓，椭圆的参数方程为：$x = 50\cos\theta$、$y = 30\sin\theta$，选择椭圆参数方程自身变量 θ 作为变量，可以解决轮廓找点问题。设置一个变量控制 θ 的变化，长、短半轴的变化随着 θ 的变化而变化。

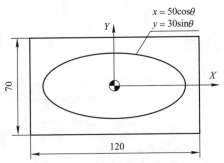

图 2-15　设置内部参数变量加工零件示意

（3）先内部后辅助　选择"标志变量""计数器"等辅助性变量。

采用宏程序编程经常遇到采用加工中"变化量"、解析（参数）方程"自身变量"无法作为变量或作为变量不太方便的情况，可以考虑设置"标志变量""计数器"等和加工图样尺寸无关的变量（辅助性变量），作为控制该零件加工的变量。

例如加工图 2-16 所示零件，要求加工直线排孔。分析可知，相邻孔间距为 30mm，孔的数量为 500 个，设置变量有以下两种方案：

① 选择 X 的坐标值作为变量，需要计算和确定第 500 个孔循环结束的条件。

② 选择孔的数量作为变量，设置定义一个变量并赋值 #100=500，控制孔的数量，加工完成一个孔，#100 号变量减去 1，那么语句 [#100 GT 0] 就可以控制整个加工循环的结束。

比上述方案①、②，方案②相对更方便，也容易实现。

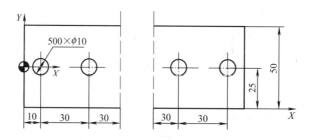

图 2-16　设置辅助变量加工零件示意

（4）先运动后静止　宏程序编程变化的变量是绝对的，不变的常量是相对的。在该层嵌套中的相对静止的常量，在另外一层嵌套会转变成绝对变化的变量，因此优先考虑绝对运动的量作为变量。

加工图 2-17 所示圆形型腔，假设直径、深度方向均需要分多次加工。加工方案：①先将直径加工至图样要求，再将深度加工至图样要求；②先将深度加工至图样要求，再将直径加工至图样要求。

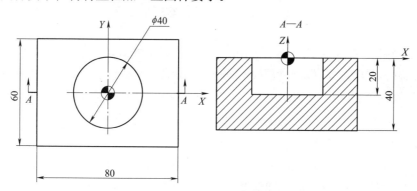

图 2-17　绝对运动量为变量加工示意

第①种加工方案：直径方向多次加工时（内层嵌套），深度是相对不变的，因此将直径设为变量；深度多次加工时（外层嵌套），直径是相对不变的，因此将深度设为变量。

第②种加工方案：深度方向多次加工时（内层嵌套），直径是相对不变的，因此将深度设为变量；直径方向多次加工时（外层嵌套），深度是相对不变的，因此将直径设为变量。

（5）根据个人编程和思维的习惯来选择变量　采用宏程序编程经常会遇到加工零件可以选择不同变量来控制和编程的情况，都能达到相同的效果，这时可以根据个人的思维习惯来设置变量。例如加工图 2-18 所示的椭圆轮廓零件，椭圆的解析方程为 $x^2/19^2 + z^2/30^2 = 1$。

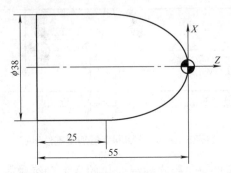

图 2-18　个人习惯设置变量加工示意

根据椭圆的解析方程可知：既可以选择椭圆的长半轴作为自变量，椭圆的短半轴作为应变量；也可以选择椭圆的短半轴作为自变量，椭圆的长半轴作为应变量。在实际编程时，可以根据个人编程和思维习惯来选择变量。

本 章 小 结

1）本章详细介绍了 FANUC 系统用户宏程序功能 B 的变量及变量赋值方式、数学运算、逻辑运算以及跳转等相关的基础知识，重点介绍了逻辑、辅助变量、条件赋值语句 IF [……] THEN……、宏程序模态调用指令（G66）、非模态调用指令（G65）的应用，宏程序编程基本步骤及变量设置的基本方法。

2）本章实例虽然简单，逻辑关系也并不复杂，但体现了用户宏程序功能 B 编程的基本思路，可以作为学习用户宏程序功能 B 宏程序编程入门的实例，对控制流向语句、逻辑变量、辅助变量等基本用法也可以不予深究，在后面章节会有更深入的学习。

3）用户宏程序功能 B 与用户宏程序功能 A 在语言表述上相比，更加直观、更容易被人接受，两者在本质上并没有区别。在一些配置比较低端的数控系统中，不支持用户宏程序功能 B 进行宏程序编程，只能采用户宏程序功能 A 进行宏程序编程。

4）用户宏程序功能 B 的宏程序编程基本步骤、编程思路及变量设置的基本方法，同样适用于用户宏程序功能 A。

第 3 章

宏程序和数学基础

本章内容提要

本章主要介绍宏程序编程和数学模型，如一次函数、二次函数、极坐标系、旋转坐标系以及直线拟合（无限逼近）等之间的联系。根据零件加工型面构建数学模型，根据数学模型构建函数关系表达式，根据函数关系表达式确立自变量与因变量，写出数控机床系统能识别语句（宏程序）……数学模型是宏程序编程的基础。

3.1 宏程序与数学模型

机械加工零件，在数学中都可以找到对应的数学模型，例如：车削外圆在数学中描述为圆柱、车削锥度在数学中描述为圆台（圆锥）、车削圆弧在数学中描述为圆……因此，加工单一型面零件实质就是将毛坯加工成零件对应的数学模型；加工复合型面零件实质就是将毛坯加工成多个数学模型的集合。

3.1.1 单一型面零件与数学模型

单一型面零件在数学中有相对应的数学模型，在采用宏程序编程时可以采用该数学模型的一切数学特征，如数学模型方程表达式、参数方程表达式、自变量与因变量之间的内在关系等。

例如：编写图 3-1 所示零件的加工程序代码，$\phi 50$mm 外圆已经加工。

从图 3-1 可知，需要加工 $R25$mm 圆角，是加工单一型面零件（$R25$mm 圆弧），在数学中有圆数学模型与之对应。

（1）圆概述　圆是由平面上到定点的距离等于定长点的集合，定点称为圆心，定长称为半径。工程中很多零件的轮廓由整圆或圆弧构成的。

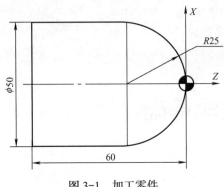

图 3-1　加工零件

（2）圆的解析方程及参数方程

① 圆的解析方程：圆的标准方程 $(x-a)^2+(y-b)^2=r^2$ 中，有三个参数 a、b、r，圆心坐标为 (a,b)，一旦知道了 a、b、r 这三个参数的大小，圆图形的大小和位置就被确定了，因此确定圆方程必须有三个独立条件，其中圆心坐标是圆的定位条件，半径是圆的定形条件。

② 圆的参数方程：一般的，在平面直角坐标系中，如果曲线上任意一点的坐标 x, y 都是某个变数 t 的函数 $\{x=f(t)\quad y=g(t)\}$，并且对于 t 的每一个允许值，由上述方程组所确定的点 $M(x,y)$ 都在这条曲线上，那么上述方程则为这条曲线的参数方程，t 为变参数，简称参数。

圆的参数方程：$x=a+r\cos\theta$、$y=b+r\sin\theta$（$\theta\in[0,2\pi]$），其中 (a,b) 为圆心坐标，r 为圆半径，θ 为参数，(x,y) 为圆弧上点坐标。

（3）圆弧编程基本知识

① 圆弧在车削加工采用 G 代码编程：圆弧是常见车削型面之一，在实际加工中应用较为广泛。数控系统提供了车削圆弧指令（G02、G03），可以实现车削任意大小凸、凹圆弧，例如编写图 3-1 所示圆弧的程序代码如下：

```
O3001;
⋮
G0 X0 Z1;
G01 Z0 F0.2;
G03 X50 Z-25 R25;
⋮
M30;
```

② 圆弧在车削加工采用宏程序（直线插补）编程思路之一如下：

步骤 1：根据圆解析（参数）方程，由 X（X 作为自变量）计算对应 Z（Z 作为因变量）或由 Z（Z 作为自变量）计算对应 X（X 作为因变量），选取自变量的初始值和变化大小值。

步骤 2：X 轴移动至外圆直径尺寸值，采用 G01 方式车削 Z 轴长度尺寸的外圆。

步骤 3：X 轴退刀至安全平面后，Z 轴退刀至 Z 轴加工起点（也可以采用两轴联动退刀）。

步骤 4：加工余量依次减小，跳转执行步骤 1，如此循环直到加工余量等于 0 时，跳出车削循环，至此圆弧粗加工结束。此时圆弧由无数个直径不同、轴向长度不同的外圆（台阶）组成图形的集合（圆弧轮廓精度与步距成正比）。

采用宏程序编写图 3-1 所示圆弧程序代码如 O3002 所示：

```
O3002;
⋮
G0 X0 Z1;
G01 Z0 F0.2;
#100 = 0 ;
N10 #101 = 25*COS[#100];
#102 = 25*SIN[#100];
G01 X[2*#102] Z[#101−25] F0.2;
#100 = #100+1;
IF [#100 LE 90] GOTO10;
G03 X50 Z-25 R25;
⋮
M30;
```

3.1.2 复合型面零件与数学模型

复合型面零件在数学中没有对应的数学模型，在采用宏程序编程时通常是将复合型面拆分成"无数个"单一型面零件的集合，再根据单一型面零件构建与之相对应的数学模型。宏程序编程可以使用该数学模型的一切数学特征。

例如：编写图 3-2 所示零件的加工程序代码，ϕ50mm 外圆已经加工。

从图 3-2 可知，该零件由 ϕ50mm 圆柱与四分之一圆弧（半径 15mm）组成图形的集合。加工思路：①毛坯加工成 ϕ50mm 圆柱；②ϕ50mm 圆柱加工成 R15mm 圆角。

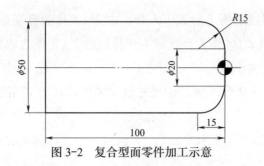

图 3-2 复合型面零件加工示意

图 3-2 所示零件相对比较简单，对应的数学模型也不复杂。构建数学模型的方法、思路适用于任意复合型面的数学模型的构建。在实际加工中，单一型面零件相对较少，复合型面零件相对较多，加工零件型面越复杂，构建零件对应的数学模型越有必要。图 3-2 所示零件采用圆的参数方程编写精加工程序，具体如下：

```
O3003;
T0101;
M03 S2500;
M08;
G0 X51 Z1;
G01 X20 Z0 F0.1;
#100 = 0;                       （设置 #101 号变量，控制圆弧角度变化，赋初始值 0）
#101 = 15;                      （设置 #101 号变量，圆弧半径）
N10 #102 = #101*COS[#100];      （根据圆参数方程，计算 #102 号变量值）
#103 = #101*SIN[#100];          （根据圆参数方程，计算 #103 号变量值）
G01X[2*#103+20]Z[#102-15];      （车削圆弧）
#100 = #100+1;                  （#100 号变量（角度）依次增加 1°）
IF [#100 LE 90] GOTO 10;        （条件判断语句，若 #100 号变量的值小于等于 90°，
                                则跳转到标号为 10 的程序段处执行，否则执行下一程
                                序段）
G01 X52;
G0 X100;                        （X 轴快速移至 X100）
Z100;                           （Z 轴快速移至 Z100）
G28 U0 W0;                      （X、Z 轴返回参考点）
M05;                            （主轴停止）
M09;                            （关闭切削液）
M30;
```

3.2 宏程序与一次函数

3.2.1 一次函数概述

机械加工零件在数学中有与之相对应的数学模型，数学模型在数学中有与

之对应的函数表达式。从数学知识可知，函数是因变量随着自变量变化而变化的集合。函数的对应法则是因变量与自变量按照一定的规律变化，用数学关系表示 $F(X)=Y$，其中（ ）就是对应法则，X 是自变量，Y 是因变量，Y（因变量）随着 X（自变量）变化而变化。

宏程序编程引用了变量且变量与变量之间可以进行数学运算、逻辑运算；宏程序编程可以准确表示一个变量随着另一个变量变化而变化的动态过程，所以宏程序编程本质与函数一样都是按照一定的规律变化。根据加工零件的型面构建数学模型；根据数学模型建立函数关系，是宏程序编程的基本步骤。

次函数表述的线性关系相对简单，在机械加工型面应用比较广，例如加工外圆、锥度、梯形螺纹、蜗杆、异形螺纹等型面零件。

一次函数型面零件，采用宏程序编程的步骤如下：

1）根据加工零件型面构建数学模型。

2）根据数学模型找出相对应的一次函数原型（线性变化规律）。

3）根据一次函数原型，用代数关系式表示出自变量与因变量之间的关系（某一时刻）。

4）将自变量与因变量之间的变化规律与加工零件结合起来。

5）采用宏程序编程定义变量，进行变量之间运算，控制流向语句、逻辑关系，描述出一次函数（数学模型）的变化规律。

6）结合数控机床指令，编制加工零件的宏程序代码。

3.2.2　一次函数应用实例

编写图 3-3 所示零件的加工程序代码，$\phi50mm$ 外圆已经加工。

分析加工零件，建立图 3-4 所示数学模型。

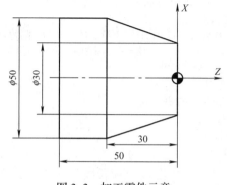

图 3-3　加工零件示意

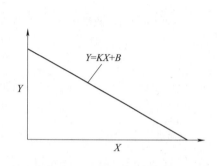

图 3-4　锥度数学模型示意

图 3-3 所示零件的锥度数学模型满足一次函数 $Y=KX+B$（$K \neq 0$）的线性关系式。采用宏程序编程时，优先考虑一次函数特性来进行分析，加工思路如下：

1）根据锥度轮廓的线性方程，由 X（X 作为自变量）计算对应的 Z（Z 作为因变量）或由 Z（Z 作为自变量）计算对应 X（X 作为因变量），并计算下一次车削锥度 X_1、Z_1 的值。

2）X 轴（径向）快速移动至外圆直径尺寸（X_1），采用 G01 方式车削 Z 轴长度值为 Z_1 的外圆。

3）车削 X、Z 轴起点坐标为（X_1，Z_1）、终点坐标为（X，Z）的锥度外圆。

4）上述构成了车削一次锥度外圆的循环过程，在此基础上设置 #100 号变量控制加工余量 20mm，采用分层切削的方式，完成一次切削过程后，刀具退刀至切削加工起点，毛坯余量减小 2mm，再次进给 2mm，准备下一次切削，如此循环直到加工余量等于 0 时，跳出切削循环，零件加工完毕。参考程序如 O3003 所示。

```
O3003;
T0101;
M03 S2500;
G0 X51 Z1;
M08;                        （打开切削液）
#101 = 10;                  （设置 #101 号变量，控制锥度 X 轴变化）
#102 = 30;                  （设置 #102 号变量，控制锥度 Z 轴变化）
#103 = [50-30]/[2*30];      （计算 #103 号变量的值，锥度的斜率）
N10 #101 = #101-1;          （#101 号变量依次减去 1mm）
#102 = #101/#103;           （根据锥度线性方程，由 X 的值计算 Z 的值）
#105 = 2*#101 +30 +0.5;     （计算 #105 号变量的值，程序中对应 X 的值）
G0 X[#105];                 （X 轴移至 X[#105]）
G01 Z[0-#102] F0.2;         （车削直线，去除毛坯余量）
X50 Z-30;                   （车削锥度）
G0 U1;                      （X 轴沿正方向进给 1mm）
Z1;                         （Z 轴移至 Z1）
IF [#101 GT 0] GOTO 10;     （条件判断语句，若 #101 号变量的值大于 0，则跳转
                             到标号为 10 的程序段处执行，否则执行下一程序段）
G0 X100;                    （X 轴快速移至 X100）
Z100;                       （Z 轴快速移至 Z100）
G28 U0 W0;                  （X、Z 轴返回参考点）
M05;                        （主轴停止）
M09;                        （关闭切削液）
M30;
```

编程思路是根据零件轮廓的线性方程，计算出直径和长度的关系。设置 #101 号变量控制零件形状的 X 轴变化，#102 号变量控制零件形状的 Z 轴变化。

由 X 值（#101）根据一次函数方程 $Y=KX+B$ 计算出 X 对应的 Z 值（#102），然后 X 移动至 X#101，Z 轴车削外圆（粗加工）。

加工锥度、圆弧通过数控系统提供的数控插补指令就能实现，也许不能体现宏程序与一次函数组合的优越性；宏程序与一次函数组合一般应用于采用切槽刀加工梯形螺纹、蜗杆以及钻探工具接头（通称异型螺纹）。

3.3　宏程序与二次函数

3.3.1　二次函数概述

随着人们对产品外形要求越来越高，二次函数对应的零件型面，越来越多的如机床滚珠丝杠、圆弧螺纹等。数控大赛也增加了以二次函数为主题的比赛试题。

二次函数在函数概念、函数（方程）表达式、自变量与因变量关系、应用的场合等较一次函数复杂。这是因为二次函数中自变量与因变量的变化规律是非线性关系。其采用宏程序编程定义变量，进行变量与变量之间运算，关系表达式、逻辑关系等比较复杂，但其编程思路、编程步骤以及算法与一次函数型面没有太大的变化。

二次函数型面零件，采用宏程序编程的步骤如下：

1）根据加工零件型面构建数学模型。

2）根据数学模型找出相对应的二次函数原型。

3）根据二次函数原型（数学模型变化规律），用代数关系式表示自变量与因变量之间的变化规律。

4）将自变量与因变量之间的变化规律与加工零件结合起来。

5）采用宏程序编程定义变量，进行变量之间运算，控制流向语句、逻辑关系，描述出二次函数（数学模型）的变化规律。

6）结合数控机床指令，编制加工零件的宏程序代码。

3.3.2　二次函数偏移量

以二次函数为原型零件型面，通常编程原点与函数原点（中心）不是同一个点，如图 3-5 所示。从图 3-5 可知，编程原点与方程 Z、X 轴中心不重合。

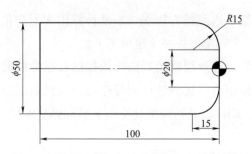

图 3-5   编程原点与方程型面中心不重合示意

设置加工编程原点与方程原点（中心）尽可能重合，对于编程原点与方程原点（中心）不重合，通常采用平移的方式，将方程原点平移至编程原点进行编程。

根据零件尺寸确定方程原点平移值，使编程原点与方程原点重合。如果编程原点和方程原点不是同一个点，可以采用平移的方式使编程原点和方程原点重合，如图 3-6 所示。

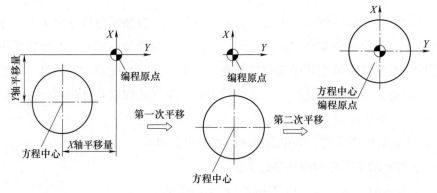

图 3-6   平移坐标系示意

平移量为曲线方程原点到编程原点的投影距离，也可以在操作机床时将坐标系或刀具补偿参数界面进行偏置，两者实质是一致的。

3.4   宏程序与极坐标系

3.4.1   极坐标系概述

极坐标在数学中的定义为：在平面内由极点、极轴和极半径组成的坐标系。在平面上取一定点 0（称为极点），从 0 点出发引一条射线（称为极轴），再取定一个单位长度 r（称为极半径），通常规定角度逆时针方向为正。这样平面上任意一点的位置就可以用线段的长度以及到的角度来确定，有序数对就称为点的极坐标，如图 3-7 所示。

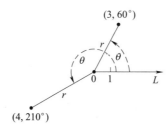

图 3-7　极坐标系示意

极坐标系描述了点的运动轨迹变化，因此较多地应用到数控加工编程中，特别是圆周钻孔以及正多边形铣削中应用得比较广泛。

FANUC 系统极坐标系格式：

G16；　　　极坐标系指令生效

G15；　　　取消极坐标系编程

注意：G16 和 G15 必须成对地使用。

极坐标系编程需要指定加工平面（G17、G18、G19），指定平面第一轴为极坐标系的极半径，指定平面第二轴为极角，例如：G17 平面的第一轴是 X 轴、第二轴是 Y 轴。极坐标系零度为第一轴正方向（与第一轴重合），沿不在坐标平面的坐标轴，从该坐标轴的正方向向负方向看（G17 平面，不在坐标平面坐标轴是 Z 轴）逆时针方向角度为正值。数控加工中，不同平面、极半径、极角对应关系见表 3-1。

表 3-1　平面、极半径、极角对应关系

平面	极半径（极半轴）	极角
G17（X、Y）	X	Y
G18（X、Z）	X	Z
G19（Y、Z）	Y	Z

极坐标系编程时，需要指定点作为极坐标原点（极点）。一般采用绝对值编程（G90），如图 3-8 所示，也可以采用增量编程（G91）。

G17；	
G0 X0 Y0；	
G16；	极坐标系生效
G01 X30 Y30；	X30 表示极半径，Y30 表示极角
G01 X30 Y60；	X30 表示极半径，Y60 表示极角
G15；	取消极坐标编程，恢复直角坐标系

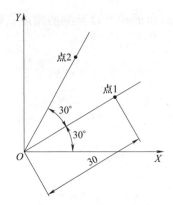

图 3-8　以零件原点为极坐标系的原点

3.4.2　极坐标系应用实例

极坐标系从数学角度分析点运动轨迹。FANUC 数控系统开发了极坐标系编程指令 G16。极坐标系在加工圆、圆周孔、螺旋加工孔、锥螺纹、圆内接多边形、圆外接多边形等时可以减少节点计算量。

编写图 3-9 所示零件的加工程序代码如下：

```
O3004；
G15 G17 G21 G40 G49 G54 G80 G90；
T2 M06；
G0 G90 G54 X0 Y0 M03 S800；
G43 Z50 H02；
M08；                        （切削液打开）
G16 X50 Y0；                 （建立极坐标系）
G81 Z-40 F100；              （钻孔）
G91 Y36 K9；                 （采用增量编程，加工其余 9 个孔）
G80；                        （极坐标系编程取消）
G15；
G91 G28 Z0；
M05；
M09；
M30；
```

程序 O3004 也可以写成如下所示：

```
O3004；
G15 G17 G21 G40 G49 G54 G80 G90；
T2 M06；
G0 G90 G54 X0 Y0 M03 S800；
G43 Z50 H02；
```

```
M08;                       （打开切削液）
#101 = 50;                 （设置 #101 号变量，圆半径）
#104 = 36;                 [ 设置 #104 号变量（直径 100mm 圆周上孔与孔之间
                             角度的增量）]
#100 = 0;                  （设置 #100 号变量，控制孔的角度变化）
WHILE [#100 LT 360] DO1;   （如果 #100 < 360°，则在 WHILE 和 END1 之间循环，
                             否则跳出循环）
G16;                       （极坐标系生效）
G0 X[#101] Y[#100];        （X、Y 轴快速移至 X[#101]Y[#100]）
G98 G81 Z-42 R1 F100;      （采用 G81 钻孔循环钻孔）
G80;                       （取消钻孔循环）
G15;                       （极坐标系取消）
#100 = #100 + #104;        （#100 号变量依次增加 #104 值）
END 1;
G91 G28 Z0;
M05;
M09;
M30;
```

FANUC 系统极点是编程原点。

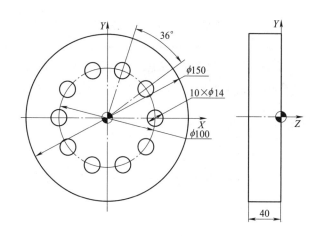

图 3-9　加工零件

3.5　宏程序与旋转坐标系

3.5.1　旋转坐标系概述

旋转坐标系与极坐标系都属于数控高级编程指令。角度（轮廓与坐标轴之

间的夹角 A）轮廓节点的数学计算量大于不带角度（轮廓与坐标轴平行）轮廓节点的数学计算量。FANUC 系统提供了旋转坐标系指令（G68）来简化编程。

编程格式：

在 G17 平面中，G68 X Y R；

其中，X、Y 为旋转中心；R 为旋转角度。

角度正负的判定方向与极坐标系角度的判定方法相同：从不在坐标平面的坐标轴正方向向负方向看，逆时针旋转 R 为正值，顺时针旋转 R 为负值。

例如 G68 X0 Y0 R90 的作用是：在 G17 平面，旋转中心（X0 Y0）绕 Z 轴逆时针旋转 90°。

采用旋转坐标系编程需要指定加工平面（G17、G18、G19），数控加工平面不同、旋转中心轴向不同，绕轴旋转也不同，对应关系见表 3-2。

表 3-2 平面、旋转中心、旋转方向对应表

平面	旋转中心	旋转轴	旋转方向	旋转角度 /（°）
G17 G68 X0 Y0 R90	X0 Y0	Z	逆时针	90
G18 G68 X0 Z0 R90	X0 Z0	Y	逆时针	90
G19 G68 Y0 Z0 R90	Y0 Z0	X	逆时针	90

旋转坐标系不仅应用于轮廓旋转加工，也应用于转头机床（五面体龙门）定位加工。关于旋转坐标系更多应用读者可参考 FANUC 系统编程操作说明书。

3.5.2 旋转坐标系与矩阵

旋转坐标系的数学理论依据是矩阵转换。把标准轮廓上所有点的集合看作是一个矩阵，而角度轮廓上所有点的集合可以看作是由该矩阵旋转而成的另一个矩阵，其公式为

$$\begin{pmatrix} \cos\beta & -\sin\beta \\ \sin\beta & \cos\beta \end{pmatrix} \begin{pmatrix} X' \\ Y' \end{pmatrix} \longrightarrow \begin{pmatrix} X \\ Y \end{pmatrix}$$

式中，β 为旋转角度，$[X'，Y']$ 是旋转之前的坐标值，$[X，Y]$ 是旋转之后的坐标值，由该式可以得出：$X=X'\cos\beta-Y'\sin\beta$ 和 $Y=X'\sin\beta+Y'\cos\beta$。

3.5.3 旋转坐标系应用实例

编写图 3-10 所示零件的加工程序代码。

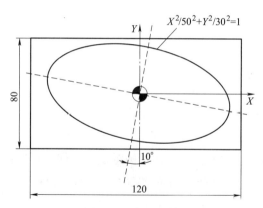

图 3-10　加工零件

```
O3006;
G15 G17 G21 G40 G49 G54 G80 G90;
T1 M06;
G68⊖ X0 Y0 R-10;                          （建立旋转坐标系，旋转中心为（X0，Y0），旋转
                                            角度为 10°）

G0 G90 G54 X61 Y-5 M03 S2000;
G43 Z50 H01 M08;
Z0.5;                                      （Z 轴移至 Z0.5 位置）
G01 Z-2 F100;                              （Z 轴进给至 Z-2）
G02 X56 Y0 R5;                             （以圆弧方式切入零件）
#100 = 0;                                  （设置 #100 号变量，控制角度的变化）
#103 = 6;                                  （设置 #100 号变量，控制刀具半径值）
N10 #101 = [50+#103]*COS[#100];            （计算 #101 号变量的值，X 坐标值）
#102 = [30+#103] *SIN [#100];              （计算 #102 号变量的值，Y 坐标值）
G01 X[#101] Y[#102] F350;                  （铣削椭圆轮廓）
#100 = #100+1；                            （#100 号变量依次加 1）
IF [#101 LT 360] GOTO 10;                  （条件判断语句，若 #101 号变量的值小于 360°，
                                            则跳转到标号为 10 的程序段处执行，否则执行下
                                            一程序段）

G02 X61 Y5 R5;                             （以圆弧方式切出零件）
G0 Y-5;                                    （Y 轴移动至 Y-5）
Z10;                                       （Z 轴移动至 Z10）
G69;                                       （旋转坐标系编程方式取消）
G91 G28 Z0;                                （Z 轴返回参考点）
M05;                                       （主轴停止）
M30;
```

⊖有的系统要求 G68 须在工件坐标系（G54）之后，如：

T1 M06;
G90 G0 G54;
G68 X0 Y0 R-10;
⋮

3.6　宏程序与拟合法

3.6.1　线性拟合法概述

设定给定离散数据式中 XK 为自变量 X（标量或向量，即一元或多元变量）的取值；YK 为因变量 Y（标量）的相应值。曲线拟合要解决的问题是，寻求背景规律相适应的解析表达式，使它在某种意义下最佳逼近或拟合，$Y=F（X，B）$ 称为拟合模型，B 为待定参数，当 B 仅在 F 中线性出现时，称为线性的，否则为非线性的。

以上是离散数学中对线性拟合的表述，在机械加工如椭圆、抛物线、双曲线等非圆型面，数控系统未配置相应的指令来完成非圆型面加工。在实际加工中一般采用直线拟合法，将要加工的轮廓分割成"有限个"直线段，分割的数量越多，越接近加工的轮廓，如图 3-11 所示。

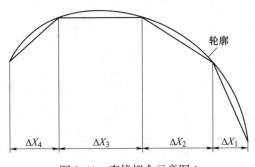

图 3-11　直线拟合示意图 1

由图 3-11 可知，任意形状的轮廓都可以采用直线拟合法，将轮廓分割为无数（有限个）点，将这些"有限个"点连接起来，把分割直线段组成的图形无限接近加工轮廓，分割的线段越多，越接近、越精确，如图 3-12 所示。

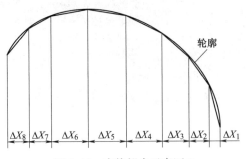

图 3-12　直线拟合示意图 2

3.6.2　线性拟合法编程原理

拟合法将轮廓分割成无数个点，将分割的点连接起来，连接起来的点组成的轮廓无限接近未分割的轮廓。分割轮廓一般根据轮廓的方程表达式（解析方程或参数方程）找出轮廓的变化规律，根据轮廓的变化规律进行分割，分割出来的点都是有规律可循的。

一般数控系统只具备了直线插补和圆弧插补功能，不配置椭圆、双曲线、抛物线和螺旋线等方程曲线的插补加工功能。在实际中加工这类方程曲线轮廓或者曲面，可以把轮廓曲线分割为一系列短的直线段，并逐渐逼近整条曲线，然后建立数学模型和调用指令，通过数控系统内部计算出轮廓曲线上的各点坐标，从而实现将方程曲线的编程转换为一系列短直线或短圆弧的数控编程，这就是"拟合法"的加工思想。

3.6.3　线性拟合法应用实例

编写图 3-13 所示零件的加工程序代码。

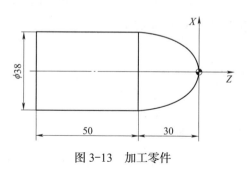

图 3-13　加工零件

```
O3007;
T0101;
M03 S2500;
G0 X0 Z10;                  （X、Z 轴快速移至 X0 Z10）
Z1;                         （Z 轴快速移至 Z1）
M08;                        （打开切削液）
#100 = 0;                   （设置 #100 号变量控制角度变化）
#105 = 1;                   （设置 #105 号变量控制步距变化）
N10 #101 = 19 * SIN[#100];  （根据椭圆参数方程，计算 #101 号变量（X）值）
#102 = 30 * COS[#100];      （根据椭圆参数方程，计算 #102 号变量（Z）值）
#103 = 2 * #101;            （计算 #103 号变量程序中的 X 值）
#104 = #102-30;             （计算 #104 号变量程序中的 Z 值）
```

```
G01 X[#103 ] Z[#104 ]F0.1;        （直线插补椭圆弧）
#100 = #100 + #105;               （#100 变量依次增加 #105 变量，即步距自加）
IF [#100 LE 90] GOTO 10;          （条件判断语句，若 #100 号变量的值小于等于 90°，
                                   则跳转到标号为 10 的程序处执行，否则执行下一程序）
G01 U1;                           （X 轴沿正方向进给 1mm）
G0 X100 Z100;                     （X、Z 轴快速移至 X100 Z100）
G28 U0 W0;                        （X、Z 轴返回参考点）
M05;                              （主轴停止）
M09;                              （关闭切削液）
M30;
```

　　FANUC 0i—T 数控系统未配置椭圆插补指令，加工椭圆通常采用直线拟合的方式，将加工椭圆轮廓分割成"有限个"直线段，数控机床采用直线插补功能（G01）来加工"有限个"直线段，"有限个"直线连接起来组成的形状"无限"接近椭圆的轮廓。

　　程序 O3007 把椭圆轮廓分割为 90 等份，在程序语句 #100=#100+#105 中，#105 号变量控制椭圆的加工步距，#105 号变量值大小影响椭圆精度及加工效率，#105 值越小，直线拟合椭圆轮廓精度越高、加工效率越低。

　　条件转移语句 IF [#100 LE 90] GOTO 10 控制整个加工循环。

3.7　宏程序编程"动"与"静"

3.7.1　宏程序编程"动"概述

　　宏程序编程定义变量，变量与变量之间进行数学运算、逻辑运算，条件转移语句、循环语句控制整个程序中的"部分语句"有规律且重复运行，当条件不满足时结束循环，执行条件语句（或循环语句）的下一条语句，循环语句执行呈"动态"。如下语句：

```
……;
#100 = 10;
N10 ……;
#100 = #100-1
IF [#100 GT 0] GOTO10;
……;
```

　　下面对程序动态的过程进行详细的分析：

第一步：机床顺序执行到程序 #100 = 10 时，数控系统开辟一个内存并赋值，此时 #100 号变量的值等于 10。

第二步：机床顺序执行到程序 #100 = #100−1 时，数控系统会进行判断 #100 号变量是否被定义并且被赋值，如 #100 没有定义，此时数控系统会触发报警；若 #100 号变量被定义，但 #100 号变量没有被赋值，此时数控系统会触发报警；当且仅当 #100 号变量被定义且被赋值时，机床执行第三步。

第三步：机床进行相应的数学运算。根据变量运算的优先级可知赋值运算符级别最低。数控系统先进行数学运算（减运算），再进行赋值运算，具体执行如下：

① 由第一步可知：#100 等于 10，因此 #100−1 = 10−1 = 9。

② #100 = 9，因此机床顺序执行语句 #100 = #100−1，#100 变量值改变为 9。

第四步：数控系统判断 #100 是否大于 0，若 #100 大于 0，程序跳转到第三步执行；若 #100 小于等于 0，程序执行结束。

以上程序执行的"动态过程"如图 3-14 所示。

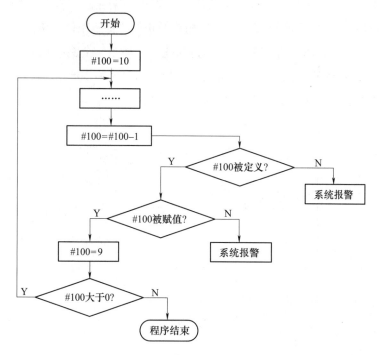

图 3-14 宏程序编程"动态过程"执行示意

由以上分析可知，宏程序中"部分语句"满足一定条件是重复且有规律的执行的，其中重复且有规律执行的"部分语句"是整个程序的关键。

编写重复且有规律执行的语句是宏程序编程的关键。通过前面章节可知，宏程序编程的步骤为：根据加工零件的型面构建数学模型→根据数学模型定义变量→用关系表达式表示出自变量与因变量之间的关系……从这点来表述与宏程序编程"动态"本质是一致的。

3.7.2 宏程序编程"静"概述

有宏程序编程基础的读者都能理解宏程序中"部分语句"满足一定条件是重复且有规律执行的，而困惑随之而来，既然宏程序中"部分语句"满足一定条件是动态的，那么怎么用宏程序去编写加工程序代码呢？

虽然宏程序中"部分语句"满足一定条件是重复且有规律执行的，但是在"特定条件下"重复且有规律执行的语句是"相对静止"的。

"特定条件"就是根据加工零件的型面构建数学模型，整个数学模型就是静止的，构建数学模型的任何特征都可以用于宏程序编程。宏程序编程核心是在重复且有规律执行的动态过程中，寻找相对静止的"特定条件"构建数学模型。

例：加工图 3-15 所示零件，在通孔的孔口上加工一个倒 R 圆角，孔口直径为 50mm，倒 R 角的圆弧半径为 10mm，倒 R 角的深度为 10mm，底孔已经加工，材料为 45 钢，要求编写孔口倒 R 角的宏程序代码。

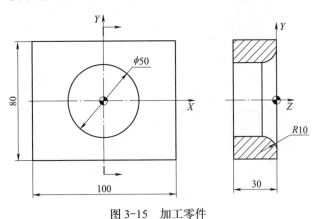

图 3-15　加工零件

分析如下：

1）孔口圆角型面可以看作由无数个半径不同的圆组合而成的图形集合，因此，孔口倒 R 圆角可以采用圆的参数方程或圆的解析方程建立数学模型找出重复且有规律部分，如图 3-16 所示。

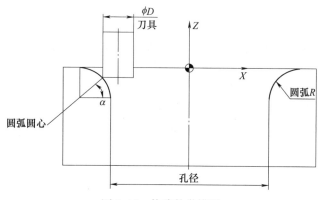

图 3-16　构建数学模型

2）从图 3-16 数学模型可知，深度不同，对应圆直径不同；深度与直径的变化规律满足圆的解析方程或参数方程。整个加工过程圆直径重复且有规律的变化，但在满足圆方程表达式任意深度圆直径时是恒定的。

本 章 小 结

1）本章详细介绍宏程序编程与数学模型中一次函数、二次函数、极坐标系、旋转坐标系、拟合法之间的关系，虽然内容比较抽象但是从数学角度阐述了宏程序编程。扎实的数学基础对宏程序编程是事半功倍的，数学模型的构建和"程序化"是宏程序编程的依据。

2）采用宏程序编程，通常先构建数学模型，根据数学模型找出与之对应的函数关系表达式，根据函数关系表达式找出自变量与应变量之间的变化关系，结合宏程序特定的编程语言，编制出被数控系统所识别的程序代码。

3）"线性拟合法"是宏程序编程最基本的思想，宏程序编程"动"与"静"贯穿整个编程过程，"动中取静"是宏程序的编程基础，学习和掌握宏程序编程的思想和原理，是编程实践的理论前提。

第4章

宏程序在车削常见型面中的应用

本章内容提要

宏程序既可以应用在复杂型面，也可以应用于简单的型面。本章介绍宏程序车削简单型面。车削端面、外圆、外圆沉槽等加工轨迹的共同特点是沿 X（径向）或者 Z（轴向）进给；车削锥度加工轨迹的特点是 X 向和 Z 向进给运动按照斜线方程的规律；车削圆弧加工轨迹的特点是：X 向和 Z 向进给运动按照圆方程的规律。通过诸多实例的练习，为后续复杂工件的宏程序编程应用打下基础。

4.1 粗车端面宏程序应用

4.1.1 零件图以及加工内容

加工如图 4-1 所示零件，毛坯为 ϕ20mm×55mm 圆钢棒料，需要加工成 ϕ20mm×50mm 的销轴零件，材料为 45 钢，试编制数控车削端面宏程序代码。

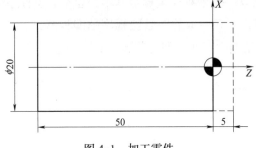

图 4-1 加工零件

4.1.2　分析零件图样

该实例要求车削成形一个 $\phi20\text{mm}\times50\text{mm}$ 的销轴，Z 轴车削余量为 5mm，加工和编程之前需要考虑以下方面内容：

1）机床：FANUC 系统数控车床。

2）装夹：自定心卡盘。

3）刀具：90° 外圆车刀。

4）量具：0 ～ 150mm 游标卡尺。

5）编程原点：编程原点及其编程坐标系如图 4-1 所示。

6）车削端面方式：X 向直线单向切削；Z 向背吃刀量为 1mm。

7）切削用量：见表 4-1。

表 4-1　车削端面工序卡

工序	主要内容	设备	刀具	切削用量		
				转速 / (r/min)	进给量 / (mm/r)	背吃刀量 /mm
1	车削端面	数控车床	90° 外圆车刀	2000	0.2	1

4.1.3　分析加工工艺

该零件是车削端面的应用实例，其基本思路如下：

第一次加工：刀具从起始位置（X21，Z10）快速移至（X21，Z4），X 轴（径向）直线插补至 X-1，Z 轴沿正方向快速移动 1mm 后，X 轴（径向）快速移动到 X21。

第二次加工：X 轴（径向）快速移动到 X21，Z 轴（轴向）快速移至 Z3；X 轴（径向）直线插补至 X-1，Z 轴沿正方向快速移动 1mm 后，X 轴（径向）快速移动到 X21。

　　…………

第五次加工：X 轴（径向）快速移动到 X21，Z 轴（轴向）快速移至 Z0；X 轴（径向）直线插补至 X-1，Z 轴沿正方向快速移动 1mm 后，X 轴（径向）快速移动到 X21。

4.1.4　选择变量方法

本实例是将 $\phi20\text{mm}\times55\text{mm}$ 的圆棒料加工成 $\phi20\text{mm}\times50\text{mm}$ 的销轴零件，根据选择变量的基本原则及本实例的具体加工要求，选择变量有以下几种方式：

1）在车削加工过程中，毛坯轴向尺寸（总长）由 55mm 逐渐减小至 50mm，且径向尺寸不发生改变，符合变量设置原则，优先选择加工中"变化量"作为变量，因此选择"毛坯轴向尺寸"作为变量。设置 #100 并赋初始值 55，控制毛坯轴向尺寸。

2）在车削加工过程中，轴向加工余量由 5mm 逐渐减小至 0，"零件直径尺寸"不发生改变，符合变量设置原则，优先选择加工中"变化量"作为变量，因此选择加工余量作为变量。设置 #100 并赋初始值 5 来控制加工余量。

3）由表 4-1 可知，粗车端面背吃刀量为 1mm；从分析加工零件图及毛坯可知：加工余量为 5mm，加工次数 = 加工余量 / 背吃刀量 =5，且径向尺寸不发生改变，符合变量设置原则，选择"标志变量""计数器"等辅助性变量作为变量。设置 #100 并赋初始值 5 来控制加工次数的变化。

从上述 1）～ 3）变量设置分析可知：确定变量的方式不是唯一的，但变量的控制类型决定了程序流程框图，同时也决定了宏程序代码。

本实例选择轴向"加工余量"作为变量进行叙述，其余请读者自行完成。

4.1.5　选择程序算法

车削端面采用宏程序编程时，需要考虑以下问题：一是怎样实现循环车削端面；二是怎样控制循环的结束（实现 Z 轴变化）。下面进行详细分析：

（1）实现循环车削端面　设置 #100 = 5 控制轴向加工余量，通过 #100 = #100−1 实现 Z 轴每次进刀量（1mm）的变化。Z（轴向）快速定位至 Z[#100]，X 轴（径向）直线插补端面，Z 轴沿正方向快速移动 1mm 后，X 轴（径向）快速移至加工起点，加工轨迹如图 4-2 所示。

图 4-2　车削端面单一循环刀路轨迹

（2）控制循环的结束　车削一次端面循环后，通过条件判断语句判断加工是否结束。若加工结束，则退出循环；若加工未结束，则 Z 轴（轴向）再次快速移至 Z[#100]，X 轴（径向）再次直线插补端面，如此循环，形成整个车削端面加工循环。

4.1.6　绘制刀路轨迹

根据加工工艺分析及选择程序算法分析，绘制单一循环刀路轨迹如图 4-2 所示，绘制多层循环刀路轨迹如图 4-3 所示。

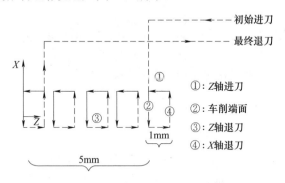

图 4-3　车削端面多层循环刀路轨迹

4.1.7　绘制程序框图

根据以上算法设计和分析，规划程序流程框图，如图 4-4 所示。

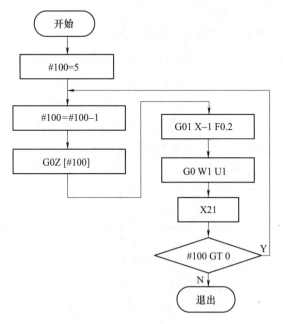

图 4-4　车削端面程序设计流程框图

4.1.8　编制程序代码

```
O4001;
T0101;
M03 S2000;                  （主轴正转，转速为 2000r/min）
G0 X21 Z10;                 （X、Z 轴快速移至 X21 Z10）
Z5;                         （Z 轴快速移动至 Z5）
M08;                        （打开切削液）
#100 = 5;                   （设置 #100 号变量，控制轴向加工余量）
N10 #100 = #100−1;          （#100 号变量依次递减 1mm）
G0 Z[#100];                 （Z 轴快速移动至 Z[#100]）
G01 X-1 F0.2;               （X 轴直线插补至 X-1）
G0 W1 U1;                   （Z、X 轴沿正方向快速移动 1mm）
X21;                        （快速移至 X21）
IF [#100 GT 0] GOTO 10;     （条件判断，若 #100 号变量值大于 0，则跳转到标号为
                             10 的程序段处执行，否则执行下一程序段）
G0 X50 Z100;                （X、Z 轴快速移至 X50 Z100）
G28 U0 W0;
M09;
M05;
M30;
```

4.1.9　编程总结

1）#100 = 5 变量语句控制加工零件余量。

采用宏程序编写加工程序代码时，设置变量之间的内在关系以及变量初始赋值，需要根据毛坯尺寸和零件加工要求来综合考虑。

2）车削一次端面循环后，通过 #100 = #100-1 实现自减运算，控制下一次 Z 轴切削起始位置。结合 #100 号变量的初始值详细分析如下：

① #100 控制 Z 轴加工余量，第一次车削 #100 = #100-1 = 5-1 = 4，即第一次车削端面在 Z4 处，X 轴直线插补至 X-1，X、Z 轴退刀后，机床系统进行如下操作：

通过 IF [#100 GT 0] GOTO 10，先判断 #100 变量值是否大于 0，若大于 0 则跳转到标号 10 的程序执行；若 #100 变量值小于等于 0，程序顺序执行 IF [#100 GT 0] GOTO 10 下一程序段。

② #100 变量值为 4 大于 0，因此跳转到标号 10 处执行 #100 = #100-1 = 4-1 = 3，即第二次车削端面在 Z3 处，X 轴直线插补至 X-1，X、Z 轴退刀……依次类推，当且仅当 #100 变量小于等于 0 时，机床顺序执行 IF [#100 GT 0] GOTO 10 下一条语句 G0 X50 Z100，循环结束。

3）条件判断语句 IF [#100 GT 0] GOTO 10 中的 GT 说明："GT"条件运算符的含义为"大于"，本实例对 #100 通过 GT 条件判断与 50 进行比较。另外，注意 GE 和 GT 的区别：

① GT 运算符的含义为"大于"，GE 含义为"大于等于"。

② 试比较两段程序的区别：

#100 = 5;	#100 = 5;
N10;	N10;
⋮	⋮
#100 = #100−1;	#100 = #100−1;
IF [#100 GE 0] GOTO 10;	IF [#100 GT 0] GOTO 10;
……;	……;
（1）	（2）

分析可知：（1）程序执行 5 次，而（2）程序执行 4 次。

4.2 车削单外圆宏程序应用

4.2.1 零件图以及加工内容

4.2.2 分析零件图样

本实例要求车削成形一个 $\phi20mm×50mm$ 销轴（图 4-5），毛坯图如图 4-6 所示，直径方向的加工余量为 10mm。加工和编程之前需要考虑合理选择机床类型、数控系统、装夹方式、切削用量和切削方式（具体参阅 4.1.2 章节所叙内容）等，其中：

1）编程原点：编程原点及其编程坐标系如图 4-5 所示。

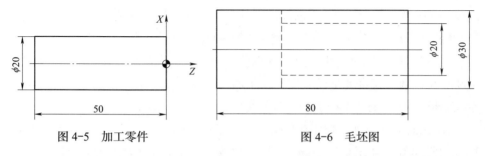

图 4-5　加工零件　　　　　　　　图 4-6　毛坯图

2）车削外圆方式：Z 向直线单向切削；X 向背吃刀量为 2mm（直径）。

3）按照粗车、精车分开的工艺原则安排车削工序，具体切削用量见表 4-2，其中切断工序也可以采用宏编程方法，在后面章节做专门介绍，故本实例没有编排切断工序。

表 4-2　车削单外圆工序卡

工序	主要内容	设备	刀具	切削用量		
				转速 /（r/min）	进给量 /（mm/r）	背吃刀量 /mm
1	车削端面	数控车床	90°外圆车刀	2000	0.2	1
2	粗车外圆	数控车床	90°外圆车刀	2000	0.2	2
3	精车外圆	数控车床	90°外圆车刀	3000	0.1	0.5

4.2.3　分析加工工艺

本零件是车削外圆宏程序应用实例，其基本思路如下：

第一次加工：刀具从起始位置（X31，Z10）快速移至（X28，Z1），Z 轴（轴向）直线插补至 Z-55；X 轴沿正方向快速移动 1mm 后，Z 轴（轴向）快速移动至 Z1。

第二次加工：Z 轴（轴向）快速移至 Z1，X 轴（径向）快速移动到 X26，Z 轴（轴向）直线插补至 Z-55；X 轴沿正方向快速移动 1mm 后，Z 轴（轴向）快速移动至 Z1。

…………

第五次加工：X 轴（径向）快速移动到 X20.3，Z 轴（轴向）直线插补至 Z-55；X 轴沿正方向快速移动 1mm 后，Z 轴（轴向）快速移动到 Z1。

4.2.4　选择变量方法

根据选择变量的方法及本实例的具体加工要求，选择变量有以下几种方式：

1）本实例将 $\phi30\times80$mm 的圆棒料加工成 $\phi20\times50$mm 的销轴零件。在车削加工过程中，毛坯直径径向尺寸由 30mm 逐渐减小至 20mm，且轴向的尺寸不发生改变，符合变量设置原则，优先选择加工中"变化量"作为变量，因此选择毛坯"直径"作为变量。设置 #100 并赋初始值 30 来控制毛坯直径的变化。

2）在车削加工过程中，直径加工余量由 10mm 逐渐减小至 0，且轴向的尺寸不发生改变，符合变量设置原则，将加工余量的变化作为变量。设置 #100 并赋初始值 10，控制"直径加工余量"变化。

3）由表 4-2 可知，粗车外圆的背吃刀量为 2mm（直径）；从分析加工零件图及毛坯可知：加工余量 10mm，加工次数 = 加工余量 / 背吃刀量 =5，且轴向尺寸不发生改变，符合变量设置原则，选择"标志变量""计数器"等辅助性变量作为变量。设置 #100 并赋初始值 5，控制"加工次数"变化。

从上述 1）～ 3）变量设置分析可知，确定变量的方式不是唯一，但变量的控制类型决定了程序流程框图，同时也决定了宏程序代码。

本实例选择"毛坯直径尺寸"变化作为变量进行叙述，其余请读者自行完成。

4.2.5　选择程序算法

车削外圆采用宏程序编程时，需要考虑以下问题：一是怎样实现循环车削外圆；二是怎样控制循环的结束（实现 X 轴变化）。下面进行详细分析：

（1）实现循环车削外圆　设置 #100 变量赋初始值 30，控制毛坯直径尺寸。通过变量自减运算 #100 = #100-2，实现 X 轴每次进刀量（2mm）。X 轴快速移至 X28 后，Z 轴直线插补至 Z-55，X 轴沿正方向快速移动 1mm（G0 U1）后，Z 轴再退刀至 Z 轴加工起点（或 Z、X 轴联动退刀），X 轴再次快速移至 X26，Z 轴准备再次直线插补外圆……，如此循环完成车削外圆（整个余量为 10mm）。

（2）控制循环的结束　车削一次外圆循环后，通过条件判断语句判断加工是否结束。若加工结束，则退出循环；若加工未结束，则 X 轴（径向）快速定位至 X[#100]，Z 轴直线插补至 Z-55（车削外圆），如此循环，形成整个车削外圆的加工循环。

4.2.6　绘制刀路轨迹

根据加工工艺分析及选择程序算法分析，绘制车削外圆单一循环刀路轨迹如图 4-7 所示，绘制车削外圆多层循环刀路轨迹如图 4-8 所示。

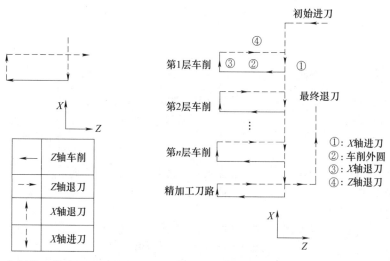

图 4-7　车削外圆单一循环刀路轨迹　　图 4-8　车削外圆多层循环刀路轨迹

4.2.7 绘制程序框图

根据以上算法设计和流程框图分析，规划程序流程框图，如图 4-9 所示。

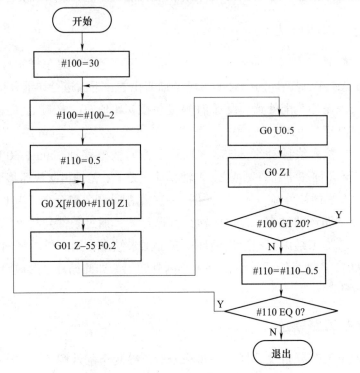

图 4-9 粗、精车外圆程序设计流程框图

4.2.8 编制程序代码

O4002；	
T0101；	
M03 S2000；	（主轴正转，转速为 2000r/min）
G0 X51 Z10；	（X、Z 轴快速移至 X51 Z10）
Z1；	（Z 轴移到 Z1）
M08；	（打开切削液）
#200 = 0.2；	（设置 #200 号变量，控制进给量）
G01 Z0 F0.2；	（Z 轴进给至 Z0）
X–1；	（X 轴进给至 X–1）
G0 Z1；	（Z 轴快速移至 Z1）
X52；	（X 轴快速移至 X52）
#110 = 0.5；	（设置 #110 号变量，控制精加工余量）

```
#100 = 30;                        （设置 #100 号变量，控制零件 X 轴尺寸）
N10 #100 = #100-2;                （#100 号变量依次减小 2mm）
N20 G0 X[#100+#110];              （X 轴快速移至 X[#100+#110]）
G01 Z-55 F#200;                   （Z 轴进给至 Z-55）
G0 U0.5;                          （X 轴沿正方向快速移动 0.5mm）
Z1;                               （Z 轴快速移至 Z1）
IF [#110 EQ 0] GOTO 30;           （条件判断语句，若 #110 号变量的值等于 0，则跳转到
                                    标号为 30 的程序段处执行，否则执行下一程序段）

IF [#100 GT 20 ] GOTO 10;         （条件判断语句，若 #100 号变量的值大于 20，则跳转到
                                    标号为 10 的程序段处执行，否则执行下一程序段）
G0 X100 Z100;                     （X、Z 轴快速移至 X100 Z100）
G28 U0 W0;                        （X、Z 轴返回参考点）
T0202;                            （调用 2 号刀具及其补偿参数）
M03 S3000;                        （主轴正转，转速为 3000r/min）
G0 X51 Z10;                       （X、Z 轴快速移至 X51 Z10）
Z1;                               （Z 轴移到 Z1）
#200 = 0.1;                       （设置 #200 号变量，控制进给量）
#110 = #110−0.5;                  （#110 号变量依次减去 0.5mm）
IF [#110 EQ 0] GOTO 20;           （条件判断语句，若 #110 号变量的值等于 0，则跳转到
                                    标号为 20 的程序段处执行，否则执行下一程序段）
N30 G0 X100 Z100;                 （X、Z 轴快速移至 X100 Z100）
G28 U0 W0;                        （X、Z 轴返回参考点）
M09;                              （关闭切削液）
M05;                              （关闭主轴）
M30;
```

4.2.9　编程总结

1）程序 O4002 为粗、精车外圆的宏程序代码，轴类零件粗、精加工宏程序编程的基本思路、算法可以参考此实例的编程思路。

2）设置 #110 号变量控制精加工余量，实际加工中 #110 号变量赋值数值是由该零件的精加工余量来确定。

3）零件粗加工中，将加工轮廓刀路沿着 X 轴正方向整体平移 0.5mm，见程序 O4002 中的语句 G0 X[#100+#110]，粗加工结束后，通过 #110 = #110−0.5 将精加工余量设置为 0。

4）条件判断语句 IF [#110 EQ 0] GOTO 20，控制精加工跳转程序的执行。

5）精加工后，条件判断语句 IF [#110 EQ 0] GOTO 30，是机床执行标号 30

程序段，跳出循环。

6）单外圆精加工实质：粗加工时，将加工路径轨迹整体偏置一个精加工余量；精加工时，将刀路轨迹偏置回原位（即偏移取消）。

4.3 大直径外圆切断宏程序应用

4.3.1 零件图以及加工内容

加工如图 4-10 所示零件，毛坯为 ϕ50mm×100mm 的棒料，要求切断外圆得到尺寸为 ϕ50mm×20mm 的零件，材料为 45 钢，试编写数控车床切断大直径外圆的宏程序代码。

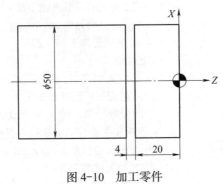

图 4-10 加工零件

4.3.2 分析零件图样

该实例要求数控车床切断大直径外圆，根据加工零件图以及毛坯，加工和编程之前需要合理选择机床类型、数控系统、装夹方式、刀具、量具、切削用量（具体参阅 4.1.2 章节所叙内容），其中：

1）刀具：切槽刀，刀宽为 4mm。

2）编程原点：编程原点及其编程坐标系如图 4-10 所示。

3）切断方式：Z 轴左右再次进给；X（轴）向背吃刀量为 2mm（直径）。

4）切削用量：见表 4-3 所示。

表 4-3 数控加工切断的工序卡

工序	主要内容	设备	刀具	切削用量		
				转速 /（r/min）	进给量 /（mm/r）	背吃刀量 /mm
1	切槽	数控车床	切槽刀	350	0.05	2

4.3.3　分析加工工艺

该零件是大直径外圆切断应用实例，其基本思路：

第 1 次：X 轴快速定位至 X50、Z 轴快速定位至 Z-25；X 轴直线插补至 X48（G01 U-2）→ X 轴沿正方向快速移动 2.5mm（G0 U2.5）→ Z 轴（沿 Z 轴正方向）快速移动 1mm（G0 W1）→ X 轴直线插补至 X50.（G01 U-0.5）→ X 轴直线插补至 X48.（G01 U-2）→ X 轴沿正方向快速移动 2.5mm（G0 U2.5）→ Z 轴（沿 Z 轴负方向）快速移动 2mm（G0 W-2）→ X 轴直线插补至 X50（G01 U-0.5）→ X 轴直线插补至 X48（G01 U-2）→ Z 轴沿着正方向直线插补 2mm（G01 W2）→ X 轴沿着正方向快速移动 0.5mm → Z 轴沿着负方向快速移动 1mm（G0 W-1）→ X 轴沿着负方向直线插补 0.5mm（G01 U-0.5）。

第 2 次：X 轴快速定位至 X48、Z 轴快速定位至 Z-25；X 轴直线插补至 X46（G01 U-2）→ X 轴沿正方向快速移动 2.5mm（G0 U2.5）→ Z 轴（沿 Z 轴正方向）快速移动 1mm（G0 W1）→ X 轴直线插补至 X48（G01 U-0.5）→ X 轴直线插补至 X46（G01 U-2）→ X 轴沿正方向快速移动 2.5mm（G0 U2.5）→ Z 轴（沿 Z 轴负方向）快速移动 2mm（G0 W-2）→ X 轴直线插补至 X48（G01 U-0.5）→ X 轴直线插补至 X46（G01 U-2）→ Z 轴沿着正方向直线插补 2mm（G01 W2）→ X 轴沿着正方向快速移动 0.5mm → Z 轴沿着负方向快速移动 1mm（G0 W-1）→ X 轴沿着负方向直线插补 0.5mm（G01 U-0.5）。

…………

第 25 次：X 轴快速定位至 X2、Z 轴快速定位至 Z-25；X 轴直线插补至 X0（G01 U-2）→ X 轴沿正方向快速移动 2.5mm（G0 U2.5）→ Z 轴（沿 Z 轴正方向）快速移动 1mm（G0 W1）→ X 轴直线插补至 X2（G01 U-0.5）→ X 轴直线插补至 X0（G01 U-2）→ X 轴沿正方向快速移动 2.5mm（G0 U2.5）→ Z 轴（沿 Z 轴负方向）快速移动 2mm（G0 W-2）→ X 轴直线插补至 X2（G01 U-0.5）→ X 轴直线插补至 X0（G01 U-2）→ Z 轴沿着正方向直线插补 2mm（G01 W2）→ X 轴沿着正方向快速移动 0.5mm → Z 轴沿着负方向快速移动 1mm（G0 W-1）→ X 轴沿着负方向直线插补 0.5mm（G01 U-0.5）。

4.3.4　选择变量方式

根据选择变量的基本原则及本实例的具体加工要求，选择变量有以下三种方式。

1）该零件大直径外圆切断。在车削加工过程中，零件直径向尺寸，由 50mm 逐渐减小至 –2mm（需要过零件中心），且轴向的尺寸不发生改变，符合变量设置原则，优先选择加工中"变化量"作为变量，因此选择"毛坯直径尺寸"作为变量。设置 #100 并赋初始值 50，控制毛坯直径尺寸的变化。

2）在车削加工过程中，零件直径加工余量由 50mm 逐渐减小至 0，"零件轴向尺寸"不发生改变，符合变量设置原则，优先选择加工中"变化量"作为变量，因此选择加工余量作为变量。设置 #100 并赋初始值 50，控制加工余量的变化。

3）由表 4-3 可知，背吃刀量为 2mm；从分析加工零件图及毛坯可知，加工余量为 50mm，加工次数 = 加工余量 / 背吃刀量 =25，且径向的尺寸不发生改变，符合变量设置原则，选择"标志变量""计数器"等辅助性变量作为变量。设置 #100 并赋初始值 25，控制加工次数的变化。

从上述 1）～ 3）变量设置分析可知：确定变量的方式不是唯一的，变量控制类型决定了程序流程框图，同时也决定了宏程序代码。

本实例选择"加工次数"作为变量进行叙述，其余请读者自行完成。

4.3.5　选择程序算法

大直径外圆切断采用宏程序编程时，需要考虑以下问题：一是怎样实现循环车削循环；二是怎样控制循环的结束（实现 X 轴变化）。下面进行详细分析：

（1）实现循环车削循环　设置 #100= 25 控制加工次数，通过增量编程 G01 U-2 实现 X 轴每次进刀量（2mm）的变化。

Z 轴快速定位至 Z-25 → G01 U-2（增量编程）→ X 轴沿正方向快速移动 2.5mm → Z 轴沿正方向快速移动 1mm → G01 U-2（增量编程）→ X 轴沿正方向快速移动 2.5mm → Z 轴沿 Z 轴负方向快速移动 2mm → G01 U-2（增量编程）→ Z 轴沿 Z 轴负方向直线插补 2mm。

（2）控制循环的结束　车削一次循环后，通过条件判断语句，判断加工是否结束。若加工结束，则退出循环；若加工未结束，则再次进行车削循环，如此循环，形成整个切断循环。

4.3.6　绘制刀路轨迹

根据加工工艺分析及选择程序算法分析，绘制单一循环刀路轨迹如图 4-11 所示，绘制多层循环刀路轨迹如图 4-12 所示。

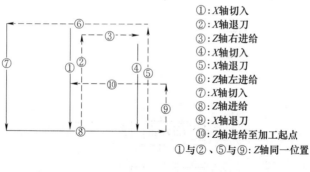

①：X轴切入
②：X轴退刀
③：Z轴右进给
④：X轴切入
⑤：X轴退刀
⑥：Z轴左进给
⑦：X轴切入
⑧：Z轴进给
⑨：X轴退刀
⑩：Z轴进给至加工起点
①与②、⑤与⑨：Z轴同一位置

图 4-11　单一循环刀路轨迹

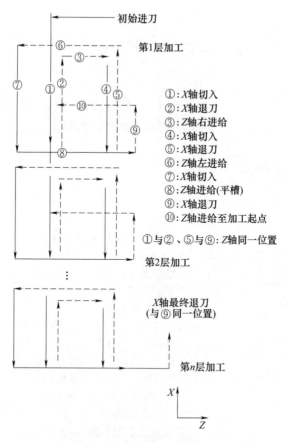

①：X轴切入
②：X轴退刀
③：Z轴右进给
④：X轴切入
⑤：X轴退刀
⑥：Z轴左进给
⑦：X轴切入
⑧：Z轴进给(平槽)
⑨：X轴退刀
⑩：Z轴进给至加工起点

①与②、⑤与⑨：Z轴同一位置

图 4-12　多层循环刀路轨迹

4.3.7 绘制流程框图

根据加工工艺分析及选择程序算法分析，绘制程序的流程框图，如图 4-13 所示。

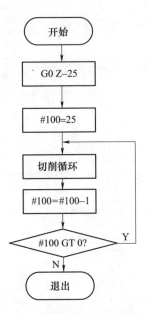

图 4-13 切断程序设计流程框图

4.3.8 编制程序代码

```
O4003
T0202；
M03 S350；              （主轴正转，转速为 350r/min）
G0 X51 Z10；            （X、Z 轴快速移至 X51 Z10）
Z-25；                  （Z 轴快速移至 Z-25）
M08；                   （打开切削液）
G01 X50 F0.2；          （X 轴进给至 X50）
#100 = 25；             （设置 #100 号变量，控制加工次数）
N100 G01 U-2 F0.03；    （X 轴沿负方向进给 2mm）
G0 U2.5；               （X 轴沿正方向快速移动 2.5mm）
W1；                    （Z 轴沿正方向快速移动 1mm）
G01 U-0.5 F0.5；        （X 轴沿负方向进给 0.5mm）
U-2 F0.03；             （X 轴沿负方向进给 2mm）
G0 U2.5；               （X 轴沿正方向快速移动 2.5mm）
W-2；                   （Z 轴沿负方向快速移动 2mm）
```

G01 U-0.5 F0.5;	（X 轴沿负方向进给 0.5mm）
U-2 F0.03;	（X 轴沿负方向进给 2mm）
W2;	（Z 轴沿正方向进给 2mm）
G0 U0.5;	（X 轴沿正方向快速移动 0.5mm）
W-1;	（Z 轴沿负方向快速移动 1mm）
G01 U-0.5;	（X 轴沿负方向进给 0.5mm）
#100 = #100-1;	（#100 号变量依次减去 1）
IF [#100 GT 0] GOTO 100;	（条件判断语句，若 #100 号变量的值大于 0，则跳转到标号为 100 的程序段处执行，否则执行下一程序段）
G01 X65 F1;	（X 轴进给至 X65）
G0 Z100;	（Z 轴快速移至 Z100）
G28 U0 W0;	（X、Z 轴返回参考点）
M09;	（关闭切削液）
M05;	（关闭主轴）
M30;	

4.3.9　编程总结

1）程序设置 #100 号变量赋初始值 25 控制加工次数，#100 号变量赋值的依据：切削次数 = 切削总的余量 / 背吃刀量。

2）大直径外圆切断以 X 轴进给为主、Z 轴进给为辅的编程方式，其进给方式与车削外圆、锥度、圆弧等略有区别。

3）Z 轴再次进给的思路在车削槽、大螺距螺纹、梯形螺纹、变距螺纹等应用较为广泛。

4.4　车削外圆锥面宏程序应用

4.4.1　锥度宏程序编程概述

1. 锥度（圆锥）基本数学知识

（1）锥度（圆锥）概述　锥度（圆锥）表面是由轴线成一定角度且一段相交于轴线的一条直线段（母线），绕该轴线旋转一周所形成的表面，如图 4-14 所示。

（2）锥度（圆锥）基本参数　锥度基本参数包括：圆锥半角 $\alpha/2$、圆锥大端直径 D、圆锥小端直径 d、圆锥长度 L、锥度 C，如图 4-15 所示，车削加工经常用到是圆锥半角（$\alpha/2$）。

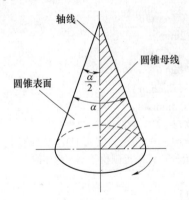

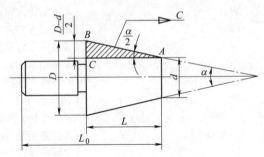

图 4-14　锥度（圆锥）表面形成示意　　　图 4-15　锥度（圆锥）基本参数与计算

（3）锥度（圆锥）与一次函数　锥度（圆锥）在数学中有与之对应的数学模型：一次函数 $Y=KX+B$（$K\neq0$），如图 4-16 所示。车削锥度加工型面，一般取一次函数某个区间进行构建数学模型。车削外圆锥度数学模型如图 4-17 所示，一次函数 $Y=KX+B$（$K\neq0$），其中 $K<0$；车削内孔锥度数学模型如图 4-18 所示，一次函数 $Y=KX+B$（$K\neq0$），其中 $K>0$。

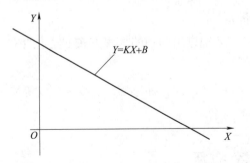

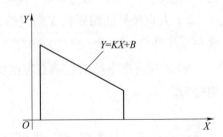

图 4-16　锥度（圆锥）原始数学模型　　　图 4-17　外圆锥度加工数学模型

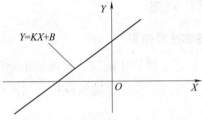

图 4-18　内孔锥度加工数学模型

2. 锥度（圆锥）基本编程知识

（1）锥度（圆锥）在车削加工采用 G 代码编程　锥度是常见车削加工型面

之一，在实际加工中应用较为广泛。数控系统提供了车削锥度的指令（G01）来实现车削任意锥度半角 $\alpha/2$ 锥度型面，例如编写图 4-19 所示锥度程序代码：

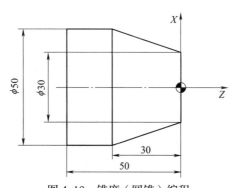

图 4-19　锥度（圆锥）编程

程序代码如下：

```
O4003;
⋮
G0 X30 Z1;
G01 Z0 F0.2;
X50 Z-30;
⋮
```

（2）锥度（圆锥）车削加工采用宏程序（直线插补）　编程思路如下：

步骤 1：根据锥度轮廓的线性方程，由 X（X 作为自变量）计算对应的 Z（Z 作为因变量）或由 Z（Z 作为自变量）计算对应的 X（X 作为因变量）。

步骤 2：X 轴进给至 X_1（某个直径尺寸），G01 Z-Z1 F0.2，车削直径为 X_1、轴向长度为对应 Z_1 的外圆。

步骤 3：X 轴快速移至安全距离，Z 轴快速移至 Z 轴加工起点（也可以采用 X、Z 轴联动方式快速移动）。

步骤 4：加工余量减去背吃刀量，跳转到步骤 1 处顺序执行 2、3、4……如此循环直到加工余量等于 0 时，退出循环。

锥度是由无数个直径不同、轴向长度不同的外圆组成的几何集合（锥度加工精度与步距成反比）。

4.4.2　零件图和加工内容

加工零件的毛坯为 $\phi48\text{mm}\times55\text{mm}$ 的圆钢棒料，需要加工成图 4-20 所示的圆锥零件，材料为 45 钢，试编写数控车削加工宏程序代码。

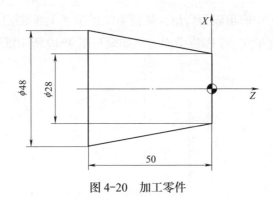

图 4-20　加工零件

4.4.3　分析零件图样

该实例要求车削成形一个锥度外圆，锥度大径为 $\phi48$mm、小径为 $\phi28$mm、锥度长度为 50mm，锥度大径和小径的差值为 $\phi20$mm，加工和编程之前需要考虑合理选择机床类型、数控系统、装夹方式、切削用量和切削方式（具体参阅 4.1.2 章节所叙内容）等，其中：

1）编程原点：编程原点及其编程坐标系如图 4-20 所示。

2）车削锥度方式：Z 向直线单向切削；X（轴）向背吃刀量为 2mm（直径）。

3）切削用量：见表 4-4 所示。

表 4-4　车削锥度外圆的工序卡

工序	主要内容	设备	刀具	切削用量		
				转速 /（r/min）	进给量 /（mm/r）	背吃刀量 /mm
1	粗车锥度	数控车床	90°外圆车刀	2500	0.2	2
2	精车锥度	数控车床	90°外圆车刀	3500	0.15	0.3

4.4.4　分析加工工艺

该零件是车削外圆锥度应用实例，车削锥度加工思路较多，在此给出三种常见加工思路：

（1）"平行线"法车削锥度　"平行线"法车削锥度思路：X、Z 轴从起刀点位置快速移至加工位置（X46 Z0）→ X、Z 轴两轴联动进给至 X48 Z-1 → X 沿正方向快速移动 1mm → Z 轴快速移至 Z0 → X 轴快速移至 X44 → X、Z 轴两轴联动进给至 X48 Z-2 →…→ 如此循环完成车削锥度。

（2）FANUC 系统"G71"法车削锥度

1）根据锥度轮廓的线性方程，由 X（X 作为自变量）计算对应的 Z（Z 作为因变量）。

2）X 轴进给至外圆直径尺寸（X），采用 G01 方式车削 Z 轴长度值为 Z 的外圆。

3）刀具快速移至加工起点，加工余量减去背吃刀量，跳转至步骤 1），如此循环直到加工余量等于 0 时，循环结束。

4）半精加工、精加工锥度型面。

（3）SINOMERIK 802C 系统"LCYC95"法车削锥度

1）根据锥度轮廓的线性方程，由 X（X 作为自变量）计算对应的 Z（Z 作为因变量），并计算车削锥度终点（X_1，Z_1）。

2）X 轴进给至外圆直径尺寸（X），采用 G01 方式车削 Z 轴长度值为 Z 的外圆。

3）车削 X、Z 轴起点坐标为（X，Z），终点坐标为（X_1，Z_1）的锥度。

4）刀具退刀至切削加工起点，加工余量减去背吃刀量，跳转至步骤 1），如此循环直到加工余量等于 0 时，循环结束。零件粗加工加工完毕。

4.4.5　选择变量方法

根据选择变量的基本原则及本实例的具体加工要求，选择变量方式如下：在车削锥度过程中，锥度小端直径由 48mm 逐渐减小至 28mm 且 X 轴、Z 轴尺寸均发生改变。X、Z 轴变化规律：X 轴变化 1mm，Z 轴变化 5mm。符合变量设置原则：优先选择加工中"变化量"作为变量，因此选择"X 轴尺寸"作为变量，设置 #100 号变量控制 X 轴变化，赋初始值 48；设置 #101 号变量控制 Z 轴变化，赋初始值 0。

4.4.6　选择程序算法

车削外圆锥度采用宏程序编程时，需要考虑以下问题：一是怎样实现循环车削锥度；二是怎样控制循环的结束（实现 Z 轴变化）。下面进行详细分析：

（1）实现循环车削锥度　设置 #100 号变量控制 X 轴变化，赋初始值 48；设置 #101 号变量控制 Z 轴变化，赋初始值 0。语句 #100 = #100-2 控制每次车削锥度 X 轴起始位置；#101 = #101 + 5 控制每次车削锥度 Z 轴终点位置。

X、Z 轴两轴联动进给至 X48 Z[0-#101] 后，X 沿正方向快速移动 1mm，Z 轴快速移至加工位置 Z_1（终点位置）……如此循环，形成车削锥面循环。

（2）控制循环的结束　车削一次锥面循环后，通过条件判断语句，判断加工是否结束？若加工结束，则退出循环；若加工未结束，则 X 轴再次快速移至 X[#100]，Z 轴再次进给至 Z0，X、Z 轴两轴联动进给至 X48 Z[0-#101]……如此循环，形成整个车削锥面循环。

4.4.7　绘制刀路轨迹

1）根据加工工艺分析及选择程序算法分析，"平行线"法车削锥度刀路轨迹和循环车削锥度刀路轨迹相似，可参考图 4-21、图 4-22。

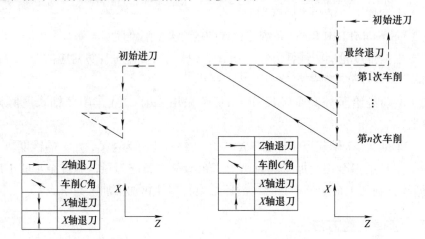

图 4-21　车削锥度刀路轨迹　　　　图 4-22　循环车削锥度刀路轨迹

2）FANUC 系统"G71"指令方法车削锥度，刀路轨迹如图 4-23 所示。

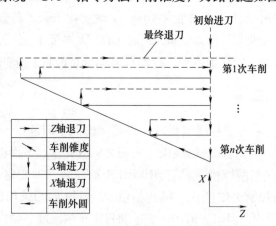

图 4-23　"G71"指令方法车削锥度刀路轨迹

4.4.8　绘制程序框图

根据以上算法设计和分析，"平行线"法车削锥度流程框图如图 4-24 所示，FANUC"G71"法车削锥度流程框图如图 4-25 所示。

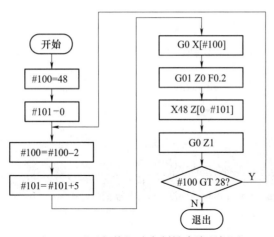

图 4-24　"平行线"法车削锥度流程框图

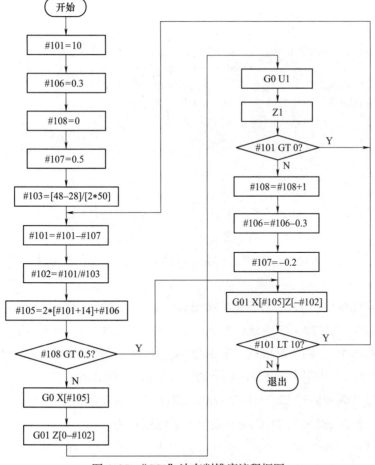

图 4-25　"G71"法车削锥度流程框图

4.4.9　编制程序代码

程序 1：“平行线”法车削锥面宏程序代码

```
O4004;
T0101;                           （调用 1 号刀具及其补偿参数）
M03 S2500;                       （主轴正转，转速为 2500r/min）
G0 X49 Z10;                      （X、Z 轴快速移至 X49 Z10）
Z1;                              （Z 轴快速移至 Z1）
M08;                             （打开切削液）
#100 = 48;                       （设置 #100 号变量，控制 X 轴尺寸）
#101 = 0;                        （设置 #101 号变量，控制 Z 轴尺寸）
N10 #100 = #100 −2;              （#100 号变量依次减小 2mm）
#101 = #101 + 5;                 （#101 号变量依次增加 5mm）
G0 X[#100];                      （X 轴快速移至 X[#100]）
G01 Z0 F0.2;                     （Z 轴进给至 Z0）
X48 Z[0−#101];                   （车削锥度）
G0 Z1;                           （Z 轴快速移至 Z1）
IF [#100 GT 28] GOTO 10;         （条件判断语句，若 #100 号变量的值大于 28mm，则跳
                                   转到标号为 10 的程序段处执行，否则执行下一程序段）
G0 X100 Z100;                    （X、Z 轴快速移至 X100 Z100）
G28 U0 W0;                       （X、Z 轴返回参考点）
M05;                             （主轴停止）
M09;                             （关闭切削液）
M30;
```

编程总结如下：

1）程序 O4004 采用“平行线法”车削锥面宏程序代码。该思路相当于把加工轮廓进行平移，平移距离的依据是毛坯余量。

2）该编程思路的关键：X、Z 轴同步增大至零件轮廓的尺寸，可分为以下几个步骤：

① 根据加工零件尺寸以及加工余量合理确定加工循环的次数。

② X 轴、Z 轴加工余量分开考虑、设置不同的变量控制相应的加工余量。

③ 去除 X、Z 轴余量可以采用不同的处理方式，确保 X、Z 轴尺寸同时增大至零件尺寸，见程序中语句 #100 = #100−2、#101 = #101 + 5。

3）条件判断语句 IF [#100 GT 28] GOTO 10 控制车削锥度循环。

程序 2：FANUC“G71”法车削锥面宏程序代码

```
O4005;
T0101;                           （调用 1 号刀具及其补偿参数）
```

M03 S2500；	（主轴正转，转速为 2500r/min）
G0 X49 Z10；	（X、Z 轴快速移至 X49 Z10）
Z1；	（Z 轴快速移至 Z1）
#101 = 10；	（设置 #101 号变量，控制锥度 X 轴变化）
#106 = 0.3；	（设置 #106 号变量，控制精加工余量）
#107 = 0.5；	（设置 #107 号变量，控制步距）
#108 = 0；	（设置 #108 号变量，标志变量）
#103 = [48−28]/[2*50]；	（计算 #103 号变量的值，锥度斜率）
N10 #101 = #101−#107；	（#101 号变量依次减去 #107 号变量值）
#102 = #101/#103；	（根据锥度线性方程，由 X 值计算 Z 值）
#105 = 2*[#101+14]+#106；	（计算 #105 号变量的值，程序中对应 X 值）
IF [#108 GT 0.5] GOTO 20；	（条件判断语句，若 #108 号变量值大于 0.5，则跳转到标号为 20 的程序段处执行，否则执行下一程序段）
G0 X[#105]；	（X 轴快速移至 X[#105]）
G01 Z[0−#102] F0.2；	（车削直线，去除毛坯余量）
G0 U1；	（X 轴沿正方向快速移动 1mm）
Z1；	（Z 轴快速移至 Z1）
IF [#101 GT 0] GOTO 10；	（条件判断语句，若 #101 号变量的值大于 0，则跳转到标号为 10 的程序段处执行，否则执行下一程序段）
IF [#101 EQ 0] THEN #105 = #105−0.3；	（条件赋值语句，若 #101 号变量的值等于 0，那么 #105 = #105−0.3）
#108 = #108 + 1；	（#108 号变量依次增加 1）
#106 = #106 − 0.3；	（#106 号变量依次减小 0.3mm）
#107 = − 0.2；	（#107 号变量重新赋值 −0.2mm）
N20 G01 X[#105] Z[−#102] F0.15；	（车削锥面）
IF [#101 LT 10] GOTO 10；	（条件判断语句，若 #101 号变量值小于 10mm，则跳转到标号为 10 的程序段处执行，否则执行下一程序段）
G0 X100；	（X 轴快速移至 X100）
Z100；	（Z 轴快速移至 Z100）
G28 U0 W0；	（X、Z 轴返回参考点）
M05；	（主轴停止）
M09；	（关闭切削液）
M30；	

编程总结如下：

1）FANUC 系统的内外圆粗车复合循环（以外轮廓粗加工为例），根据毛坯计算加工余量，以车削外圆的方式无限逼近零件轮廓，粗车结束后，系统会自动增加一次车削零件轮廓的刀路轨迹。

2）粗加工后，零件形状由无限逼近轮廓的外圆组成，粗加工的背吃刀量决定了相邻外圆的台阶厚度。

3）重新赋值语句 #107 = -0.2 实现了粗加工 X 轴的变化由大变小，精加工 X 轴的变化由小变大的转换。

4）逻辑变量为 #108，逻辑变量不参与程序运行，在必要时只改变程序执行流向，避免了无限（死）循环。

5）车削锥度采用宏程序编程，平行线法逻辑、思路较简单，实际应用较多；G71 法逻辑算法相对复杂，感兴趣的读者可以深入学习该加工思路，对提高宏程序编程能力有较大的帮助。

6）外圆锥度编程思路同样适用于内孔锥度。

4.5　车削 1/4 凸圆弧宏程序应用

4.5.1　零件图以及加工内容

加工如图 4-26 所示零件，毛坯为 φ20mm×50mm 圆钢棒料，需要加工成 R10mm 圆弧（刀路轨迹为 1/4 个整圆），材料为 45 钢，试编制数控车加工宏程序代码（外圆已经加工）。

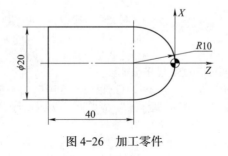

图 4-26　加工零件

4.5.2　分析零件图样

该实例要求加工 R10mm 凸圆弧，加工和编程之前需要考虑合理选择机床类型、数控系统、装夹方式、切削用量和切削方式（具体参阅 4.1 章节所叙内容）等，其中：

1）量具：R10mm 凹圆弧样板。

2）编程原点：编程原点及其编程坐标系如图 4-26 所示。

3）车削圆弧方式：等距偏置；X（轴）向的背吃刀量为 2mm（直径）。

4）切削用量：见表 4-5。

表 4-5　车削凸圆弧工序卡

工序	主要内容	设备	刀具	切削用量		
				转速 / (r/min)	进给量 / (mm/r)	背吃刀量 /mm
1	粗车圆弧	数控车床	90°外圆车刀	2500	0.2	2
2	精车圆弧	数控车床	90°外圆车刀	3500	0.15	0.3

4.5.3　分析加工工艺

该零件是车削 $R10$ mm 凸圆弧应用实例，车削圆弧加工思路较多，在此给出两种常见加工思路：

（1）"平行线"法车削圆弧

第 1 次：X、Z 快速定位至（X18，Z0）→ G03 X20 Z-1 R1（车削 $R1$ mm 圆弧）。

第 2 次：X、Z 快速定位至（X16，Z0）→ G03 X20 Z-2 R2（车削 $R2$ mm 圆弧）。

…………

第 10 次：X、Z 快速定位至（X0，Z0）→ G03 X20 Z-10 R10（车削 $R10$ mm 圆弧）。

从上述加工思路可知：加工起点 Z 值不变，X 值逐渐减小；加工终点 Z 值逐渐减小，X 值不变；加工圆弧半径从 1mm 逐渐增大至 10mm。

（2）FANUC 系统 "G71" 法

1）根据圆解析（参数）方程，由 X（X 作为自变量）计算对应的 Z（Z 作为因变量）。

2）X 进给至 X_1，采用 G01 方式车削至 X_1 对应的 Z_1。

3）刀具快速移至加工起点，加工余量减去背吃刀量，跳转至步骤1），如此循环直到加工余量等于 0 时，循环结束。圆弧粗加工加工完毕，圆弧型面由无数个直径不同、轴向长度不同的外圆组成图形集合。

4）半精加工、精加工圆弧型面。

4.5.4　选择变量方法

根据选择变量的基本原则及本实例的具体加工要求，选择变量有以下几种方式：

1）车削圆弧过程中，圆弧起点：X 轴由 X18 逐渐减小至 X0，Z 轴起点不变；圆弧终点：X 轴终点不变，Z 轴终点由 Z-1 逐渐减小至 Z-10。符合变量设置原则：优先选择加工中 "变化量" 作为变量，因此选择 "X 轴尺寸" 作为变量。

设置 #100 号变量控制 X 轴毛坯尺寸，赋初始值 20；设置 #101 号变量控制 Z 轴尺寸，赋初始值 0。

2）车削圆弧过程中，X 轴加工余量由 10mm 逐渐减小至 0，Z 轴向加工尺寸由 0 逐渐增大至 10mm。符合变量设置原则：优先选择加工中"变化量"作为变量，因此选择加工余量作为变量。

设置 #100 号变量控制 X 轴加工余量尺寸，赋初始值 20；设置 #101 号变量控制 Z 轴尺寸，赋初始值 0。

4.5.5 选择程序算法

车削 R10mm 圆弧采用宏程序编程时，需要考虑以下问题：一是怎样实现循环车削 R 圆弧；二是怎样控制循环的结束（实现 Z 轴变化）。下面进行详细分析：

（1）"平行线"法

1）实现循环车削圆弧 设置 #100 变量控制 X 轴毛坯尺寸；语句 #100 = #100-2 控制 X 轴起始位置。车削圆弧后，X 沿正方向快速移动 1mm，Z 快速移至加工起点，形成车削圆弧循环。

2）控制循环的结束 车削一层圆弧循环后，通过条件判断语句，判断加工是否结束？若加工结束，则退出循环；若加工未结束，执行语句 #100 = #100-2，X 快速移至 X[#100]，再次进行下一次车削，如此循环，形成整个车削 R10mm 圆弧循环。

（2）FANUC 系统"G71"法

1）实现循环车削圆弧：设置 #100 号变量，控制 X 轴加工余量尺寸，语句 #100 = #100-2 控制 X 轴起始位置。

根据圆解析（参数）方程，计算 X（#100 号变量）对应 Z 的值（#101）。

X 快速移至 X[#100] → G01Z-[#101] → X 沿正方向快速移动 1mm → Z 快速移至对应的 Z 值……形成车削一次圆弧循环。

2）控制循环的结束：请读者参考"平行线"法车削圆弧所述内容，在此不再赘述。

4.5.6 绘制刀路轨迹

根据加工工艺分析及选择程序算法分析，"平行线"法车削一层圆弧刀路轨迹如图 4-27 所示，循环车削圆弧刀路轨迹如图 4-28 所示，FANUC 系统"G71"法车削圆弧刀路轨迹如图 4-29 所示。

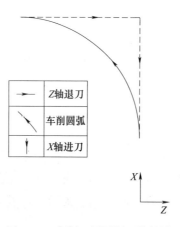

图 4-27　车削一层圆弧刀路轨迹

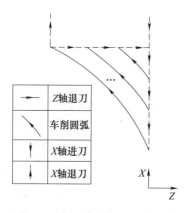

图 4-28　循环车削圆弧刀路轨迹

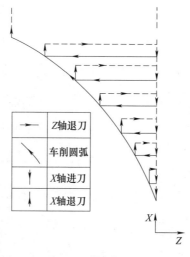

图 4-29　"G71"法车削圆弧刀路轨迹

4.5.7 绘制程序框图

根据以上分析，采用"平行线"法车削圆弧流程框图如图 4-30 所示，FANUC "G71"法车削圆弧流程框图如图 4-31 所示。

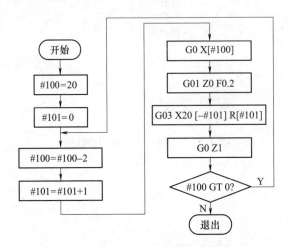

图 4-30 "平行线"法车削圆弧流程框图

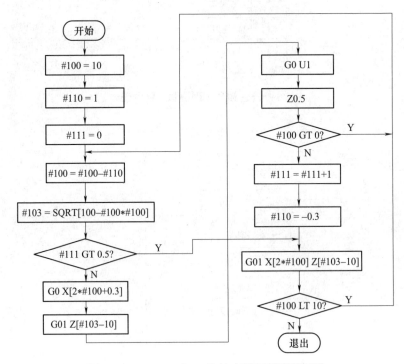

图 4-31 FANUC "G71"法车削圆弧流程框图

4.5.8　编制程序代码

程序 1："平行线"法车削圆弧宏程序代码。

```
O4006;
T0101;                              （调用 1 号刀具及其补偿参数）
M03 S2500;                          （主轴正转，转速为 2500r/min）
G0 X21 Z10;                         （X、Z 轴快速移至 X21 Z10）
Z1;                                 （Z 轴快速移至 Z1）
M08;                                （打开切削液）
#100 = 20;                          （设置 #100 号变量，控制 X 轴尺寸）
#101 = 0;                           （设置 #101 号变量，控制 Z 轴尺寸）
N10 #100 = #100 −2;                 （#100 号变量依次减小 2mm）
G0 X[#100];                         （X 轴快速移至 X[#100]）
#101 = #101 + 1;                    （#101 号变量依次增加 1mm）
G01 Z0 F0.2;                        （Z 轴进给至 Z0）
G03 X20 Z[−#101] R[#101];           （车削圆弧）
G0 Z1;                              （Z 轴快速移至 Z1）
IF [#100 GT 0] GOTO 10;             （条件判断语句，若 #100 号变量的值大于 0，则跳
                                     转到标号为 10 的程序段处执行，否则执行下一程
                                     序段）
G0 X100 Z100;                       （X、Z 轴快速移至 X100 Z100）
G28 U0 W0;                          （X、Z 轴返回参考点）
M05;                                （主轴停止）
M09;                                （关闭切削液）
M30;
```

编程总结：

1）语句：G03 X20 Z[-#101] R[#101] 实现车削圆弧功能，FANUC 系统 G03 功能为逆时针车削任意圆弧。

2）#100 = #100 −2、#101 = #101 +1 实现了圆弧起点 X 轴、圆弧终点 Z 轴的同步变化。

程序 2：用公式法（解析法）车削圆弧宏程序代码。

```
O4007;
T0101;                              （调用 1 号刀具及其补偿参数）
M03 S2500;                          （主轴正转，转速为 2500r/min）
G0 X21 Z10;                         （X、Z 轴快速移至 X21 Z10）
Z1;                                 （Z 轴快速移至 Z1）
M08 ;                               （打开切削液）
#100 = 10;                          （设置 #100 号变量，控制 X 轴尺寸（圆弧半径））
#101 = 10;                          （设置 #100 号变量，控制圆弧 Z 轴距离）
N10 #102 = SQRT [ #100*#100 − #101*#101 ];
                                    （根据圆的参数方程，计算 X 的值）
```

```
G01 X[2*#102] Z[#101-10] F0.15;   （切削圆弧轮廓）
#101 = #101-0.1;                   （#101 号变量依次减小 0.1mm）
IF [#101 GE 0] GOTO 10;            （条件判断语句，若 #101 号变量的值大于等于 0，
                                    则跳转到标号为 10 的程序段处执行，否则执行下
                                    一程序段）
G0 X100 Z100;                      （X、Z 轴快速移至 X100 Z100）
G28 U0 W0;                         （X、Z 轴返回参考点）
M05;                               （主轴停止）
M09;                               （关闭切削液）
M30;
```

编程总结：

1）根据圆弧解析方程 $X^2+Z^2=R^2$，习惯把其中的 X 作为自变量，Z 作为因变量，把圆弧上所有的点用函数关系表示出来，再利用 G01 直线插补来车削圆弧轮廓。

2）应用公式进行宏程序编程的特点是很容易找出变量之间变化的规律，具有椭圆、双曲线、抛物线等线型的模型都可以用此方法。

3）O4007 是精车轮廓程序，该程序不能应用于粗加工，否则会产生扎刀。

程序 3：基于三角函数原理采用角度变量编程（也称参数编程）。

```
O4008;
T0101;
M03 S2500;                         （主轴正转，转速为 2500r/min）
G0 X21 Z10;                        （X、Z 轴快速移至 X21 Z10）
Z1;                                （Z 轴快速移至 Z1）
M08;                               （打开切削液）
#100 = 20;                         （设置 #100 号变量，控制 X 轴尺寸）
#101 = 0;                          （设置 #101 号变量，控制车削圆弧半径）
N10 #100 = #100 -2;                （#100 号变量依次减小 2mm）
G0 X[#100];                        （X 轴快速移至 X[#100]）
#101 = #101+1;                     （#101 号变量依次增加 1mm）
G01 Z0 F0.2;                       （Z 轴进给至 Z0）
#110 = 0;                          （设置 #110 号变量，控制角度）
N20 #112 = #101*COS[#110];         （根据圆的参数方程，计算 #112 号变量的值）
#113 = #101*SIN[#110];             （根据圆的参数方程，计算 #113 号变量的值）
#114 = 2*#113 + #100;              （计算 #114 号变量的值）
#115 = #112-#101;                  （计算 #115 号变量的值）
G01 X[#114] Z[#115];               （车削圆弧）
#110 = #110 + 1;                   （#110 号变量依次增加 1°）
IF [#110 LE 90 ] GOTO 20;          （条件判断语句，若 #110 号变量的值小于等于
                                    90°，则跳转到标号为 20 的程序段处执行，否则
                                    执行下一程序段）
G0 Z1;                             （Z 轴快速移至 Z1）
```

```
IF [#100 GT 0] GOTO 10;        （条件判断语句，若 #100 号变量的值大于 0，则跳
                                 转到标号为 10 的程序段处执行，否则执行下一程
                                 序段）
G0 X100 Z100;                  （X、Z 轴快速移至 X100 Z100）
G28 U0 W0;                     （X、Z 轴返回参考点）
M05;                          （主轴停止）
M09;                          （关闭切削液）
M30;
```

编程总结：

1）该方法的编程原点和圆弧中心不在同一个点，因此采用平移法（图 3-6）让编程原点和圆弧的中心点重合（也可以在对刀时采用刀具偏置，偏置值为圆弧的半径值）。

2）#110 号变量控制角度变化，圆弧加工的精度取决于角度增量的大小，角度增量越小，加工精度越高。

3）O4008 编程思路也适用于椭圆的编程。说明一点：本实例为了简化程序，没有考虑刀具半径补偿。

程序 4：FANUC 系统"G71"法车削圆弧宏程序代码。

```
O4009;
T0101;
M03 S2500;                    （主轴正转，转速为 2500r/min）
G0 X21 Z10;                   （X、Z 快速移至 X21Z10）
Z1;                          （Z 快速移至 Z1）
M08;                         （打开切削液）
#100 = 10;                    （设置 #100 号变量，控制圆弧的半径）
#110 = 1;                     （设置 #110 号变量，控制背吃刀量）
#111 = 0;                     （设置 #111 号变量，标志变量）
N10 #100 = #100−#110;         （#100 号变量依次减去 #110）
#103 = SQRT [100- #100*#100]; （根据圆的解析方程计算 #103 号变量的值，控制程
                                序中 Z 的变化）
IF [#111 GT 0.5 ] GOTO 20;    （条件判断语句，若 #111 号变量的值大于 0.5，则
                                跳转到标号为 20 的程序段处执行，否则执行下一
                                程序段）
G0 X[2*#100+0.3];            （X 快速移至 X[2*#100+0.3]）
G01 Z[#103−10] F0.2;         （车削外圆）
G01 U1;                      （X 沿正方向进给 1mm）
Z0.5;                        （Z 快速移至 Z0.5）
IF [#100 GT 0 ] GOTO 10;     （条件判断语句，若 #100 号变量的值大于 0，则跳
                                转到标号为 10 的程序段处执行，否则执行下一程
                                序段）
#110 = − 0.2;                （#110 号变量重新赋值）
```

```
#111 = #111 + 1;              （#111 号变量依次增加 1）
N20 G01 X[2*#100] Z[#103-10] F0.15;   （车削圆弧）
IF [#100 LT 10 ] GOTO 10;     （条件判断语句，若 #100 号变量的值小于 10mm，
                              则跳转到标号为 10 的程序段处执行，否则执行下
                              一程序段）
G0 X100;                      （X 快速移至 X100）
Z100;                         （Z 快速移至 Z100）
G28 U0 W0;                    （X、Z 轴返回参考点）
M05;                          （主轴停止）
M09;                          （关闭切削液）
M30;
```

编程总结：

1）程序 O4009 的编程思路：根据圆的解析方程，采用表达式表示圆半径和长度的关系。设置 #100 号变量控制零件形状的 X 轴尺寸变化，#103 号变量控制零件形状的 Z 轴尺寸变化。

2）粗加工中由车削零件轮廓的语句 G0 X[2*#100+0.3]、G01 Z[#103-10] F0.2、#100 = #100- #110 以及条件判断语句 IF [#100 GT 0] GOTO 10 来控制整个粗车循环。

3）重新赋值语句 #110 = –0.2 实现了粗加工 X 轴的变化由大变小，精加工 X 轴的变化由小变大的转换。

4）#110 号变量是逻辑变量，逻辑变量不参与程序运行，在必要时只改变程序执行流向，避免了程序的无限循环。

本 章 小 结

1）本章系统地介绍了宏程序在车削简单型面中的应用，依次为车削端面、车削外圆、外圆切断、车削锥度及圆弧，不同的余量去除方法和加工工艺，可以采用不同的编程思路，并且各种宏程序都有它的适用范围；本章实例针对的都是规则类轮廓的零件，但编程思路和程序逻辑方法同样也适合非圆型面轮廓的加工。

2）宏程序和传统手工编程相比，在解决非圆类零件的加工中才能体现出明显的优势，而对于宏程序初学者来说，直接进入较为复杂的宏程序运用编程练习，会有一种畏惧情绪，因此，本书通过具体实例由浅入深，逐步引导读者去掌握宏编程的基本思路、方法和技巧，再去学习后面章节中有较大难度的宏程序实例。

3）宏程序和软件 CAM 编程相比，具有灵活多变、程序代码简短易读的优势，对提高编程人员的编程能力和编程思维有很大的帮助。但存在的问题是：逻辑关系相对复杂、适用的范围也是规则的、型面可以用数学模型表达的零件，对于非参数化曲面、异形体、无规律可循的零件的加工编程比较困难。

第5章

宏程序编程在车削非圆型面中的应用

本章内容提要

　　前面章节系统介绍了宏程序在常见型面加工中的应用。在常见型面中也许不能充分体现宏程序的优点，因为常见型面加工采用一般的 G 指令代码和循环指令也可以实现编程。一般数控系统只能进行直线和圆弧的插补运算和运动控制，针对非圆曲面，如椭圆、抛物线、双曲线、正余弦函数等曲线轮廓的加工，一般的 G 代码和循环指令很难实现其编程和加工，必须借助宏程序和软件编程（CAM）来完成，但软件编程一般生成的程序都是由 G01、G02、G03 等常见代码组成的，程序也比较长，给程序检查带来困难。

　　本章介绍宏程序在车削非圆型面中的应用，依次为方程型面宏程序编程概述、车削 1/4 右 / 左椭圆、1/2 凹椭圆、大于 1/4 椭圆，它们刀路轨迹的共同特点是：X 轴和 Z 轴两轴联动并按照二次曲线方程规律完成进给运动。

5.1　方程型面宏程序编程概述

5.1.1　方程型面定义

　　方程型面一般指零件形状轮廓的变化规律满足数学中特定曲线方程表达式，例如外圆、锥度加工型面满足一次函数表达式，圆弧加工型面满足圆弧方程表达式，椭圆、抛物线等加工型面满足二次圆锥曲线方程表达式等。

　　本书如没有特殊说明，方程型面均指加工型面满足二次曲线方程表达式。

5.1.2　方程型面应用场合

　　方程型面在产品设计、数控加工中的主要应用：

　　1）产品零件和模具中经常会出现方程型面轮廓，可增强产品外观流线型、提升其审美价值，而宏程序作为其数控加工编程方法的首选。

2）数控大赛中通常选择方程型面零件作为数控加工编程比赛试题。

5.1.3　方程型面加工方法

方程型面在机械加工中通常采用计算机辅助编程（CAM）和宏程序编程，其中计算机辅助编程后置处理产生的程序太长，修改程序也不方便；宏程序编程以其特有的编程方式，采用变量和逻辑关系，修改程序非常方便，在加工方程型面（非圆曲面）时有很强的实用性。

下面以车削椭圆为例介绍方程型面（非圆曲面）采用宏程序编程的基本步骤：

步骤 1：将曲线方程简化为通用格式：$X = \cdots Z \cdots$（X 值和 Z 值的关系表达式）。

步骤 2：在该式中 X 用变量（如 #101）来表示，Z 用变量（如 #100）来表示，则方程可以用变量表示为：#101 = $\cdots$ #100 $\cdots$。

步骤 3：将 #100 号变量作为自变量，#101 号变量作为因变量，求解 #101 号变量对应的 #100 号变量在椭圆解析（参数）方程中的对应值。

步骤 4：判断方程中心与编程原点是否是同一个点，如果方程中心与编程原点不是同一个点，可以采用平移的方式使编程原点和方程原点重合，平移量为方程原点到编程原点的投影距离，如图 5-1 所示。

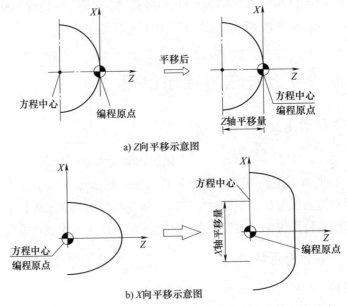

a) Z 向平移示意图

b) X 向平移示意图

平移原则：左加右减，上加下减

图 5-1　平移坐标系示意

步骤 5：采用"拟合法"加工出一个步距椭圆轮廓。

步骤 6：通过 #100 号变量（自变量）变化，计算出 #100 号变量对应 #101 号变量（应变量）的变化，当 #100 满足"特定的条件"时结束循环，椭圆轮廓加工完毕。

以上是方程型面采用宏程序编程的通用步骤，其他方程型面如双曲线、抛物线、阿基米德螺旋线等将方程曲线表达式进行相应的改变即可。

5.1.4　方程型面及其编程延伸

数控车床 FANUC 0i—T 系统配置了直线插补和圆弧插补等基本功能，未配置椭圆、双曲线、抛物线等方程曲线的插补加工功能。实际中加工这类方程曲线轮廓（或者曲面），通常将轮廓曲线分割为一系列长度短的直线段，并逐渐逼近整条曲线，再通过建立数学模型和调用指令，通过数控系统内部计算出轮廓曲线上的各点坐标，从而实现将方程曲线的编程转换为一系列短直线或短圆弧的数控编程，这就是"拟合法"加工思想。

实际生产中为了提高加工效率，适应方程型面不同尺寸、不同起始点和不同步距，可以编制一个只用变量不用具体数据的宏程序，然后在主程序中调用并为上述变量赋值即可，这样对于不同的方程型面参数，不必更改程序，只要修改主程序中宏程序内的赋值数据，即把它视为固定模板使用，实现了批量编程的实际生产需要。

5.2　车削 1/4 右椭圆宏程序应用

5.2.1　零件图以及加工内容

加工如图 5-2 所示零件，毛坯为 $\phi 38\text{mm} \times 110\text{mm}$ 棒料，右端需要加工成 1/4 椭圆形的轮廓，椭圆解析方程为 $X^2/19^2 + Z^2/30^2 = 1$，材料为铝合金，试编制数控车加工宏程序代码。

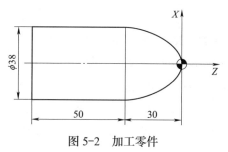

图 5-2　加工零件

5.2.2 分析零件图样

该实例要求车削 1/4 右椭圆，X 轴最大余量 38mm，Z 轴余量为 30mm，加工和编程之前需要考虑以下方面：

1）机床：FANUC 系统数控车床。

2）装夹：自定心卡盘。

3）刀具：90° 外圆车刀。

4）量具：椭圆样板或轮廓投影仪。

5）编程原点：编程原点如图 5-2 所示。

6）车削椭圆方式：等距偏置或同心椭圆法；X 轴背吃刀量为 2mm。

7）切削用量：见表 5-1。

表 5-1 车削椭圆工序卡

工序	主要内容	设备	刀具	切削用量		
				转速 /（r/min）	进给量 /（mm/r）	背吃刀量 /mm
1	粗车椭圆弧	数控车床	90° 外圆车刀	2500	0.2	2
2	精车椭圆弧	数控车床	90° 外圆车刀	3500	0.15	0.3

5.2.3 分析加工工艺

该零件是车削 1/4 右椭圆应用实例，车削椭圆的思路较多，在此给出两种常见的加工思路：

（1）"平行线"法车削椭圆

第 1 步：X、Z 轴快速移至（X38，Z0）→车削长半轴 3mm、短半轴 1.9mm 椭圆→X 沿正方向快速移动 1mm → Z 轴快速移至 Z1。

第 2 步：X 轴进给至（X36，Z0）→车削长半轴 6mm、短半轴 3.8mm 椭圆→X 沿正方向快速移动 1mm → Z 轴快速移至 Z1。

…………

第 20 步：X、Z 轴进给至（X0，Z0）→车削长半轴 30mm、短半轴 19mm 椭圆→X 沿正方向快速移动 1mm → Z 轴快速移至 Z0。

（2）FANUC 系统 "G71" 法车削椭圆

1）根据椭圆解析（参数）方程，由 X（X 作为自变量）计算对应的 Z（Z 作为因变量）。

2）X轴进给至外圆直径尺寸 X，车削长度为 Z 的外圆。

3）刀具退刀至切削加工起点，加工余量减去背吃刀量，执行步骤 1），如此循环，直到加工余量等于 0，循环结束。零件粗加工加工完毕，椭圆型面由无数个直径不同、轴向长度不同的外圆组成图形集合。

4）半精加工、精加工椭圆弧面。

5.2.4　选择变量方法

根据选择变量的基本原则及本实例的具体加工要求，选择变量方式如下：

1）在车削加工过程中，椭圆加工起点：X轴由 X38 逐渐减小至 X0，Z轴起点不变；终点：X轴终点不变，Z轴由 Z-1 逐渐减小至 Z-30，符合变量设置原则，优先选择加工中"变化量"作为变量，因此选择"X轴尺寸"作为变量。

设置 #100 号变量控制加工余量，赋初始值 38；设置 #101 号变量控制 Z轴加工尺寸，赋初始值 0。

2）根据椭圆参数方程：$X = 19\sin\theta$，$Z = 30\cos\theta$。X、Z值随着角度 θ 变化而变化，符合变量设置原则：优先选择解析（参数）方程"自身变量"作为变量，因此选择角度 θ 作为变量。

设置 #100 号控制角度 θ，赋初始值 0。

5.2.5　选择程序算法

车削椭圆采用宏程序编程时，需要考虑以下问题：一是怎样实现循环车削椭圆；二是怎样控制循环结束（实现 Z轴变化）；三是怎样实现粗车循环。下面进行详细分析：

（1）实现循环车削椭圆　设置 #101 号变量控制 Z轴加工尺寸，赋初始值 0。根据椭圆解析（参数）方程，由 Z 计算对应 X（#100）值，拟合法车削椭圆。语句 #101 = #101−0.1 控制 Z轴变化，Z（自变量）变化引起对应 X（因变量）变化，实现循环车削椭圆。

（2）控制循环结束　车削一次椭圆弧，通过条件判断语句判断椭圆加工是否结束？若加工结束，则退出循环；若加工未结束，则再次拟合椭圆弧……如此循环形成整个车削椭圆循环。

（3）控制粗车循环　车削一次整个椭圆后，通过条件判断语句判断加工余量是否等于 0？加工余量若等于 0，则退出循环；加工余量若大于 0，加工余量自减去背吃刀量，再次车削椭圆……如此循环形成整个粗车椭圆循环。

5.2.6 绘制刀路轨迹

根据加工工艺分析及选择程序算法分析，精车椭圆刀路轨迹如图 5-3 所示，"G71"法车削椭圆刀路轨迹如图 5-4 所示。

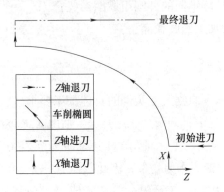

图 5-3 精车椭圆刀路轨迹

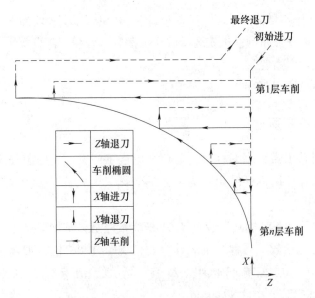

图 5-4 "G71"法车削椭圆刀路轨迹

5.2.7 绘制流程框图

根据加工工艺分析及选择程序算法分析：

精车椭圆流程框图如图 5-5 所示，"G71"法车削椭圆流程框图如图 5-6 所示。

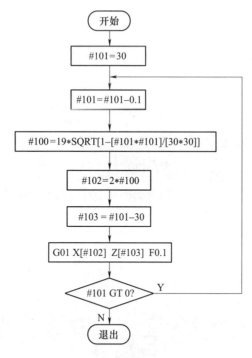

图 5-5　精车椭圆流程框图

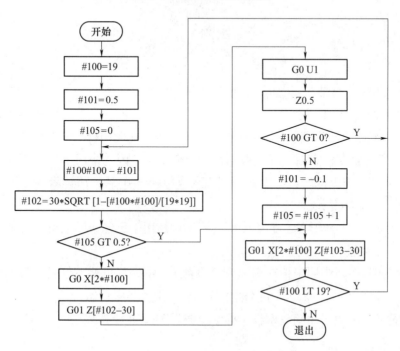

图 5-6　"G71"法车削椭圆流程框图

5.2.8 编制程序代码

程序 1：用宏程序进行精车椭圆轮廓。

```
O5001;
T0101;                              （调用 1 号刀具及其补偿参数）
M03 S2500;                          （主轴正转，转速为 2500r/min）
G0 X0 Z10;                          （X、Z 轴快速移至 X0 Z10）
Z1;                                 （Z 轴快速移至 Z1）
M08;                                （打开切削液）
G01 Z0 F0.2;                        （Z 轴进给至 Z0）
#101 = 30;                          （设置 #101 号变量，控制长半轴（Z））
N10 #100= 19*SQRT[ 1- [#101*#101] / [30*30]];
                                    （根据椭圆解析方程，计算 #100 号变量值）
#102 = 2*#100;                      （计算 #102 号变量值，程序中 X 值）
#103 = #101 − 30;                   （计算 #103 号变量值，程序中 Z 值）
G01 X[#102] Z[#103] F0.1;           （车削椭圆弧）
#101 = #101 − 0.1;                  （#101 号变量依次减去 0.1mm）
IF [#101 GE 0] GOTO 10;             （条件判断语句，若 #100 号变量的值大于等于 0，则跳
                                     转到标号为 10 的程序段处执行，否则执行下一程序段）
G01 U1;                             （X 轴沿正方向进给 1mm）
G0 X100 Z100;                       （X、Z 轴快速移至 X100 Z100）
G28 U0 W0;                          （X、Z 轴返回参考点）
M05;                                （主轴停止）
M09;                                （关闭切削液）
M30;
```

程序 1 编程总结：

1）程序 O5001 基于椭圆解析方程公式 $X^2/A^2+Z^2/B^2=1$，得到短半轴的坐标值，即 X 轴的计算变量 #100=19*SQRT[1- [#101*#101] / [30*30]]。

2）编程原点和椭圆方程原点不在同一个点上，因此采用平移法把编程原点和方程原点平移到同一点，即设置了变量 #103=#101-30，请读者参考图 5-1 所示的原点平移设计示意。

3）程序 O5001 是精车椭圆轮廓的程序，适用于已经去除大量毛坯余量的零件加工，余量较大的情况下会产生扎刀。

4）程序 O5001 属于精车椭圆轮廓的程序，但编程思路不仅仅局限于椭圆类零件，对双曲线、抛物线、余弦曲线等都有一定的参考价值。

程序 2：采用三角函数编程（即参数编程）精加工轮廓。

```
O5002;
T0101;                              （调用 1 号刀具及其补偿参数）
```

```
M03 S2500;                （主轴正转，转速为 2500r/min）
G0 X0 Z10;                （X、Z 轴快速移至 X0 Z10）
Z1;                       （Z 轴快速移至 Z1）
M08;                      （打开切削液）
#100 = 0;                 （设置 #100 号变量控制角度变化）
#105 = 1;                 （设置 #105 号变量控制步距变化）
N10 #101 = 19 * SIN[#100];（根据椭圆参数方程，计算 #101 号变量（X）值）
#102 = 30 * COS[#100];    （根据椭圆参数方程，计算 #102 号变量（Z）值）
#103 = 2 * #101;          （计算 #103 号变量程序中的 X 值）
#104 = #102 − 30;         （计算 #104 号变量程序中的 Z 值）
G01 X[#103 ] Z[#104 ]F0.1;（直线插补椭圆弧）
#100 = #100 + #105;       （#100 变量依次增加 #105 号变量，即步距自加）
IF [#100 LE 90] GOTO 10;  （条件判断语句，若 #100 号变量的值小于等于 90°，则
                           跳转到标号为 10 的程序段处执行，否则执行下一程序段）
G01 U1;                   （X 轴沿正方向进给 1mm）
G0 X100 Z100;             （X、Z 轴快速移至 X100 Z100）
G28 U0 W0;                （X、Z 轴返回参考点）
M05;                      （主轴停止）
M09;                      （关闭切削液）
M30;
```

程序 2 编程总结：

1）角度编程法是将椭圆解析方程转换为参数方程得来的，其中公共参数设为角度量 θ，即数学公式变为 $X = A\sin\theta$ 和 $Z = B\cos\theta$，这种转换思路也同样适合其他类型的非圆曲线轮廓的编程加工。

2）椭圆轮廓的加工精度取决于角度增量的大小，角度增量越小，精度越精确。

3）程序 O5002 是精加工椭圆轮廓，适用于已经去除大量余量零件的加工。

程序 3：参照 G71 指令思路编程粗、精加工轮廓。

```
O5003;
T0101;                    （调用 1 号刀具及其补偿参数）
M03 S2500;                （主轴正转，转速为 2500r/min）
G0 X42 Z10;               （X、Z 轴快速移至 X42 Z10）
Z1;                       （Z 轴快速移至 Z1）
M08;                      （打开切削液）
#100 = 19;                （设置在 #100 号变量，控制毛坯余量（半径值））
#101 = 0.5;               （设置在 #101 号变量，控制背吃刀量半径值）
#105 = 0;                 （设置在 #105 号变量，标志变量）
N10 #100 = #100 − #101;   （#100 号变量依次减去 #101 号变量值）
IF [#105 GT 0.5] GOTO 20; （条件判断语句，若 #105 号变量的值大于 0.5，则跳转
```

	（到标号为 20 的程序段处执行，否则执行下一程序段）
G0 X[2*#100+0.3];	（X 轴快速移至 X[2*#100+0.3]）
N20 #102 = 30*SQRT [1- [#100*#100] / [19*19]];	
	（根据椭圆解析方程计算 #102 号变量值（Z））
#103 = #102 − 30;	（计算 #103 号变量值，程序中 Z 值）
IF[#105 GT 0.5] GOTO 30;	（条件判断语句，若 #105 变量的值大于 0.5，则跳转
	到标号为 30 的程序段处执行，否则执行下一程序段）
G01 Z[#103] F0.15;	（Z 轴进给至 Z[#103]）
G0 U1;	（X 沿负方向快速移动 1mm）
Z0.5;	（Z 快速移至 Z0.5）
IF [#100 GT 0] GOTO 10;	（条件判断语句，若 #100 号变量的值大于 0，则跳转到
	标号为 10 的程序段处执行，否则执行下一程序段）
#101 = −0.1;	（#101 重新赋值）
#105 = #105 + 1;	（#105 号变量依次增加 1）
N30 G01 X [2*#100] Z [#103] F0.15;	
	（车削椭圆弧轮廓）
IF [#100 LT 19] GOTO 10;	（条件判断语句，若 #100 号变量的值小于 19，则跳转到
	标号为 10 的程序段处执行，否则执行下一程序段）
G01 X38 Z−30;	（车削轮廓）
G01 U1;	（X 轴沿正方向进给 1mm）
G0 X100 Z100;	（X、Z 轴快速移至 X100 Z100）
G28 U0 W0;	（X、Z 轴返回参考点）
M05;	（主轴停止）
M09;	（关闭切削液）
M30;	

程序 3 编程总结：

1）程序 O5003 思路是参考 G71 指令编制而成的，粗车时由大到小去除大量余量的，精车时由小到大进行车削的，因此通过变量 #101 重新对余量进行赋值。

2）车削精度是由步距大小控制的，粗加工的步距可以适当大些，精加工轮廓时步距适当小些，实际生产时根据加工需要酌情选择步距大小。

3）设置变量 #105 = 0 的目的是让程序实现跳转，在实际应用中，需要设置一些自身没有意义的变量，但整个程序利用这些变量使程序实现顺利跳转。比如利用语句 IF [#105 GT 0.5] GOTO30 跳转到精加工程序，否则会无限车削粗加工轮廓，使程序陷入死循环，无法完成精加工轮廓。

4）语句 #102 = 30*SQRT[1-[#100*#100] / [19*19]] 和 G01 Z[#103]，保证了在粗车过程中不会产生过切；语句 #103 = #102 − 30 也可以在对刀后，在刀补中设置该偏置值。

5.3　车削 1/4 左椭圆宏程序应用

5.3.1　零件图以及加工内容

加工如图 5-7 所示零件，毛坯为 $\phi38mm \times 45mm$ 棒料，需要加工成左侧 1/4 椭圆轮廓，椭圆解析方程为 $X^2/19^2 + Z^2/30^2 = 1$，材料为铝合金，试编制数控车加工宏程序代码。

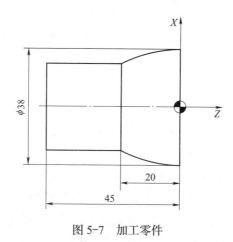

图 5-7　加工零件

5.3.2　分析零件图样

该实例为左椭圆，加工和编程之前需要考虑合理选择机床类型、数控系统、装夹方式、切削用量和切削方式（具体参阅 5.2.2 章节所叙内容）等，其中：

1）刀具：35° 尖形车刀（1 号刀，注意车刀副偏角不能和已加工表面干涉）。

2）编程原点：编程原点及其编程坐标系如图 5-7 所示。

3）切削用量：见表 5-2。

表 5-2　数控车削左侧椭圆的工序卡

工序	主要内容	设备	刀具	切削用量		
				转速 / (r/min)	进给量 / (mm/r)	背吃刀量 /mm
1	粗车椭圆弧	数控车床	35° 尖形车刀	1500	0.3	0.5

5.3.3　分析加工工艺

左椭圆轮廓加工和右椭圆轮廓加工是有所区别的，车削右椭圆是先去除余量，然后再车削椭圆轮廓；加工左椭圆是先车削一段椭圆轮廓，当刀具轨迹中

的 X 值小于根据椭圆解析方程计算出来的 X 值时，走直线以去除大量余量，直到完成整个椭圆弧轮廓的车削。

5.3.4 选择变量方法

根据选择变量的基本原则及本实例的具体加工要求，选择变量方式如下：

根据椭圆的解析方程 $X^2/19^2+Z^2/30^2=1$，Z 值随着 X 变化而变化，符合变量设置原则：优先选择解析（参数）方程"自身变量"作为变量，因此选择"X 轴尺寸"作为变量。

设置 #100 号变量控制椭圆短半轴值，赋初始值 19。

5.3.5 选择程序算法

车削左椭圆采用宏程序编程时，需要考虑以下问题：一是怎样实现循环车削椭圆；二是怎样控制循环结束（实现 Z 轴变化）。下面进行详细分析：

（1）实现循环车削椭圆 设置 #100 号变量控制椭圆短半（X）轴值，赋初始值 19。根据椭圆解析方程，由 X 计算对应 Z（#101）值。G01 X_ Z_（直线拟合）车削椭圆，通过 #100 = #100-0.2 实现 X 轴每次 0.2mm 变化，椭圆短半轴的变化引起对应椭圆长半轴的变化，实现循环车削椭圆轮廓。

（2）控制循环结束 车削一次椭圆弧，通过条件判断语句判断椭圆加工是否结束。若加工结束，则退出循环；若加工未结束，则通过 X 轴变化引起 Z 轴变化，再次车削椭圆弧，如此循环，形成整个车削椭圆轮廓的循环刀路轨迹。

5.3.6 绘制刀路轨迹

根据加工工艺分析及程序算法分析，车削左椭圆刀路轨迹如图 5-8 所示。

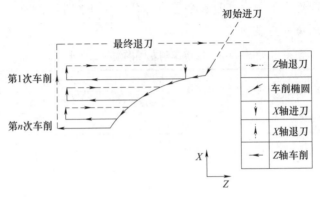

图 5-8 车削左椭圆的刀路轨迹

5.3.7　绘制流程框图

根据加工工艺分析及程序算法分析，车削左椭圆流程框图如图 5-9 所示。

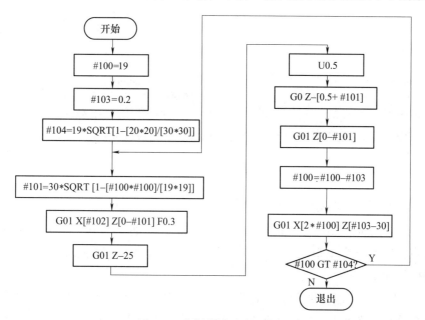

图 5-9　车削左椭圆流程框图

5.3.8　编制程序代码

```
O5004;
T0101;                                    （调用 1 号刀具及其补偿参数）
M03 S1500;                                （主轴正转，转速为 1500r/min）
G0 X42 Z10;                               （X、Z 轴快速移至 X42 Z10）
Z1;                                       （Z 轴快速移至 Z1）
M08;                                      （打开切削液）
#100 = 19;                                （设置在 #100 号变量，控制椭圆短半轴值）
#103 = 0.2;                               （设置在 #103 号变量，控制步距）
#104 = 19*SQRT [1- [20*20] / [30*30] ];   （计算 #104 号变量值，循环结束条件）
N10 #101 = 30*SQRT [1- [#100*#100] / [19*19] ];
                                          （根据椭圆解析方程，计算 X 对应 Z 的值）
#102 = 2*#100;                            （计算 #102 号变量值，程序中 X 值）
G01 X[#102] Z[0-#101] F0.3;               （车削椭圆弧轮廓）
G01 Z-25;                                 （Z 轴进给至 Z-25）
U0.5;                                     （X 轴沿正方向快速移动 0.5mm）
G0 Z-[0.5 + #101];                        （Z 轴快速移至 Z-[0.5 + #101]）
```

G01 Z[0-#101] F0.3;	（Z 轴进给至 Z[0 - #101]）
#100 = #100-#103;	（#100 依次减去 #103 号变量值）
IF [#100 GT #104] GOTO 10;	（条件判断语句，若 #100 号变量的值大于 #104，则跳转到标号为 10 的程序段处执行，否则执行下一程序段）
G01 X41;	（X 轴进给至 X41）
G0 X100 Z100;	（X、Z 轴快速移至 X100 Z100）
G28 U0 W0;	（X、Z 轴返回参考点）
M05;	（主轴停止）
M09;	（关闭切削液）
M30;	

编程总结：

1）程序 O5004 的思路是根据公式计算 X 在椭圆公式中对应的 Z 值，利用直线插补车削椭圆弧轮廓，当程序中的 X 值小于根据椭圆解析方程计算出来的 X 值时，直线插补去除大量余量，然后 X 向退刀，Z 向退刀到上一次车削椭圆弧的终点，减小一个步距，然后准备进行下一刀的车削，如此反复，直到完成整个零件的加工。

2）语句 G01 Z[0 - #101] 的作用：Z 向快速退刀到上一次车削椭圆弧的终点，这是个关键的坐标点，这样才能保证下一刀的起点是上一刀的终点。

3）变量 #103 = 0.2 是用来控制步距的，在实际加工中粗加工可以适当大些，精加工时可以适当小些，具体情况视加工要求酌情选择。

5.4 车削 1/2 凹椭圆宏程序应用

5.4.1 零件图以及加工内容

加工如图 5-10 所示零件，毛坯为 $\phi60mm \times 100mm$ 的棒料（$\phi60mm$ 外圆已加工），需要加工 1/2 个凹椭圆形状的轮廓，椭圆解析方程为 $X^2/19^2 + Z^2/30^2 = 1$，材料为铝合金，试编制数控车加工 1/2 凹椭圆宏程序代码。

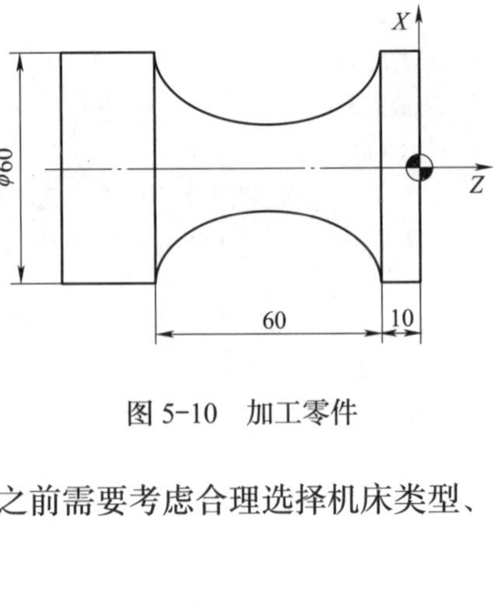

图 5-10　加工零件

5.4.2 分析零件图样

该实例要求车削 1/2 凹椭圆，加工和编程之前需要考虑合理选择机床类型、数控系统、装夹方式、切削用量和切削方式（具体参阅 5.2.2 章节所叙内容）等，其中：

1）刀具：35°尖形车刀（1 号刀，注意车刀副偏角不能和已加工表面干涉）。

2）编程原点：编程原点如图 5-10 所示。

3）车削椭圆方式："同心椭圆"法；X 轴背吃刀量为 1.9mm（直径）。

4）切削用量：见表 5-3。

表 5-3　数控车削 1/2 凹椭圆的工序卡

工序	主要内容	设备	刀具	切削用量		
				转速 /（r/min）	进给量 /（mm/r）	背吃刀量 /mm
1	粗车 1/2 凹椭圆弧	数控车床	35°尖形车刀	2500	0.15	1.9
2	精车 1/2 凹椭圆弧	数控车床	35°尖形车刀	3500	0.08	0.5

5.4.3　分析加工工艺

该零件是车削 1/2 凹椭圆应用实例，常见加工思路如下：

（1）"同心椭圆法"车削椭圆　先车削一个长、短半轴较小（例如长半轴 3mm、短半轴 1.9mm）的凹椭圆弧，车削一次后，X、Z 退刀至下一次车削凹椭圆弧加工的起点，准备下一次车削凹椭圆弧，下一次车削椭圆弧的长、短半轴要比上一次车削椭圆弧的长、短半轴要多（车削凹椭圆弧长、短半轴按照一定的规律逐渐增大至零件尺寸），直至凹椭圆弧加工结束。

（2）"平行线法"去除椭圆加工余量，"步距法"车削精加工轮廓

1）根据椭圆解析方程，由 Z（Z 作为自变量）计算对应的 X（X 作为因变量）。

2）X 轴进给至 X，采用 G01 方式车削外圆的方式去除余量。

3）刀具快速移至加工起点，Z 值减去步距，执行步骤 1），如此循环直到 Z 轴步距加工完毕，循环结束。零件粗加工加工完毕，椭圆型面由无数个直径不同、轴向长度不同的外圆组成图形的集合。

5.4.4　选择变量方法

根据选择变量的基本原则及本实例的具体加工要求，选择变量方式如下：

根据椭圆的解析方程 $X^2/19^2+Z^2/30^2=1$，Z 值随着 X 变化而变化，符合变量设置原则，优先选择解析（参数）方程自身变量作为变量，因此选择椭圆长、短半轴作为变量。设置 #113 控制椭圆长半轴值，#114 变量控制椭圆短半轴值。

5.4.5　选择程序算法

车削 1/2 凹椭圆采用宏程序编程时，需要考虑以下问题：一是怎样实现循环车削凹椭圆；二是怎样控制车削循环结束（实现 Z 轴变化）；三是怎样控制粗车循环。下面进行详细分析：

（1）实现循环车削凹椭圆　设置 #100 控制椭圆角度，根据椭圆参数方程计算 #101 = #114*COS[#100]、#102 = #113*SIN[#100]、G01 X[60-2*#102]Z[#102-50]，采用拟合法车削椭圆，语句 #100 = #100+1 控制角度变化，椭圆长、短半轴随着角度变化而变化，实现循环车削椭圆。

（2）控制循环结束　通过条件判断语句判断椭圆加工是否结束。若加工结束，则退出循环；若加工未结束，则通过角度变化引起 X、Z 轴值变化，再次车削椭圆轮廓……如此循环，形成整个车削椭圆循环。

（3）实现椭圆长、短半轴同步增大　车削一次完整 1/2 凹椭圆后，通过条件判断语句判断椭圆长、短半轴值是否和图样尺寸一样。若尺寸一致，则退出循环；若小于图样尺寸，则通过椭圆长、短半轴同步增大，再次车削椭圆，如此循环，形成整个粗车 1/2 凹椭圆循环。

5.4.6　绘制刀路轨迹

根据加工工艺分析及程序算法分析，"同心椭圆法"车削 1/2 凹椭圆的刀路轨迹如图 5-11 所示。

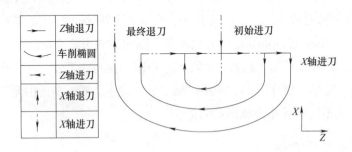

→	Z 轴退刀
⌣	车削椭圆
◄─	Z 轴进刀
↑	X 轴退刀
↓	X 轴进刀

图 5-11　"同心椭圆法"车削 1/2 凹椭圆刀路轨迹

5.4.7　绘制流程框图

根据以上分析，"同心椭圆法"车削 1/2 凹椭圆的流程框图如图 5-12 所示。

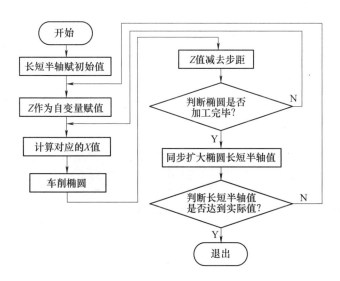

图 5-12　"同心椭圆法"车削 1/2 凹椭圆流程框图

5.4.8　编制程序代码

程序 1："同心椭圆法"车削 1/2 凹椭圆宏程序代码

O5005;	
T0101;	（调用 1 号刀具以及补偿参数）
M3 S2500;	（主轴正转，转速为 2500r/min）
G0X100 Z1;	（X、Z 轴快速移至 X100 Z1）
Z-47;	（Z 轴快速移至 Z-47）
M08;	（打开切削液）
G01 X62 F1;	（X 轴进给至 X62）
#113 = 1.9;	（设置 #113 号变量，控制椭圆短半轴）
#114 = 3;	（设置 #114 号变量，控制椭圆长半轴）
WHILE [#113 LE 19] DO1;	（循环语句，若 #113 小于等于 19mm，程序在 WHILE 和 END 1 之间循环，否则执行 END1 下一语句）
#100 = 0;	（设置 #100 号变量控制角度的变化）
N10 #101 = #114*COS[#100];	（计算角度 #101 对应的 Z 值）
#102 = #113*SIN[#100];	（计算角度 #102 对应的 X 值）
#103 = 2*#102;	（计算 #103 号变量值）
#104 = 60 - #103;	（计算 #104 号变量值）
#107 = #101 − 50;	（计算 #107 号变量值）
G01 X[#104] Z[#107] F0.15;	（车削凹椭圆）
#100 = #100 + 1;	（#100 号变量依次增加 1）

IF [#100 LE 180] GOTO 10;	（条件判断语句，若 #100 号变量的值小于等于 180，则跳转到标号为 10 的程序段处执行，否则执行下一程序段）
G0 U30;	（X 轴沿正方向快速移动 30mm）
IF [#113 EQ 19] GOTO 60;	（条件判断语句，若 #113 号变量的值等于 19°，则跳转到标号为 60 的程序段处执行，否则执行下一程序段）
#113 = #113 + 1.9;	（#113 依次增加 1.9mm）
#114 = #114 + 3;	（#114 依次增加 3mm）
#118 = #114 * COS[0]-50;	（计算 #118 号变量的值）
G0 Z[#118];	（Z 轴快速移至 Z[#118]）
U-29;	（X 轴沿负方向快速移动 29mm）
G01 U-1 F0.5;	（X 轴沿负方向进给 1mm）
END 1;	
N60 G0 X100;	（X 轴快速移至 X100）
Z100;	（Z 轴快速移至 Z100）
G28 U0 W0;	（X、Z 轴返回参考点）
M09;	（关闭切削液）
M05;	（关闭主轴）
M30;	

编程总结：

1）本程序采用"同心椭圆法"车削凹椭圆轮廓的程序，也包含粗加工程序，该程序采用"分割曲线轮廓"和"直线逼近曲线轮廓"的编程思路，大概为先把椭圆长、短半轴分为均匀的 10 等份，先车削一个小椭圆轮廓，然后逐渐增加椭圆的长、短半轴值，慢慢逼近最终椭圆的轮廓。

2）每次车削凹椭圆轮廓长、短半轴的尺寸都不一样，语句 G0 Z[#101-50] 是控制每次 Z 向的进刀点。

5.5 车削大于 1/4 椭圆宏程序应用

5.5.1 零件图以及加工内容

加工如图 5-13 所示零件，毛坯为 $\phi38mm \times 110mm$ 棒料（$\phi38mm$ 外圆已加工，包含夹持长度 30mm），需要加工较为完整形状的椭圆（椭圆中心在零件的轴心线上，刀路轨迹已超过 1/4 个整椭圆）轮廓，椭圆解析方程为 $X^2/19^2+Z^2/30^2=1$，材料为铝合金，试编制数控车削过中心椭圆宏程序代码。

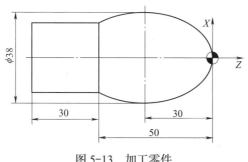

图 5-13 加工零件

5.5.2 分析零件图样

该实例车削过中心椭圆,加工和编程之前需要考虑合理地选择机床类型、数控系统、装夹方式、切削用量和切削方式(具体参阅 5.2.2 章节所叙内容)等,其中:

1)刀具:90°外圆车刀(1 号刀)、反 90°外圆车刀(2 号刀)、30°外圆尖刀(3 号刀,刀具主后角要保证其两侧后面与加工面不发生干涉)。

2)量具:游标卡尺和轮廓投影仪。

3)编程原点:编程原点如图 5-13 所示。

4)车削椭圆方式:Z 轴"线性轮廓"单向切削;X(轴)向背吃刀量为 2mm。

5)切削用量:见表 5-4。

表 5-4 车削过中心椭圆工序卡

工序	主要内容	设备	刀具	切削用量		
				转速 / (r/min)	进给量 / (mm/r)	背吃刀量 /mm
1	粗车右 1/4 椭圆	数控车床	正 90°外圆车刀	2000	0.2	2
2	粗车左面椭圆	数控车床	反 90°外圆车刀	2000	0.2	2
3	精车椭圆	数控车床	30°外圆尖刀	3000	0.15	0.3

5.5.3 分析加工工艺

该零件是车削过中心椭圆应用实例,大于 1/4 椭圆车削加工比小于等于 1/4 椭圆车削加工复杂些,在此给出两种常见的加工思路:

1)先粗车削右面半个椭圆轮廓,再车削左面半椭圆轮廓,留 0.3mm 的精车余量,然后车削整个圆弧加工轮廓,该加工思路清晰,在实际加工中应用较广泛。

2)FANUC 系统"G71"方车削过中心椭圆:

① 根据椭圆解析(参数)方程,由 X 值计算右半椭圆(圆心右面椭圆)对

应的 Z_1 值。

②X 轴进给至外圆直径尺寸（坐标值为 X_1），采用 G01 方式车削 Z 轴长度值为 Z_1 的轮廓。

③判断左半椭圆是否粗车完毕，若粗车完毕，执行步骤⑥；若未粗车完毕，执行步骤④。

④根据椭圆解析（参数）方程，由 X 计算左半椭圆（椭圆中心左面椭圆）对应的 Z_2 值。

⑤X 轴快速移至 X51，Z 轴进给至 Z_2，X 轴进给至 X_1，车削 Z-70 外圆轮廓。

⑥刀具快速移至加工起点，加工余量逐渐减小，跳转至步骤①，如此循环直到加工余量等于 0 时，循环结束，即零件粗加工加工完毕，椭圆型面由无数个直径不同、轴向长度不同的外圆组成图形集合。

⑦按照上述思路进一步完成半精加工、精加工椭圆轮廓。

5.5.4　选择变量方法

根据选择变量的基本原则及本实例的具体加工要求，选择变量方式如下：

根据椭圆的解析方程 $X^2/19^2+Z^2/30^2=1$，Z 值随着 X 值变化而变化，符合变量设置原则：优先选择解析（参数）方程"自身变量"作为变量，因此选择"椭圆长、短半轴"作为变量，设置 #100 控制椭圆长半轴值、#103 号变量控制椭圆短半轴值。

5.5.5　选择程序算法

车削过中心椭圆采用宏程序编程时，需要考虑以下两个问题：一是怎样实现循环车削椭圆；二是怎样控制循环结束。下面进行详细分析：

（1）实现循环车削椭圆　设置 #100 号变量控制 Z 轴尺寸，赋初始值为 19。语句 #100 = #100 −#110 控制 Z 轴变化，车削椭圆后，根据椭圆解析方程计算下一次 Z 值对应的 X 值，再次拟合车削椭圆……如此循环，形成车削椭圆循环。

（2）控制循环结束　车削一次椭圆循环后，通过条件判断语句判断毛坯余量是否等于 0。若等于 0，则退出循环；若大于 0，则 X 轴再次快速移至 X[#100]，进行下一次车削，如此循环，形成整个车削过中心椭圆循环。

5.5.6　绘制刀路轨迹

1）根据加工工艺分析及选择程序算法分析，先粗车右面半个椭圆轮廓，再粗车左面半个椭圆轮廓，然后精车整个椭圆加工轮廓，刀路轨迹如图 5-14 所示。

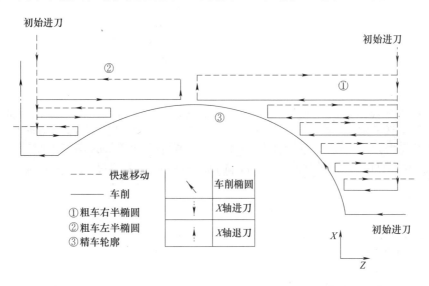

图 5-14　"先右后左再精车"刀路轨迹

2）FANUC 系统"G71"方法车削椭圆刀路轨迹如图 5-15 所示。

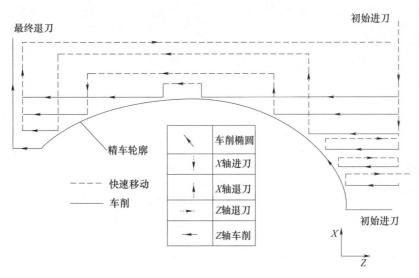

图 5-15　"G71"方法车削椭圆刀路轨迹

5.5.7　编制程序代码

程序 1："先右后左再精车"宏程序代码

```
O5006;
T0101;
M03 S2000;
G0 X51 Z10;                        （X、Z 轴快速移至 X51 Z10）
Z1;                                （Z 轴快速移至 Z1）
M08;                               （打开切削液）
#100 = 19;                         （设置 #100 号变量，控制 X 轴尺寸）
#110 = 0.5;                        （设置 #110 号变量，控制背吃刀量和步距）
#111 = 0;                          （设置 #111 号变量，控制判断条件）
#112 = 1;                          （设置 #112 号变量，控制正负转换）
#113 = 0.5;                        （设置 #113 号变量，控制退刀值）
#114 = 0;                          （设置 #114 号变量，标志变量）
#130 = 0;                          （设置 #130 号变量，标志变量）
#140 = 0;                          （设置 #140 号变量，标志变量）
N10 #100 = #100 − #110;            （#100 号变量依次减去 #110 号变量值）
#103 = 30 * SQRT[ 1− [#100 * #100] / [19 * 19]];   （根据椭圆解析方程计算 #103 号变量值
                                    （Z））
IF [#130 GT 0.5] GOTO 30;          （条件判断语句，若 #130 号变量的值大于
                                    0.5，跳转到标号为 30 的程序段处执行，
                                    否则执行下一程序段）
G0 X[2*#100 + 0.3];                （X 轴快速移至 X[2*#100 + 0.3]）
G01 Z[#112 * #103 − 30] F0.2;      （Z 轴快进给至 Z[#112 * #103 − 30]）
G01 U1;                            （X 轴沿正方向快速移动 1mm）
Z[#113];                           （Z 轴快速移至 Z[#113]）
IF [#100 GT #111] GOTO 10;         （条件判断语句，若 #100 号变量的值大于
                                    #111，跳转到标号为 10 的程序段处执行，
                                    否则执行下一程序段）
IF [#114 GT 0.5] GOTO 20;          （条件判断语句，若 #114 号变量的值大于
                                    0.5，跳转到标号为 20 的程序段处执行，
                                    否则执行下一程序段）
G0 X100 Z100;                      （X、Z 轴快速移至 X100 Z100）
G28 U0 W0;                         （X、Z 轴返回参考点）
M05;                               （主轴停止）
M09;                               （关闭切削液）
M01;
T0202;                             （调用 2 号刀具及其补偿参数）
M03 S2000;                         （主轴正转，转速为 2000r/min）
G0 X51 Z10;                        （X、Z 轴快速移至 X51 Z10）
Z-60;                              （Z 轴快速移至 Z-60）
M08;                               （打开切削液）
#100 = 19;                         （设置 #100 号变量，控制 X 轴尺寸）
#112 = -#112;                      （#112 号变量取负运算）
```

#113 = -60;	（#113 号变量重新赋值，控制退刀值）
#111 = 19*SQRT[1 − [20*20] / [30*30]];	（#111 号变量重新赋值，控制判断条件）
#114 = #114 + 1;	（#114 号变量依次增加 1）
GOTO 10;	（无条件跳转语句）
N20 G0 X100;	（X 轴快速移至 X100）
Z100;	（Z 轴快速移至 Z100）
G28 U0 W0;	（X、Z 轴返回参考点）
M05;	（主轴停止）
M09;	（关闭切削液）
M01;	
T0303;	（调用 3 号刀具及其补偿参数）
M03 S3000;	（主轴正转，转速为 3000r/min）
G0 X0 Z10;	（X、Z 轴快速移至 X0 Z10）
Z1;	（Z 轴快速移至 Z1）
G01 Z0 F0.15;	（Z 轴进给至 Z0）
#130 = #130 + 1;	（#130 号变量依次增加 1）
#100 = 0;	（设置 #100 号变量，控制 X 轴尺寸）
#110 = − 0.2;	（#110 号变量重新赋值，控制步距）
#112 = − #112;	（#112 号变量取负运算）
GOTO 10;	（无条件跳转语句）
N30 G01 X[2*#100] Z[#112*#103−30] F0.15;	（车削椭圆）
IF [#140 GT 0.5] GOTO 70;	（条件判断语句，若 #140 号变量的值大于 0.5，跳转到标号为 70 的程序段处执行，否则执行下一程序段）
IF [#100 LT 19] GOTO 10;	（条件判断语句，若 #100 号变量的值小于 19，跳转到标号为 10 的程序段处执行，否则执行下一程序段）
#140 = #140 + 1;	（#140 号变量依次增加 1）
#110 = −#110;	（#110 号变量取负运算）
#112 = −#112;	（#112 号变量取负运算）
#150 = 19 * SQRT [1 − [20 * 20] / [30* 30]];	（计算 #150 号变量值，循环结束条件）
N70 IF [#100 GT #150] GOTO 10;	（条件判断语句，若 #100 号变量的值大于 #150，跳转到标号为 10 的程序段处执行，否则执行下一程序段）
G01 Z-60;	（Z 轴进给至 Z-60）
X51;	（X 轴进给至 X51）
G0 X100 Z100;	（X、Z 轴快速移至 X100 Z100）
G28 U0 W0;	（X、Z 轴返回参考点）
M05;	（主轴停止）
M09;	（关闭切削液）
M30;	

程序 1 编程总结：

1）程序 O5006 为先粗车右半椭圆后粗车左半椭圆，最后精车整个圆弧轮廓的宏程序代码。

2）程序 O5006 逻辑关系相对复杂，涉及标志变量较多，如 #114、#130、#140 等变量。

3）#150 号变量控制循环结束条件。采用椭圆短半轴（X 轴）作为自变量，X 值变化引起 Z 值变化。

4）变量 #110 = 0.5 用来控制步距大小。右半椭圆（椭圆中心右面部分）精车轮廓，X 轴由 0 逐渐增大至 19，结合语句 #100 = #100 - #110 判断步距应为正值；左半圆弧（圆心左面圆弧段）精车轮廓 X 轴 19 逐渐减小至 #150，与右半椭圆（椭圆中心右面部分）相反，步距应为负值。

5）变量 #112 = 1 作为正负转换变量，控制 Z 值右半椭圆（椭圆中心右面部分）与左半椭圆（椭圆中心左面部分）之间的转换。

程序 2：参考 FANUC 系统 "G71" 法车削圆弧宏程序代码

```
O5007;
T0303;                              （调用 3 号刀具及其补偿参数）
M03 S2000;                          （主轴正转，转速为 2000r/min）
G0 X51 Z10;                         （X、Z 轴快速移至 X51 Z10）
Z1;                                 （Z 轴快速移至 Z1）
M08;                                （打开切削液）
#100 = 19;                          （设置 #100 号变量，控制 X 轴尺寸）
#111 = 0;                           （设置 #111 号变量，标志变量）
#112 = 1;                           （设置 #112 号变量，控制背吃刀量、步距）
#118 = 0;                           （设置 #118 号变量，标志变量）
#120 = 0;                           （设置 #120 号变量，标志变量）
#150 = 19 * SQRT [1 - [20 * 20] / [ 30* 30]];  （计算 #150 号变量值，循环结束条件）
N10 #100 = #100 - #112;             （#100 号变量依次减去 #112 号变量值）
#103 = 30 * SQRT[ 1- [#100 * #100]/[19 * 19] ];  （根据椭圆解析方程计算 #103 号变量值（Z））
IF [#118 GT 0.5] GOTO 50;           （条件判断语句，若 #118 号变量的值大于
                                    0.5，跳转到标号为 50 的程序段处执行，
                                    否则执行下一程序段）
G0 X[2*#100 + 0.3];                 （X 轴快速移至 X[2*#100 + 0.3]）
G01 Z[#103-30] F0.2;                （Z 轴进给至 Z[#103-30]）
IF [#111 GT 0.5] GOTO 20;           （条件判断语句，若 #111 号变量的值大于
                                    0.5，跳转到标号为 20 的程序段处执行，
                                    否则执行下一程序段）
```

G0 X51;	（X轴快速移至 X51）
Z[-#103-30];	（Z轴快速移至 Z[-#103-30]）
G01 X[2*#100+0.5];	（X轴进给至 X[2*#100+0.5]）
G01 Z-60;	（Z轴进给至 Z-60）
G0 X51;	（X轴快速移至 X51）
N20 G0 U0.5;	（X轴沿正方向快速移动 0.5mm）
Z0.5;	（Z轴快速移至 Z0.5）
IF [#100 GT #150] GOTO 10;	（条件判断语句，若 #100 号变量的值大于 #150，跳转到标号为 10 的程序段处执行，否则执行下一程序段）
#111 = #111 + 1;	（#111 号变量依次增加 1）
N30 IF [#100 GT 0] GOTO 10;	（条件判断语句，若 #100 号变量的值大于 0，跳转到标号为 10 的程序段处执行，否则执行下一程序段）
M03 S3000;	（主轴正转，转速为 3000r/min）
#118 = #118 + 1;	（#118 号变量依次增加 1）
#119 = 1;	（设置 #119 号变量，控制正负切换）
#112 = -0.2;	（#112 号变量重新赋值）
G0 X0;	（X轴快速移至 X0）
Z0.5;	（Z轴快速移至 Z0.5）
G01 Z0 F0.2;	（Z轴进给至 Z0）
N50 G01 X[2*#100] Z[#119*#103-30] F0.15;	（车削椭圆）
IF [#120 GT 0.5] GOTO 60;	（条件判断语句，若 #120 号变量的值大于 0.5，跳转到标号为 60 的程序段处执行，否则执行下一程序段）
IF [#100 LT 19] GOTO 10;	（条件判断语句，若 #100 号变量的值小于 19，跳转到标号为 10 的程序段处执行，否则执行下一程序段）
#112 = -#112;	（#112 号变量取负运算）
#119 = -#119;	（#119 号变量取负运算）
#120 = #120 + 1;	（#120 号变量依次增加 1）
N60 IF [#100 GT #150] GOTO 10;	（条件判断语句，若 #100 号变量的值大于 #150，跳转到标号为 10 的程序段处执行，否则执行下一程序段）
G01 Z-60;	（Z轴进给至 Z-60）
X51;	（X轴进给至 X51）
G0 X100 Z100;	（X、Z轴快速移至 X100 Z100）
G28 U0 W0;	（X、Z轴返回参考点）
M05;	（主轴停止）
M09;	（关闭切削液）
M30;	

程序 2 编程总结：

1）程序 O5007 仿制 FANUC 系统"G71"法的加工方式，编写宏程序代码，其思路为：粗车采用车削外圆的方式去除毛坯大部分的余量，留 0.3 ～ 0.5mm 加工余量，最终精加工车削零件轮廓。

2）变量 #112=1 用来控制步距的大小。右半圆弧（圆心右面圆弧段）精车轮廓，X 轴由 0 逐渐增大至 25，结合语句 #100 = #100 − #112 判断，步距应为正值；左半椭圆（椭圆中心左面部分）精车轮廓 X 轴 19 逐渐减小至 #150，与右半椭圆（椭圆中心右面部分）相反，因此步距应为负值。

3）#150 号请读者参考程序 O5006 编程总结 3）；标志变量为 #111、#118、#120，请读者参考程序 O5006 编程总结 4）；正负转换变量 #119 请读者参考程序 O5006 编程总结 5），在此不再赘述。

本 章 小 结

1）宏程序特别适合用于车削非圆曲面回转类零件的编程加工，利用椭圆曲线拟合的编程原理，同样可以用于编程双曲线、抛物线等二次非曲线轮廓加工。

2）根据零件加工型面构建数学模型，根据数学模型构建函数关系表达式，根据函数关系表达式确立自变量与因变量（变量），写出数控机床系统能识别的语句（宏程序）。数学是宏程序编程的基础，其中三角函数、解析方程和参数方程等是最为直接的基础，要编制出高效、有效的宏程序，一方面要求编程者具有良好的工艺知识和经验，即具备选择和确定切削用量、选型合理刀具、设计进给方式等能力；另一方面要求编程者具有相应的数学知识，即掌握如何将型面曲线方程转化为符合程序格式要求编程语句的能力。

3）虽然目前一些功能配置高端的数控系统，配置了椭圆、双曲线等插补指令和相应的编程功能，并且非圆曲面旋转类零件不采用宏程序编程也可以借助其他方法（比如 CAM 编程）加工出来，但是对于数控从业人员，学习和掌握宏程序编程是很有必要的，有利于提高逻辑思维与编程能力。

第6章

宏程序在车削螺纹中的应用

本章内容提要

螺纹加工也是车削加工的重要内容，虽然目前多数的数控系统提供了螺纹循环切削的数控指令（G32、G92 和 G76），但在特殊螺纹牙型、大螺距和多头螺纹等方面，系统提供的指令显得功能不足了。

高级螺纹编程和普通螺纹编程的主要区别在 Z 轴再次进给值控制上，例如车削外梯形螺纹再次进给值由槽底宽减去刀宽除以 2；圆弧牙型螺纹、圆弧面上车削螺纹、椭圆弧面上车削螺纹等高级螺纹是根据螺纹牙型形状，找出它们之间的规律（例如圆弧牙型螺纹 Z 轴再次进给值，根据圆弧解析（参数）方程计算出相应进刀 X 值和 Z 值位置而得来），采用拟合法并结合 G32 指令车削螺旋线的方法拟合螺纹形状。

6.1 螺纹加工概述

6.1.1 螺纹加工常见循环指令和特点

在安装有 FANUC 系统的数控车床上，加工螺纹一般提供 3 种方法：G32 为直进式切削方式、G92 为直进式固定循环切削方式和 G76 为斜进式复合固定循环切削方式。

直进式的特点是工艺简单、编程方便，但由于两条切削刃同时承受切削力，切削刃容易磨损，也极易产生扎刀现象，因此一般用于车削螺距较小（$P \leqslant 2\text{mm}$）的螺纹；斜进式的特点是进刀路径沿着同一个方向斜向进给，理论上车刀属于单面切削，不易产生扎刀现象。这两种车削螺纹的方法是数控车床上经常使用的螺纹加工方法，但是在加工大螺距、特殊牙型的螺纹时，会出现不同程度的振动现象，即螺距越大，加工深度越深，其加工时切削刃部位所受到的切削力越大。

6.1.2　螺纹加工进给路径方式

直进式螺纹切削指令 G92 的进给路径方式如图 6-1 所示；斜进式螺纹切削指令 G76 的进给路径方式如图 6-2 所示。

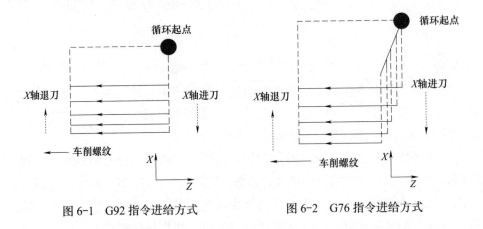

图 6-1　G92 指令进给方式　　　　图 6-2　G76 指令进给方式

除了上述两种常见螺纹切削进给方式外，还可以采用左右切削进刀法，该方法很适合大螺距、多线螺纹等零件的粗加工，如图 6-3 所示，其切削顺序依次为 1 → 2 → 3 → 4 → 5 → 6 → 7 → 8 → 9 → 10 → 11 → 12，每层背吃刀量还可以进行递减控制，采用这样的加工方式，可以大大改善切削刃的受力状况，最后精加工时需要对牙型两侧和底面进行修光加工。显然，在现有螺纹车削指令的基础上，增加宏程序可以更加方便地控制进给路径和进给顺序。

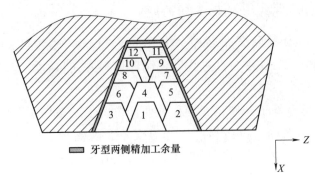

■ 牙型两侧精加工余量

图 6-3　左右进给方式和顺序

6.2 车削单线螺纹宏程序应用

6.2.1 零件图以及加工内容

加工如图 6-4 所示零件，车削 M24×1.5 的单线螺纹，材料为 45 钢，除了螺纹外，其他尺寸已加工，编制车削螺纹的宏程序，其中齿形角度为 60°，单侧齿深为 0.95mm（根据螺纹的牙深计算公式推导的）。

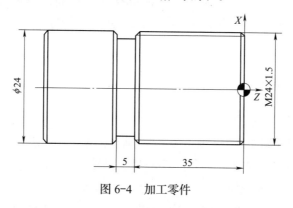

图 6-4 加工零件

6.2.2 分析零件图样

该实例要求车削成形一个 M24×1.5 螺纹，加工和编程之前需要考虑以下方面：

1）机床：FANUC 系统数控车床。

2）装夹：自定心卡盘。

3）刀具：60° 外圆螺纹车刀（1 号刀）。

4）量具：① 0 ～ 150mm 游标卡尺，② M24×1.5 螺纹环规（通止规）。

5）编程原点：编程原点如图 6-4 所示。

6）切削用量：见表 6-1。

表 6-1 数控车削单头小螺距螺纹的工序卡

工序	主要内容	设备	刀具	切削用量		
				转速 /（r/min）	进给量 /（mm/r）	背吃刀量 /mm
1	车削螺纹	数控车床	60° 外圆螺纹车刀	600	1.5	0.5、0.3、0.1

6.2.3 分析加工工艺

该零件是车削单线螺纹的应用实例，其基本思路为：刀具快速移至螺纹加工起点（X30，Z5）→ X 轴快速移至螺纹加工位置（X23.5）→ Z 轴车削螺纹→ X、Z 轴快速移至螺纹加工起点（X30，Z5）→ X 轴快速移至螺纹加工位置（X23）……，如此循环，完成车削螺纹（0.95mm）。

6.2.4　选择变量方法

根据选择变量的基本原则及本实例的具体加工要求，本实例涉及变量螺纹牙型深度。在车削螺纹过程中，螺纹牙型深度（单边）由 0 逐渐增大至 0.95mm，螺纹长度不发生改变，符合变量设置原则：优先选择加工中"变化量"作为变量，因此选择"螺纹牙型深度"作为变量。设置 #100 加工螺纹牙型深度，赋初始值 0。

6.2.5　选择程序算法

车削螺纹采用宏程序编程时，需要考虑以下问题：一是怎样实现循环车削螺纹；二是怎样控制循环的结束（实现 X 轴变化）。下面进行详细分析：

（1）实现循环车削螺纹　设置 #100 号变量控制螺纹牙型深度，赋初始值 0；设置 #110 号变量控制螺纹背吃刀量，赋初始值 0.5。

通过语句 #100 = #100 - #110 控制螺纹牙型深度值。语句 G32 Z-36.5 F1.5 车削螺纹。车削螺纹后，X 轴快速移至 X30，Z 轴快速移至 Z5。

（2）控制循环的结束　车削一次螺纹循环后，通过条件判断语句判断加工是否结束。若加工结束，则退出循环；若加工未结束，X 轴快速移至 X 轴加工位置，Z 轴再次车削螺纹，如此循环，形成整个车削螺纹的刀路循环。

6.2.6　绘制刀路轨迹

根据加工工艺分析及程序算法分析，绘制车削单线三角外螺纹一层刀路轨迹如图 6-5 所示，绘制车削单线三角外螺纹循环刀路轨迹如图 6-6 所示。

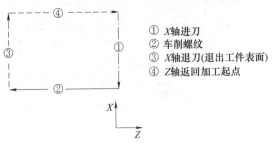

① X 轴进刀
② 车削螺纹
③ X 轴退刀(退出工件表面)
④ Z 轴返回加工起点

图 6-5　车削单线三角外螺纹一层刀路轨迹

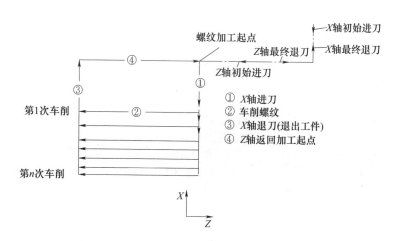

图 6-6 车削单线三角外螺纹循环刀路轨迹

6.2.7 绘制程序框图

根据以上算法设计和分析，规划程序流程框图，如图 6-7 所示。

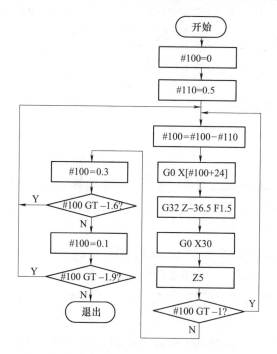

图 6-7 车削螺纹程序设计流程框图

6.2.8　编写程序代码

```
O6001;
T0101;                              （调用 1 号刀具及其补偿参数）
M03 S600;                           （主轴正转，转速为 600r/min）
G0 X30 Z5;                          （X、Z 轴快速移至 X30 Z5）
M08;                                （打开切削液）
#100 = 0;                           （设置 #100 号变量，控制螺纹牙型深度）
#110 = 0.5;                         （设置 #110 号变量，控制背吃刀量）
N10 #100 = #100−#110;               （#100 号变量依次减少 #110 号变量值）
G0 X[#100+24];                      （X 快速移至 X[#100+24]）
G32 Z−36.5 F1.5;                    （车削螺纹）
G0 X30;                             （X 轴快速移至 X30）
Z5;                                 （Z 轴快速移至 Z5）
IF [#100 GT −1] GOTO 10;            （条件判断语句，若 #100 号变量的值大于 −1mm，则跳
                                    转到标号为 10 的程序段处执行，否则执行下一程序段）

#110 = 0.3;                         （#110 号变量重新赋值 0.3mm）
IF [#100 GT −1.6] GOTO 10;          （条件判断语句，若 #100 号变量的值大于 −1.6mm，则
                                    跳转到标号为 10 的程序段处执行，否则执行下一程序段）

#110 = 0.1;                         （#110 号变量重新赋值 0.1mm）
IF [#100 GT −1.9] GOTO 10;          （条件判断语句，若 #100 号变量的值大于 −1.9mm，则
                                    跳转到标号为 10 的程序段处执行，否则执行下一程序段）

G0 X100;                            （X 轴快速移至 X100）
Z100;                               （Z 轴快 速移至 Z100）
G28 U0 W0;                          （X、Z 轴返回参考点）
M09;                                （关闭切削液）
M05;                                （关闭主轴）
M30;
```

6.2.9　编程总结

1）有关车削螺纹的螺纹参数、加工工艺和切削用量可以参考相关专业书籍。本实例确定的螺纹深度可作为参考，在实际中螺纹作为配合件，加工时还要考虑其公差因素。

2）螺纹加工常采用等深度和等面积两种方式，本实例采用等深度分层车削螺纹，随着深度的增加，刀具承受的切削力会加大，容易产生扎刀，最后的进给用于修光螺纹型面。等面积车削螺纹在车削大螺距普通螺纹、梯形螺纹和变距螺纹中最为常用。

3）设置变量 #101 控制加工螺纹 X 轴的背吃刀量，随着不断切削对其进行重新赋值，实现了车削螺纹的分层车削。

4）关于设置起刀点 Z5 和切削终点 Z-36.5 的原因：在实际车削螺纹开始时，伺服系统不可避免地有个加速过程，结束前也有个减速过程，在这两段时间内，螺距得不到有效保证，故在车削螺纹的编程中应考虑增加空刀导入量和空刀导出量。

6.3　车削双线螺纹宏程序应用

6.3.1　零件图以及加工内容

加工如图 6-8 所示零件，车削 M30×3（螺距为 1.5mm）的双线螺纹，材料为 45 钢，除了螺纹外，其他尺寸已加工，编制车削双线螺纹的宏程序。

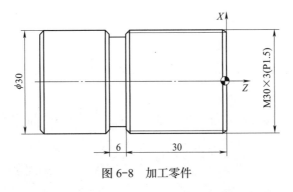

图 6-8　加工零件

6.3.2　分析零件图样

该实例要求车削 M30×3（螺距为 1.5mm）的双线螺纹，加工余量为 1.9mm。加工和编程之前需要考虑合理选择机床类型、数控系统、装夹方式、切削用量和切削方式（具体参阅 6.2.2 章节所叙内容）等，其中：

1）编程原点：编程原点如图 6-8 所示。

2）切削用量　见表 6-2。

表 6-2　数控车削双头螺纹的工序卡

工序	主要内容	设备	刀具	切削用量		
				转速 /（r/min）	进给量 /（mm/r）	背吃刀量 /mm
1	车削螺纹	数控车床	60° 螺纹刀	600	3	0.5、0.3、0.1

6.3.3　分析加工工艺

该零件是车削双线螺纹的应用实例，其基本思路有以下两种：

（1）通过改变螺纹加工起始位置实现车削双线螺纹 刀具快速移至第 1 条螺旋线加工起点（X35，Z5）→X 轴快速移至 X29.3（螺纹加工 X 轴位置）→Z 轴车削螺纹→X 轴快速移至 X35→Z 轴快速移动 Z5→X 轴快速移至 X28.8（螺纹加工 X 轴位置），如此循环，完成车削第 1 条螺旋线。

刀具快速移至第 2 条螺旋线加工起点（X35，Z3.5）→X 轴快速移至 X29.3（螺纹加工 X 轴位置）→Z 轴车削螺纹→X 轴快速移至 X35→Z 轴快速移至 Z3.5→X 轴快速移至 X28.8（螺纹加工 X 轴位置），如此循环，完成车削第 2 条螺旋线。

（2）通过改变螺纹加工起始角度实现车削双线螺纹 刀具快速移至第 1 条螺旋线加工起点（X35，Z5）→X 轴快速移至 X29.3（螺纹加工 X 轴位置）→Z 轴车削螺纹（指定螺纹起始角度 0°：Q0）→X 轴快速移至 X35→Z 轴快速移至 Z5→X 轴快速移至 X28.8（螺纹加工 X 轴位置），如此循环，完成车削第 1 条螺旋线。

刀具快速移至第 2 条螺旋线加工起点（X35，Z5）→X 轴快速移至 X29.3（螺纹加工 X 轴位置）→Z 轴车削螺纹（指定螺纹起始角度 180°：Q180000）→X 轴快速移至 X35→Z 轴快速移至 Z5→X 轴快速移至 X28.8（螺纹加工 X 轴位置），如此循环，完成车削第 2 条螺旋线。

6.3.4 选择变量方法

根据选择变量的基本原则及本实例的具体加工要求，本实例涉及变量：螺纹牙型深度、加工螺纹起始位置（Z）或加工螺纹起始角度（Q）。

（1）螺纹牙型深度 该零件是车削双线螺纹的应用实例，在车削螺纹过程中，螺纹牙型深度（单边）由 0mm 逐渐增大至 0.95mm，且螺纹长度不发生改变，符合变量设置原则，优先选择加工中"变化量"作为变量，因此选择螺纹牙型深度作为变量。设置 #100 并赋初始值 0，控制螺纹牙型深度的变化。

（2）螺纹加工起始位置（Z） 由分析加工工艺（1）可知：在车削完第 1 条螺纹线后，车削第 2 条螺旋线起始位置（Z 轴）发生了变化，且与车削第 1 条螺纹线起始位置（Z 轴）值相差 1.5mm，符合变量设置原则，优先选择加工中"变化量"作为变量，因此选择车削螺旋线起始位置（Z 轴）作为变量，控制车削螺旋线起始位置（Z 轴）。设置 #101 并赋初始值 5，控制车削完成第 1 条螺旋线起始位置（Z 轴）。

6.3.5   选择程序算法

车削双线螺纹采用宏程序编程时，需要考虑以下问题：一是怎样实现循环车削螺纹；二是怎样控制循环的结束（实现 X 轴变化）；三是怎样控制车削双线螺纹。下面进行分析：

（1）实现循环车削螺纹　设置 #100 变量控制螺纹牙型深度，赋初始值 0；设置 #110 变量控制车削螺纹背吃刀量，赋初始值 0.5。

语句 #100 = #100 − #110 控制 X 轴进刀量。Z 轴车削螺纹后，X 轴快速移至 X35，Z 轴快速退移至 Z5。

（2）控制循环的结束　车削一次螺纹循环后，通过条件判断语句，判断加工是否结束。若加工结束，则退出循环；若加工未结束，则 X 轴快速移至 X 轴加工位置，Z 轴再次车削螺纹，如此循环，形成整个车削螺纹的刀路循环。

（3）控制车削双线螺纹

1）设置 #101 = 5 控制螺纹起始位置（Z 轴），车削完成 1 条螺纹线后，通过 #101 = #100 − 1.5 实现螺纹加工起始位置（Z 轴）变化。

2）设置 #101 = 0 控制螺纹起始角度（Z 轴），车削完成 1 条螺纹线后，通过 #101 = #100 + 180000 实现螺纹加工起始角度（Q 值）变化。

6.3.6   绘制刀路轨迹

根据加工工艺分析及程序算法分析，绘制车削双线螺纹一层刀路轨迹如图 6-9 所示，绘制车削双线螺纹多层刀路轨迹如图 6-10 所示。

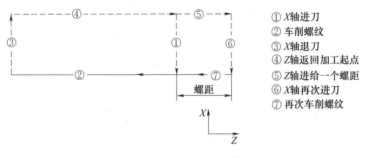

① X 轴进刀
② 车削螺纹
③ X 轴退刀
④ Z 轴返回加工起点
⑤ Z 轴进给一个螺距
⑥ X 轴再次进刀
⑦ 再次车削螺纹

图 6-9　车削双线螺纹一层刀路轨迹示意

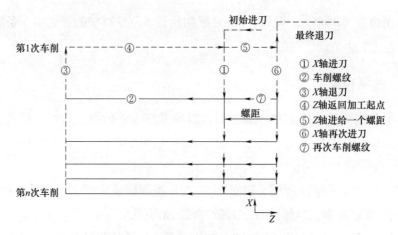

图 6-10 车削双线螺纹多层刀路轨迹示意

6.3.7 绘制程序框图

根据以上算法设计和分析，规划程序流程框图，如图 6-11 所示。

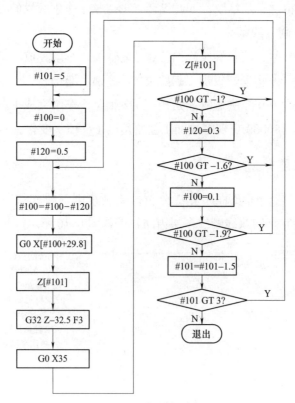

图 6-11 车削双线螺纹程序流程框图

6.3.8　编写程序代码

程序 1：改变螺纹加工起始位置（Z 值）

O6002;	
T0101;	（调用 1 号刀具及其补偿参数）
M03 S600;	（主轴正转，转速为 600r/min）
#101 = 5;	（设置 #101 变量，控制螺纹加工起始位置 Z 值）
G0 X35 Z5;	（X、Z 轴快速移至 X35 Z5）
M08;	（打开切削液）
N20 G0 X29.8 Z[#101];	（X、Z 轴快速移至 X29.8 Z[#101]）
#100 = 0;	（设置 #100 号变量，控制螺纹牙型深度）
#120 = 0.5;	（设置 #120 号变量，控制 X 轴背吃刀量）
N10 #100 = #100 − #120;	（#100 号变量依次减去 #120 号变量值）
G0 X[#100+29.8];	（X 轴快速移至 X[#100+29.8]）
G32 Z-32.5 F3;	（车削螺纹）
G0 X35;	（X 轴快速移至 X35）
Z[#101];	（Z 轴快速移至 Z[#101]）
IF[#100 GT −1] GOTO 10;	（条件判断语句，若 #100 号变量的值大于 −1mm，则跳转到标号为 10 的程序段处执行，否则执行下一程序段）
#120 = 0.3;	（#120 号变量重新赋值 0.3）
IF[#100 GT −1.6] GOTO 10;	（条件判断语句，若 #100 号变量的值大于 −1.6mm，则跳转到标号为 10 的程序段处执行，否则执行下一程序段）
#120 = 0.1;	（#120 号变量重新赋值 0.1mm）
IF[#100 GT −1.9] GOTO 10;	（条件判断语句，若 #100 号变量的值大于 −1.9mm，则跳转到标号为 10 的程序段处执行，否则执行下一程序段）
#101 = #101−1.5;	（#101 号变量依次减去 1.5mm）
IF[#101 GT 3] GOTO 20;	（条件判断语句，若 #101 号变量的值大于 3mm，则跳转到标号为 20 的程序段处执行，否则执行下一程序段）
G0 Z100;	（Z 轴快速移至 Z100）
X100;	（X 轴快速移至 X100）
G28 U0 W0;	（X、Z 轴返回参考点）
M09;	（关闭切削液）
M05;	（关闭主轴）
M30;	

程序 2：改变螺纹加工起始角度（Q 值）

O6003;	
T0101;	（调用 1 号刀具及其补偿参数）
M03 S600;	（主轴正转，转速为 600r/min）
#101 = 0;	（设置 #101 变量，控制螺纹加工起始角度 Q 值）

```
G0 X35 Z5;                        （X、Z 轴快速移至 X35 Z5）
M08;                              （打开切削液）
N20 G0 X29.8 Z5;                  （X、Z 轴快速移至 X29.8 Z5）
#100 = 0;                         （设置 #100 号变量，控制螺纹牙型深度）
#120 = 0.5;                       （设置 #120 号变量，控制 X 轴背吃刀量）
N10 #100 = #100 − #120;           （#100 号变量依次减去 #120 号变量值）
G0 X[#100+29.8];                  （X 轴快速移至 X[#100+29.8]）
G32 Z−32.5 Q[#101] F3;            （车削螺纹）
G0 X35;                           （X 轴快速移至 X35）
Z5;                               （Z 轴快速移至 Z5）
IF[#100 GT−1] GOTO 10;            （条件判断语句，若 #100 号变量的值大于 −1mm，则跳
                                    转到标号为 10 的程序段处执行，否则执行下一程序段）
#120 = 0.3;                       （#120 号变量重新赋值 0.3mm）
IF[#100 GT−1.6] GOTO 10;          （条件判断语句，若 #100 号变量的值大于 −1.6mm，则
                                    跳转到标号为 10 的程序段处执行，否则执行下一程序段）
#120 = 0.1;                       （#120 号变量重新赋值 0.1mm）
IF[#100 GT −1.9] GOTO 10;         （条件判断语句，若 #100 号变量的值大于 −1.9mm，则
                                    跳转到标号为 10 的程序段处执行，否则执行下一程序段）
#101 = #101+180000;               （#101 号变量依次增加 #180000）
IF[#101 LT 270000] GOTO 20;       （条件判断语句，若 #101 号变量的值小于 270000，则
                                    跳转到标号为 20 的程序段处执行，否则执行下一程序段）
G0 Z100;                          （Z 轴快速移至 Z100）
X100;                             （X 轴快速移至 X100）
G28 U0 W0;                        （X、Z 轴返回参考点）
M09;                              （关闭切削液）
M05;                              （关闭主轴）
M30;
```

6.3.9 编程总结

（1）O6002 编程总结 程序 O6002 是在单线螺纹车削宏程序的基础上，增加变量 #101=5、表达式 #101=#101-1.5 和条件判断语句 IF[#101 GT 3] GOTO 20 来实现车削双线螺纹。这种编程思路同样适合车削三线螺纹、四线螺纹等多线螺纹。

（2）O6003 编程总结 程序 O6002 是在单线螺纹车削宏程序的基础上，增加变量 #101=0、表达式 #101=#101+180000 和条件判断语句 IF[#101 LT 270000] GOTO 20 来实现车削双线螺纹。这种编程思路同样适合车削三线螺纹、四线螺纹等多线螺纹。

6.4 车削大螺距螺纹宏程序应用

6.4.1 零件图和加工内容

加工如图 6-12 所示零件，车削 M30×3 的单线螺纹，材料为 45 钢，除了螺纹外，其他尺寸已加工，编制车削螺纹（大螺距，螺距为 3mm）的宏程序。

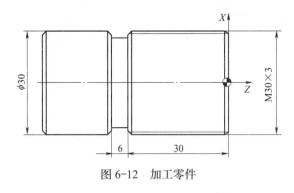

图 6-12　加工零件

6.4.2 分析零件图样

该实例要求车削 M30×3，加工和编程之前需要考虑合理选择机床类型、数控系统、装夹方式、切削用量和切削方式（具体参阅 6.2.2 节所叙内容）等，其中：

1）编程原点：编程原点如图 6-12 所示。

2）量具：① 0 ～ 150mm 游标卡尺；② M30×3 螺纹环规（通止规）。

3）切削用量：见表 6-3。

表 6-3　数控车削大螺距螺纹的工序卡

工序	主要内容	设备	刀具	切削用量		
				转速 /（r/min）	进给量 /（mm/r）	背吃刀量 /mm
1	车削螺纹	数控车床	60° 螺纹刀	100	3	0.3、0.15、0.1

6.4.3 分析加工工艺

该零件是车削 M30×3 螺纹的应用实例，螺距较大，在加工过程中需要 Z 轴再次进给 0.1mm，其加工方式如下：

车削单线大螺距三角外螺纹加工切削顺序：Z 向进给到螺纹加工起始位置→

X 轴进刀至 X29.7 → 车削螺纹 → *X* 轴快速移至 X40 → *Z* 轴快速移至 Z6 → *Z* 轴正方向增量进给 0.1mm → *X* 轴进刀至 X29.7 → 车削螺纹 → *X* 轴快速移至 X40 → *Z* 轴快速移至 Z6 → *Z* 轴负方向增量进给 0.1mm → *X* 轴进刀至 X29.7 → 车削螺纹 → *X* 轴快速移至 X40 → *Z* 轴快速移至 Z6，至此形成车削一次螺纹刀路轨迹。

6.4.4 选择变量方式

根据选择变量的基本原则及本实例的具体加工要求，本实例涉及变量：螺纹牙型深度的变化、*Z* 轴再次进给量。

（1）螺纹牙型深度 在车削螺纹过程中，螺纹牙型深度（单边）由 0 逐渐增大至 3.9mm，且螺纹长度不发生改变，符合变量设置原则，优先选择加工中变化量作为变量，因此选择螺纹牙型深度作为变量；设置 #100 螺纹牙型深度变化，赋初始值 0。

（2）*Z* 轴再次进给量 由分析加工工艺可知，刀具快速移至螺纹加工起点（X35、Z6）→ 车削螺纹 → 刀具快速移至（X35，Z6）→ *Z* 轴沿正方向再次进给 0.1mm → 再次车削螺纹 → 刀具快速移至（X35，Z6）→ *Z* 轴沿负方向再次进给 0.1mm → 再次车削螺纹 → 刀具快速移至（X35，Z6），形成车削一层螺纹循环。

符合变量设置原则，优先选择加工中变化量作为变量，因此选择 "*Z* 轴再次进给量" 作为变量，控制车削螺纹后 *Z* 轴进给量；设置 #101 并赋初始值 0.1，控制车削螺纹 *Z* 轴的第二次进给量。

6.4.5 选择程序算法

车削大螺距单线螺纹采用宏程序编程时，需要考虑以下问题：一是怎样实现循环车削螺纹；二是怎样控制循环的结束（实现 *X* 轴变化）；三是怎样控制 *Z* 轴第二次进给量。下面进行详细分析：

（1）实现循环车削螺纹 设置 #100 变量控制螺纹牙型深度，赋初始值 0；设置 #110 变量控制加工螺纹背吃刀量，赋初始值 0.3。通过语句 #100 = #100 - #110 控制加工螺纹的牙型深度。

（2）控制循环的结束 车削一次螺纹循环后，通过条件判断语句判断加工是否结束。若加工结束，则退出循环；若加工未结束，则 *X* 轴再次快速移至 *X* 轴加工位置，*Z* 轴再次车削螺纹，如此循环，形成整个车削螺纹的刀路循环。

（3）控制 *Z* 轴第二次进给量 设置 #101 = 0.1 控制 *Z* 轴第二次进给量，车削螺纹后，通过 #101 = -#101，实现 *Z* 轴的第二次进给量的变化。

6.4.6　绘制刀路轨迹

根据加工工艺分析及程序算法分析，绘制车削单线大螺距螺纹一层刀路轨迹，如图 6-13 所示；绘制车削单线大螺距螺纹循环刀路轨迹，如图 6-14 所示。

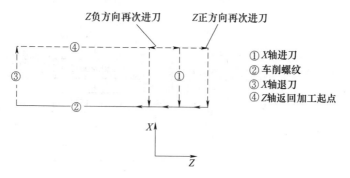

图 6-13　车削单线大螺距螺纹一层刀路轨迹示意

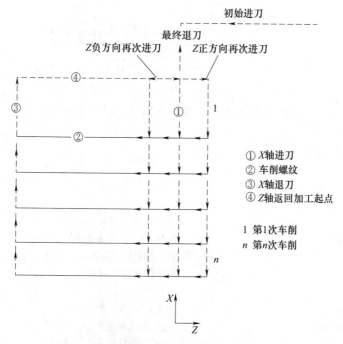

图 6-14　车削单线大螺距螺纹循环刀路轨迹

6.4.7　绘制程序框图

根据加工工艺分析及程序算法分析，绘制程序框图，如图 6-15 所示。

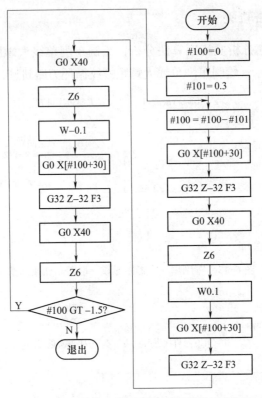

图 6-15　车削单线大螺距螺纹程序设计流程框图

6.4.8　编制程序代码

方法 1：采用子程序嵌套

O6004;	
T0101;	（调用 1 号刀具及其补偿参数）
M03 S100;	（主轴正转，转速为 100r/min）
G0 X35 Z6;	（X、Z 轴快速移至 X35 Z6）
X30;	（X 轴快速移至 X30）
M08;	（打开切削液）
M98 P56005;	（调用 O6005 子程序 5 次）
M98 P106006;	（调用 O6006 子程序 10 次）
M98 P46007;	（调用 O6007 子程序 4 次）
G0 X26.6 Z6;	（X、Z 轴快速移至 X26.6 Z6）
M98 P46008;	（调用 O6008 子程序 4 次）
G0 X100;	（X 轴快速移至 X100）
Z100;	（Z 轴快速移至 Z100）
G28 U0 W0;	（X、Z 轴返回参考点）

```
M09;                          （关闭切削液）
M05;                          （关闭主轴）
M30;
...
O6005;
G0 U-0.3;                     （X轴沿负方向快速移动 0.3mm）
M98 P6009;                    （调用 O6009 子程序 1 次）
M99;                          （子程序调用结束，返回主程序）

O6006;
G0 U-0.15;                    （X轴沿负方向快速移动 0.15mm）
M98 P6009;                    （调用 O6009 子程序 1 次）
M99;                          （子程序调用结束，返回主程序）

O6007;
G0 U-0.1;                     （X轴沿负方向快速移动 0.1mm）
M98 P6009;                    （调用 O6009 子程序 1 次）
M99;                          （子程序调用结束，返回主程序）

O6008;
G0 U-0.05;                    （X轴沿负方向快速移动 0.05mm）
M98 P6009;                    （调用 O6009 子程序 1 次）
M99;                          （子程序调用结束，返回主程序）

O6009;
G32 Z-32 F3;                  （车削螺纹）
G0 U15;                       （X轴沿正方向快速移动 15mm）
Z6;                           （Z轴快速移至 Z6）
U-15;                         （X轴沿负方向快速移动 15mm）
G0 W0.1;                      （Z轴沿正方向快速移动 0.1mm）
G32 Z-32 F3;                  （车削螺纹）
G0 U15;                       （X轴沿正方向快速移动 15mm）
Z6;                           （Z轴快速移至 Z6）
G0 W-0.1;                     （Z轴沿负方向快速移动 0.1mm）
U-15;                         （X轴沿负方向快速移动 15mm）
G32 Z-32 F3;                  （车削螺纹）
G0 U15;                       （X轴沿正方向快速移动 15mm）
Z6;                           （Z轴快速移至 Z6）
U-15;                         （X轴沿负方向快速移动 15mm）
M99;
```

方法 2：采用宏程序编程

```
O6010;
T0101;
M03 S100;
G0 X30 Z6;                    （X、Z 轴快速移至 X30 Z6）
M08;                          （打开切削液）
#100 = 0;                     （设置 #100 号变量，控制螺纹牙型深度值）
#101 = 0.3;                   （设置 #101 号变量，背吃刀量）
N10 #100 = #100-#101;         （#100 号变量依次减小 #101 号变量的值）
G0 X[#100+30];                （X 轴快速移至 X[#100+30]）
G32 Z-32 F3;                  （车削螺纹）
G0 X40;                       （X 轴快速移至 X40）
Z6;                           （Z 轴快速移至 Z6）
G0 W0.1;                      （Z 轴沿正方向快速移动 0.1mm）
G0 X[#100+30];                （X 轴快速移至 X[#100+30]）
G32 Z-32 F3;                  （车削螺纹）
G0 X40;                       （X 轴快速移至 X40）
Z6;                           （Z 轴快速移至 Z6）
W-0.1;                        （Z 轴沿负方向快速移动 0.1mm）
G0 X[#100+30];                （X 轴快速移至 X[#100+30]）
G32 Z-32 F3;                  （车削螺纹）
G0 X40;                       （X 轴快速移至 X40）
Z6;                           （Z 轴快速移至 Z6）
IF[#100 GT -1.5] GOTO10;      （条件判断语句，若 #100 号变量的值大于
                               -1.5mm，则跳转到标号为 10 的程序段处执行，
                               否则执行下一程序段）
#101 = 0.15;                  （#101 号变量重新赋值、第 2 层螺纹背吃刀量）
IF[#100 GT -3] GOTO10;        （条件判断语句，若 #100 号变量的值大于
                               -3mm，则跳转到标号为 10 的程序段处执行，否
                               则执行下一程序段）
#101 = 0.1;                   （#101 号变量重新赋值、第 3 层螺纹背吃刀量）
IF[#100 GT -3.5] GOTO10;      （条件判断语句，若 #100 号变量的值大于
                               -3.5mm，则跳转到标号为 10 的程序段处执行，
                               否则执行下一程序段）
#101 = 0.05;                  （#101 号变量重新赋值、第 4 层螺纹背吃刀量）
IF[#100 GT -3.6] GOTO10;      （条件判断语句，若 #100 号变量的值大于
                               -3.6mm，则跳转到标号为 10 的程序段处执行，
                               否则执行下一程序段）
G0 X100;                      （X 轴快速移至 X100）
Z100;                         （Z 轴快速移至 Z100）
```

G28 U0 W0;	（X、Z 轴返回参考点）
M09;	（关闭切削液）
M05;	（关闭主轴）
M30;	

6.4.9　编程总结

1）车削大螺距螺纹时，根据工件材料和刀具材料情况合理分配好每层的背吃刀量，在编制宏程序时可以合理设置变量及其控制语句来满足此加工要求。

2）车削大螺距螺纹时需要赶刀保证单侧加工，减小两侧同时加工的切削力。采用一般的 G 指令难以满足进刀和进给路径变化的要求，采用子程序嵌套可以简化程序，而用宏程序就更加方便。

6.5　车削外圆梯形螺纹宏程序应用

6.5.1　零件图以及加工内容

图 6-16 所示为 Tr38×6 单线梯形螺纹（30°米制梯形螺纹）的零件，螺纹有效长度为 60mm，材料为 45 钢，试编制车削外圆梯形螺纹的加工程序。

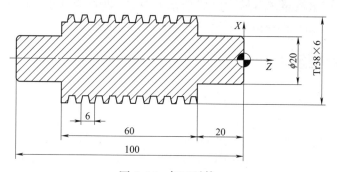

图 6-16　加工零件

6.5.2　零件图样的分析

该实例要求数控车削梯形螺纹，毛坯尺寸为 $\phi38mm×100mm$，其中 $\phi38mm$、$\phi20mm$ 外圆和端面已完成加工，加工和编程之前需要考虑合理选择机床类型、数控系统、装夹方式、切削用量和切削方式（具体参阅 6.2.2 节所叙内容）等，其中：

1）刀具：30°螺纹刀（1 号刀，粗加工）；30°螺纹刀（2 号刀，精加工）。

2）编程原点：编程原点如图 6-16 所示。

3）加工方法：径向分层车削梯形螺纹。

4）切削用量：见表 6-4。

表 6-4　数控车削梯形螺纹的工序卡

工序	主要内容	设备	刀具	切削用量		
				转速 /（r/min）	进给量 /（mm/r）	背吃刀量 /mm
1	粗车削螺纹	数控车床	30°螺纹刀	120	6	0.5、0.2、0.1
2	精车削螺纹	数控车床	30°螺纹刀	120	6	0.05

6.5.3　分析加工工艺

该零件是车削外圆梯形螺纹应用实例，其基本思路：刀具从（X42，Z1）位置快速移至（X42，Z-15）位置→ Z 轴沿负方向进给 0.114mm → X 轴快速移至 X37.5（第一层螺纹背吃刀量 0.5mm）→ Z 轴车削螺纹→ X 轴快速移至 X42 → Z 轴快速移至 Z-15 → Z 轴沿正方向进给 0.114mm → X 轴快速移至 X37.5（第一层螺纹背吃刀量 0.5mm）→ Z 轴车削螺纹 [完成车削螺纹（第一层背吃刀量 0.5mm）循环] → X 轴快速移至 X42 → Z 轴快速移至 Z-15[准备车削螺纹（第二层背吃刀量 0.3mm）循环] →如此循环，完成车削外圆梯形螺纹。

6.5.4　选择变量方法

根据选择变量的基本原则及本实例的具体加工要求，选择变量有以下几种方式：

在车削加工过程中，螺纹牙型深度由 0 逐渐减小至 –7mm，螺纹轴向尺寸不发生改变，符合变量设置原则，优先选择加工中的变化量作为变量，因此选择螺纹牙型深度作为变量，设置 #101 号变量控制螺纹牙型深度，赋初始值 0。

6.5.5　选择程序算法

车削螺纹采用宏程序编程时，需要考虑以下问题：一是怎样实现循环车削螺纹；二是怎样控制循环的结束（实现 X 轴变化），下面进行详细分析：

（1）实现循环车削螺纹　设置 #101 号变量控制螺纹牙型深度，赋初始值 0；设置 #104 号变量控制车削螺纹背吃刀量，赋初始值 0.5。语句 #101 = #101 –

#104、#106 = #101 + 38 控制 X 轴起始位置；Z 轴车削一次梯形螺纹后，X 轴快速移至 X42，Z 轴快速移动 Z-15，由此形成刀路轨迹，其示意如图 6-17 所示。

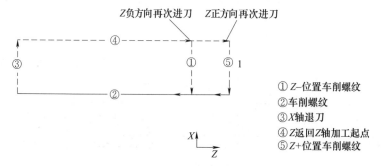

图 6-17　车削一次梯形螺纹刀路轨迹示意

（2）控制循环结束　车削一次梯形螺纹循环后，通过条件判断语句判断加工是否结束。若加工结束，则退出循环；若加工未结束，则 X 轴快速移至 X[#106]，Z 轴车削螺纹……如此循环，形成车削外圆梯形螺纹。

6.5.6　绘制刀路轨迹

根据加工工艺分析及程序算法分析，绘制车削梯形螺纹循环刀路轨迹，其示意如图 6-18 所示。

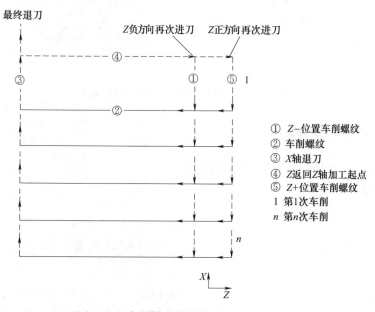

图 6-18　车削梯形螺纹循环刀路轨迹示意

6.5.7　绘制程序框图

根据加工工艺分析及程序算法分析，绘制程序设计流程框图，如图 6-19 所示。

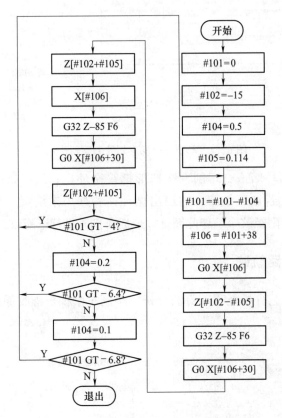

图 6-19　车削梯形螺纹程序设计流程框图

6.5.8　编制程序代码

程序 1：采用子程序嵌套车削梯形螺纹

O6011；	
T0101；	
M03 S120 M08；	（主轴正转，转速为 120r/min，打开切削液）
G0 X42 Z1；	（X、Z 轴快速移至 X42 Z1）
Z-15；	（Z 轴快速移至 Z-15）
X38；	（X 轴快速移至 X38）
M98 P86012；	（调用 O6012 号子程序，调用次数为 8）
M98 P126013；	（调用 O6013 号子程序，调用次数为 12）

M98 P56014;	（调用 O6014 号子程序，调用次数为 5）
M98 P6015;	（调用 O6015 号子程序，调用次数为 1）
G0 X100;	（X 轴快速移至 X100）
Z100;	（Z 轴快速移至 Z100）
M05;	
M09;	
M01;	
T0202;	（调用第 02 号刀具以及补偿参数）
M03 S120 M08;	（主轴正转，转速为 120r/min，打开切削液）
G0 X42 Z1;	（X、Z 轴快速移至 X42 Z1）
Z-15;	（Z 轴快速移至 Z-15）
X31.05;	（X 轴快速移至 X31.05）
M98 P6016;	（调用 O6016 号子程序，调用次数为 1）
G0 X100;	（X 轴快速移至 X100）
Z100;	（Z 轴快速移至 Z100）
M05;	
M09;	
M30;	
O6012;	（子程序名）
G01 U-0.5;	（X 轴沿负方向进给 0.5mm）
M98 P6016;	（调用 O6016 号子程序，调用次数为 1）
M99;	（返回主程序）
O6013;	（子程序名）
G01 U-0.2;	（X 轴沿负方向进给 0.2mm）
M98 P6016;	（调用 O6016 号子程序，调用次数为 1）
M99;	（返回主程序）
06014;	（子程序名））
G01 U-0.1;	（X 轴沿负方向进给 0.1mm）
M98 P6016;	（调用 O6016 号子程序，调用次数为 1）
M99;	（返回主程序）
O6015;	（子程序名）
G01 U-0.05;	（X 轴沿负方向进给 0.05mm）
M98 P6016;	（调用 O6016 号子程序，调用次数为 1）
M99;	（返回主程序）
O6016;	（子程序名）

G01 W-0.114;	（Z 轴沿负方向进给 0.114mm）
G32 Z-85 F6;	（车削螺纹）
G0 U30;	（X 轴沿正方向进给 30mm）
Z-15;	（Z 轴快速移至 Z-15）
U-30;	（X 轴沿负方向进给 30mm）
W0.114;	（Z 轴沿正方向进给 0.114mm）
G32 Z-85 F6;	（车削螺纹）
G0 U30;	（X 轴沿正方向进给 30mm）
Z-15;	（Z 轴快速移至 Z-15）
U-30;	（X 轴沿负方向进给 30mm）
M99;	（返回主程序）

编程总结：

1）梯形螺纹相关计算：梯形螺纹代号用字母"Tr"及公称直径×螺距表示，单位均为 mm，左旋梯形螺纹需在其标注的末尾处加注"LH"，右旋螺纹则不用标注，如 Tr36×6、Tr44×8LH 等。国际标准规定，米制梯形螺纹的牙型角度为 30°。外梯形螺纹的牙型示意如图 6-20 所示，内梯形螺纹牙型示意如图 6-21 所示，各基本尺寸计算见表 6-5，编程时相关中间数据的换算和计算都按照表 6-5 中的公式进行。

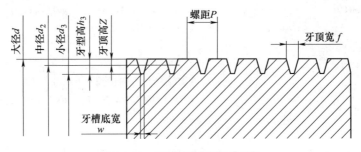

图 6-20　外梯形螺纹牙型示意

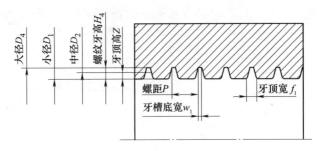

图 6-21　内梯形螺纹牙型示意

表 6-5 梯形螺纹相关尺寸计算公式

（单位：mm）

名称	代号	计算公式			
牙顶间隙	a_c	P	$1.5 \sim 5$	$6 \sim 12$	$14 \sim 44$
		a_c	0.25	0.5	1
大径	d、D_4	d = 公称直径；$D_4 = d+2a_c$			
中径	d_2、D_2	$d_2 = d-0.5P$；$D_2 = d-P$			
小径	d_3、D_1	$d_3 = d-2h_3$；$D_1 = d-P$			
外、内螺纹牙高	h_3、H_4	$h_3 = 0.5P+a_c$；$H_4 = h_3$			
牙顶槽宽	f、f_1	$f = f_1 = 0.3666P$			
牙槽底宽	w、w_1	$w = w_1 = 0.3666P-0.536a_c$			
牙顶高	Z	$Z = 0.25P$			

2）梯形螺纹尺寸计算可采用如下公式的三针法进行测量和换算：

$$M=d+4.864D-1.866P$$

式中，M 为三针测量时的理论值；d 为螺纹中径；D 为测量时钢针的直径，取值为 $0.518P$，P 为螺纹的导程。

3）利用子程序嵌套实现了梯形螺纹的径向分层切削，这样有利于提高零件的表面质量和减少刀具的磨损，更为重要的是避免了第一刀切入过深而产生"扎刀"现象。

4）Z 轴再次进给值 0.114mm 为参考值，实际加工中需要测量螺纹刀的刀宽来确定 Z 轴再次进给量（值）。

程序 2：采用宏程序车削梯形螺纹

```
O6017;
T0101;                      （调用 01 号刀具以及补偿参数）
M03 S120;                   （主轴正转，转速为 120r/min）
M08;
G0 X42 Z1;                  （X、Z 轴快速移至 X42、Z1）
Z-15;                       （Z 轴快速移至 Z-15）
#101 = 0;                   （设置 #101 号变量，控制螺纹切削深度初始值）
#102 = -15;                 （设置 #102 号变量，控制螺纹加工的 Z 向起点）
#104 = 0.5;                 （设置 #104 号变量，控制第 1 层螺纹切削深度）
#105 = 0.114;              （设置 #105 号变量，控制 Z 轴再次进给量）
N10 #101 = #101-#104;      （#101 号变量依次减去 #104 号变量值）
#106 = #101 + 38;          （计算 #106 号变量值，控制 X 轴加工位置）
G0 X[#106];                 （X 轴快速移至 X[#106]）
Z[#102-#105];              （Z 轴快速移至 Z[#102-#105]）
G32 Z-85 F6;               （车削螺纹）
G0 X[#106+30];            （X 轴快速移至 X[#106+30]）
```

Z[#102+#105];	（X 轴快速移至 Z[#102+#105]）
X[#106];	（X 轴快速移至 X[#106]）
G32 Z−85 F6;	（车削螺纹）
G0 X[#106+30];	（X 轴快速移至 X[#106+30]）
Z[#102+#105];	（X 轴快速移至 Z[#102+#105]）
IF [#101 EQ −6.95] GOTO 10;	（条件判断语句，若 #101 号变量的值等于 −6.95mm，则跳转到标号为 10 的程序段处执行，否则执行下一程序段）
IF [#101 EQ −7] GOTO 50;	（条件判断语句，若 #101 号变量的值等于 −7mm，则跳转到标号为 50 的程序段处执行，否则执行下一程序段）
IF [#101 GT −4] GOTO 10;	（条件判断语句，若 #101 号变量的值大于 −4mm，则跳转到标号为 10 的程序段处执行，否则执行下一程序段）
#104 = 0.2;	（#104 号变量重新赋值，第 2 层螺纹切削深度）
IF [#101 GT −6.4] GOTO 10;	（条件判断语句，若 #101 号变量的值大于 −6.4mm，则跳转到标号为 10 的程序段处执行，否则执行下一程序段）
#104 = 0.1;	（#104 号变量重新赋值，第 3 层螺纹切削深度）
IF[#101 GT − 6.9] GOTO 10;	（条件判断语句，若 #101 号变量的值大于 −6.9mm，则跳转到标号为 10 的程序段处执行，否则执行下一程序段）
G0 X100;	（X 轴快速移至 X100）
Z100;	（Z 轴快速移至 Z100）
G28 U0 W0;	（X、Z 轴返回参考点）
M09;	（关闭切削液）
M05;	（关闭主轴）
M00;	
T0202;	（调用第 02 号刀具以及补偿参数）
M03 S120;	（主轴正转，转速为 120r/min）
M08;	
G0 X42 Z1;	（X、Z 轴快速移至 X42 Z1）
Z-15;	（Z 轴快速移至 Z-15）
#104 = 0.05;	（第 4 层螺纹切削深度）
IF [#101 GT −7] GOTO 10;	（条件判断语句，若 #101 号变量的值大于 −7mm，则跳转到标号为 10 的程序段处执行，否则执行下一程序段）
N50 G0 X100;	（X 轴快速移至 X100）
Z100;	（Z 轴快速移至 Z100）
G28 U0 W0;	（X、Z 轴返回参考点）
M09;	（关闭切削液）
M05;	（关闭主轴）
M30;	

编程总结：

1）该程序实现了径向分层切削螺纹，是加工梯形螺纹较为典型的编程方法，其中通过 #104 变量重新赋值，可以控制变化不同的切削深度。

2）其余编程总结请读者参考 6.2.9 节编程总结。

3）很多同行喜欢用切槽刀加工梯形螺纹，笔者对此进行了尝试，对比发现采用梯形螺纹刀加工有以下好处：

① 梯形螺纹刀编程简单，采用切槽加工的程序读者可以参考 6.8 节。

② 加工效率较切槽刀高。

③ 加工表面质量较切槽刀好。

6.6　车削圆弧牙型螺纹宏程序应用

6.6.1　零件图以及加工内容

加工零件为圆弧牙型轮廓的螺纹零件（图 6-22），圆弧半径为 $R1.5$mm，螺距为 5mm，螺纹大径为 $\phi20$mm，螺纹长度为 41mm，材料为铝，用宏程序编制车削该圆弧牙型螺纹。

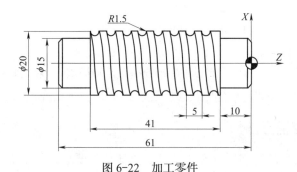

图 6-22　加工零件

6.6.2　分析零件图样

加工和编程之前需要考虑合理选择机床类型、数控系统、装夹方式、切削用量和切削方式（具体参阅 6.2.2 节所叙内容）等，其中：

1）刀具：圆弧螺纹刀（1 号刀粗加工）；30°螺纹刀（2 号刀精加工）。

2）编程原点：编程原点及其编程坐标系如图 6-22 所示。

3）加工方法：径向分层车削圆弧牙型螺纹。

4）切削用量：见表 6-6。

表 6-6　数控车削圆弧牙型螺纹工序卡

工序	主要内容	设备	刀具	切削用量		
				转速 /（r/min）	进给量 /（mm/r）	背吃刀量 /mm
1	粗车削螺纹	数控车床	圆弧螺纹刀	650	5	0.5、0.2、0.1
2	精车削螺纹	数控车床	30°螺纹刀	650	5	0.05

6.6.3　分析加工工艺

该零件是车削圆弧牙型螺纹应用实例，圆弧采用 30°螺纹刀，需要根据圆解析（参数）方程，采用拟合的方式加工螺纹，其基本思路如下：

该零件螺纹型面呈圆弧状，采用圆弧刀进行加工，随着加工深度的增加，切削阻力越来越大，在螺纹的底部会产生振刀。解决办法：根据螺纹型面构建数学模型，根据数学模型构建函数关系表达式，根据函数关系表达式确立自变量与因变量（变量），该零件构建的数学模型示意如图 6-23 所示，采用拟合法车削圆弧螺纹。

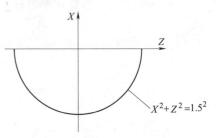

图 6-23　螺纹型面数学模型示意

设置 #110 号变量控制螺纹牙型深度，赋初始值 1.5，设置 #111 号变量控制每次加工螺纹 Z 轴起始位置，根据圆解析方程，计算 #110 号变量对应 #111 号变量之间的内在关系。

车削刀路规划：Z 轴从 X26、Z6 快速移至 X[#100]、Z[#111] → Z 轴车削螺纹 → X 轴快速移至 X28 → Z 轴快速移至 Z1.5 →…→形成车削外圆圆弧螺纹。

6.6.4　选择变量方法

根据选择变量的基本原则及本实例的具体加工要求，选择变量有以下方式：

在车削加工过程中，螺纹加工起始位置由 Z1.5 逐渐减小至 Z-1.5，符合变量设置原则，优先选择加工中变化量作为变量，因此选择"螺纹加工起始位置"作为变量。

设置 #111 号变量控制"螺纹加工起始位置"，赋初始值 1.5。

6.6.5　选择程序算法

车削圆弧牙型螺纹采用宏程序编程时，需要考虑以下问题：一是怎样实现循环车削螺纹；二是怎样控制循环的结束（实现 X 轴变化），下面进行详细分析：

（1）实现循环车削螺纹　设置 #111 号变量控制"螺纹加工起始位置"，赋初始值 1.5。语句 #111 = #111 − 0.1 控制 Z 轴起始位置；Z 轴车削一次螺纹后，X 轴快速移至 X28，Z 轴快速移至 Z1.5，由此规划刀路轨迹，如图 6-23 所示。

（2）控制循环结束　车削一次螺纹循环后，通过条件判断语句判断加工是否结束。若加工结束，则退出循环；若加工未结束，X 轴快速移至 X28，Z 轴快速移至 Z1.5，Z 轴车削螺纹……如此循环，形成整个车削圆弧螺纹、刀路轨迹。

6.6.6　绘制刀路轨迹

根据加工工艺分析及程序算法分析，绘制车削圆弧牙型轮廓刀路轨迹，如图 6-24 所示。

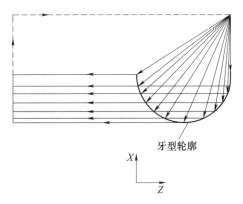

图 6-24　车削圆弧牙型轮廓刀路轨迹示意

6.6.7　绘制流程框图

根据以上算法设计和分析，规划加工圆弧牙型螺纹程序设计流程框图，如图 6-25 所示。

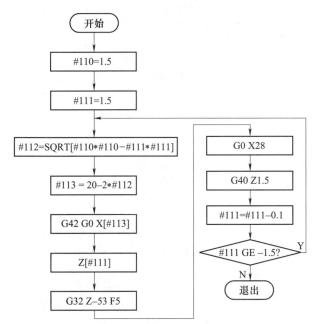

图 6-25　加工圆弧牙型螺纹程序设计流程框图

6.6.8 编制程序代码

```
O6018;
T0101;                          （调用第 1 号刀具以及补偿参数）
M03 S650;                       （主轴正转，转速为 650r/min）
M08;                            （打开切削液）
G0 X26 Z6;                      （X、Z 轴快速移至 X26 Z6）
#100 = 0;                       （设置 #100 号变量，控制螺纹深度初始值）
#101 = 0.5;                     （设置 #101 号变量，控制背吃刀量）
N10 #100 = #100-#101;           （#100 号变量依次减小 #101 变量的值）
#102 = #100+20;                 （#102 号变量是指每次进刀后计算出 X 直径）
G42 G0 X20;                     （建立刀具半径右补偿，X 轴快速移至 X20）
Z-4;                            （Z 轴快速移至 Z-4）
X[#102];                        （X 轴快速移至 X[#102]）
G32 Z-53 F5;                    （车削螺纹）
G0 X28;                         （X 轴快速移至 X28）
G40 G0 Z-4;                     （取消刀具半径补偿，Z 轴快速移至 Z-4）
IF [#100 GT -3] GOTO 10;        （条件判断语句，若 #100 号变量的值大于 –3mm，则跳
                                转到标号为 10 的程序段处执行，否则执行下一程序段）
#101 = 0.2;                     （#101 号变量赋值 0.2）
IF [#100 GT -4.2] GOTO 10;      （条件判断语句，若 #100 号变量的值大于 –4.2mm，则
                                跳转到标号为 10 的程序段处执行，否则执行下一程序段）
#101 = 0.1;                     （#101 号变量赋值 0.1mm）
IF [#100  GT -4.5] GOTO 10;     （条件判断语句，若 #100 号变量的值大于 –4.5mm，则
                                跳转到标号为 10 的程序段处执行，否则执行下一程序段）
#101 = 0.05;                    （#101 号变量赋值 0.05）
IF[#100 GE -4.6] GOTO 10;       （条件判断语句，若 #100 号变量的值大于等于 –4.6mm，
                                则跳转到标号为 10 的程序段处执行，否则执行下一程序段）
G0 X100;                        （X 轴快速移至 X100）
Z100;                           （Z 轴快速移至 Z100）
G28 U0 W0;                      （X、Z 轴返回参考点）
M09;                            （关闭切削液）
M05;                            （关闭主轴）
M01;
N2;
T0202;                          （调用第 2 号刀具以及补偿参数）
M03 S650;                       （主轴正转，转速为 650r/min）
M08;
G0 X28 Z4;                      （X、Z 轴快速移至 X28 Z4）
X26;                            （带上刀具半径右补偿，X 轴快速移至 X26）
Z1.5;                           （Z 轴快速移至 Z1.5）
#110 = 1.5;                     （设置 #110 号变量，控制螺纹牙型的半径）
```

```
#111 = 1.5;                        （设置 #111 号变量，控制螺纹加工起始位置 Z）
N20 #112 = SQRT[# 110*#110 − #111*#111 ];
                                   （基于圆弧的公式，计算 #112 号变量的值）
#113 = 20−2*#112;                  （计算 #113 号变量的值）
G42 G0 X[#113];                    （X 轴快速移至 X[#113]）
Z[#111];                           （Z 轴快速移至 Z[#111]）
G32 Z−53 F5;                       （车削螺纹）
G0 X28;                            （X 轴快速移至 X28）
G40 Z1.5;                          （取消刀具半径补偿，Z 轴快速移至 Z1.5）
#111 = #111 − 0.1;                 （#111 号变量依次减去 0.1mm）
IF[ #111 GE −1.5 ] GOTO 20;        （条件判断语句，若 #111 号变量的值大于等于 −1.5mm，
                                    则跳转到标号为 10 的程序段处执行，否则执行下一程
                                    序段）
G0 X100;                           （X 轴快速移至 X100）
Z100;                              （Z 轴快速移至 Z100）
G28 U0 W0;                         （X、Z 轴返回参考点）
M09;                               （关闭切削液）
M05;                               （关闭主轴）
M30;
```

6.6.9 编程总结

1）本实例是牙槽轮廓型面为圆弧外圆螺纹，粗加工时用圆弧螺纹成型车刀。

2）精加工时采用"拟合法"逼近圆弧螺纹轮廓，为了提高加工精度需要采用刀具半径补偿。

3）车削步距大小设置需要兼顾加工质量和效率，粗加工时为了提高加工效率，步距值可适当增大。

6.7 车削等槽宽变距螺纹宏程序应用

6.7.1 零件图以及加工内容

加工零件为等槽宽变距螺纹（图 6-26），其螺纹大径为 30mm，底径为 25mm，牙深为 2.5mm，牙型轮廓为矩形，起始螺距为 6mm，起始齿宽为 3mm，终止螺距为 12mm，终止齿宽为 7mm，终止槽宽为 3mm，圈数为 5，理论螺纹长度为 45mm（起始螺距和终止螺距之和乘以圈数），实际取有效螺纹长度为 40mm，螺距值变化为均匀递增，其余尺寸已经加工，材料为铝，试编制车削等槽宽等齿宽变距螺纹的宏程序。

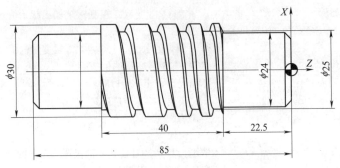

图 6-26　加工零件

6.7.2　分析零件图样

加工和编程之前需要考虑合理选择机床类型、数控系统、装夹方式、切削用量和切削方式（具体参阅 6.2.2 节所叙内容）等，其中：

1）刀具：切槽刀，刀宽为 3mm。

2）编程原点：编程原点及其编程坐标系如图 6-26 所示。

3）加工方法：分层车削等槽宽变距螺纹。

4）切削用量：见表 6-7。

表 6-7　数控车削等槽宽变距螺纹工序卡

工序	主要内容	设备	刀具	切削用量		
				转速 / (r/min)	进给量 / (mm/r)	背吃刀量 /mm
1	粗车螺纹	数控车床	切槽刀	500	5、6、7、8、9、10、11、12、13	0.3、0.2、0.1
2	精车螺纹	数控车床	切槽刀	500	5、6、7、8、9、10、11、12、13	0.05

6.7.3　分析加工工艺

该零件是车削等槽宽变距螺纹的应用实例，采用槽宽 3mm 切槽刀加工螺纹。由图 6-26 可知，该变距螺纹螺距是均匀递增，可以视为多个等距螺纹集合，因此采用拟合法加工变距螺纹，其基本思路如下：

刀具从 X34、Z6 快速移至 X[#101]、Z-18.5 → 车削螺距为 5mm 的螺纹 → 车削螺距为 6mm 的螺纹 → 车削螺距为 7mm 的螺纹 → … → 车削螺距为 13mm 的螺纹，如此循环，完成车削一层余量（X 轴）变距螺纹。

6.7.4　选择变量方法

根据选择变量的基本原则及本实例的具体加工要求，选择变量有以下方式：

1）在车削加工过程中，螺纹加工起始螺距由 5mm 逐渐增加至 13mm，符合变量设置原则，优先选择加工中变化量作为变量，因此选择"螺纹螺距"作为变量，设置 #104 号变量控制螺纹加工起始螺距，赋初始值 5。

2）在车削加工过程中，螺纹底径（X 轴）由 30mm 逐渐减小至 25mm，符合变量设置原则，优先选择加工中变化量作为变量，因此选择"螺纹底径（X 轴）"作为变量，设置 #101 号变量控制螺纹底径起始值，赋初始值 30。

6.7.5　选择程序算法

车削螺纹采用宏程序编程时，需要考虑以下问题：一是怎样实现循环车削变距螺纹；二是怎样控制循环的结束（实现 X 轴变化），下面进行详细分析：

（1）实现循环车削螺纹　设置 #104 号变量控制螺纹加工起始螺距，赋初始值 5。语句 #104 = #104 + 1 控制螺距变化；Z 轴完成车削一层变距螺纹后，X 轴快速移至 X34，Z 轴快速移至 Z-18.5，形成的刀路轨迹示意如图 6-27 所示。

（2）控制循环的结束　车削一层变距螺纹后，通过条件判断语句判断加工是否结束。若加工结束，则退出循环；若加工未结束，X 轴快速移至 X34，Z 轴快速移至 Z-18.5，车削变距螺纹，如此循环，形成车削整个变距螺纹的刀路轨迹。

6.7.6　绘制刀路轨迹

根据加工工艺分析及程序算法的分析，绘制车削等槽宽变距螺纹刀路轨迹，如图 6-27 所示。

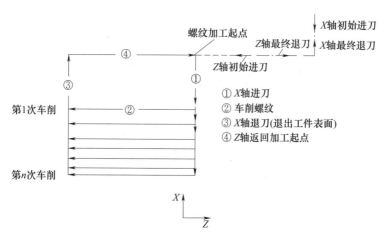

图 6-27　车削等槽宽变距螺纹刀路轨迹示意

从图 6-27 刀路轨迹示意看不出车削变距螺纹和普通螺纹刀路轨迹之间的区别，但确实有区别，区别在于：车削等距螺纹，由于螺距是恒定的，因此 Z 轴呈线性运动，车削"一个螺距（一圈螺纹）" Z 轴移动量是相同；而车削变距螺纹时，由于螺距是变化的，因此 Z 轴呈线性运动时，车削"一个螺距（一圈螺纹）" Z 轴移动量是不同的。

6.7.7　绘制流程框图

根据以上算法设计和分析，规划该螺纹加工的程序流程框图，如图 6-28 所示。

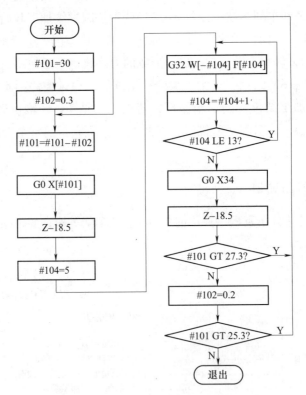

图 6-28　车削变距螺纹程序设计流程框图

6.7.8　编制程序代码

```
O6019;
T0101;
```

```
M03 S500;
M08;
G0 X34 Z6;                    （X、Z轴快速移至 X34 Z6）
G64 Z-18.5;                   （Z轴快速移至 Z-18.5）
#101 = 30;                    （设置 #101 号变量，螺纹底径起始深度）
#102 = 0.3;                   （设置 #102 号变量，背吃刀量为 0.3mm）
N30 #101 = #101-#102;         （#101 号变量依次减去 #102 号变量值）
#104 = 5;                     （设置 #104 号变量，螺纹起始螺距）
G0 X[#101];                   （X轴快速移至 X[#101]）
Z-18.5;                       （Z轴快速移至 Z-18.5）
N10 G32 W[-#104] F[#104];     （车削一层余量（X轴）螺纹）
#104 = #104 + 1;              （#104 号变量依次增加 1）
IF [#104 LE 13] GOTO 10;      （条件判断语句，若 #104 号变量的值小于等于 13mm，
                                则跳转到标号为 10 的程序段处执行，否则执行下一程
                                序段）
G0 X34;                       （X轴快速移至 X34）
Z-18.5;                       （Z轴快速移至 Z-18.5）
IF [#101 GT 27.3] GOTO 30;    （条件判断语句，若 #101 号变量的值大于 27.3mm，则
                                跳转到标号为 30 的程序段处执行，否则执行下一程序段）
#102 = 0.2;                   （#102 重新赋值第 2 层螺纹每刀切削深度）
IF [#101 GT 25.3] GOTO 30;    （条件判断语句，若 #101 号变量的值大于 25.3mm，则
                                跳转到标号为 30 的程序段处执行，否则执行下一程序段）
#102 = 0.1;                   （#102 重新赋值第 3 层螺纹每刀切削深度）
IF [#101 GT 25.1] GOTO 30;    （条件判断语句，若 #101 号变量的值大于 25.1mm，则
                                跳转到标号为 30 的程序段处执行，否则执行下一程序段）
#102 = 0.05;                  （#102 重新赋值第 4 层螺纹每刀切削深度）
IF [#101 GT 25] GOTO 30;      （条件判断语句，若 #101 号变量的值大于 25mm，则跳
                                转到标号为 30 的程序段处执行，否则执行下一程序段）
G0 X100;                      （X轴快速移至 X100）
Z100;                         （Z轴快速移至 Z100）
M09;                          （关闭切削液）
M05;                          （关闭主轴）
M30;
```

6.7.9　编程总结

1）变量 #101 用来控制螺纹起始底径的变化，其初始值为 30mm；变量 #102 用来控制分层切削并保证每层的切削深度的变化；语句 #101=#101-#102 的作用是计算出下一次切削螺纹的深度。

2）本实例螺纹起始螺距为 6mm，终止螺距为 12mm。变量 #104 用来控制螺纹起始底径的变化，实际加工时需要考虑螺纹导入、导出量，因此 #104 赋初始值为 5，结束判断条件为 13，见程序语句 #104 = 5、IF [#104 LE 13] GOTO 10。

3）等槽宽变距螺纹是变距螺纹中较为常见的一种，掌握它的编程思路和方法可以解决其他类型变距螺纹的编程加工。

6.8 车削异形螺纹宏程序应用

6.8.1 零件图以及加工内容

加工如图 6-29 所示零件，该零件根据粮食机械产品改编的加工实例，其中螺纹大径为 63mm，底径为 48mm，牙深为 10mm，牙型一边是 90°、一边是 38.28°，螺距 32mm，其余尺寸已经加工，材料为铝合金，编制车削异形螺纹宏程序。

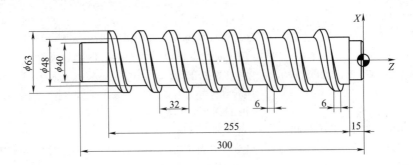

图 6-29 加工零件

6.8.2 零件图样的分析

加工和编程之前需要考虑合理选择机床类型、数控系统、装夹方式、切削用量和切削方式（具体参阅 6.2.2 节所叙内容）等，其中：

1）装夹："一夹一顶"。

2）刀具：切槽刀，刀宽：4 mm。

3）编程原点：编程原点及其编程坐标系如图 6-29 所示。

4）加工方法：X 轴分层车削。

5）切削用量：见表 6-8。

表 6-8　数控车削异形螺纹工序卡

工序	主要内容	设备	刀具	切削用量		
				转速 /（r/min）	进给量 /（mm/r）	背吃刀量 /mm
1	车削螺纹	数控车床	切槽刀	150	32	0.1

6.8.3　分析加工工艺

该零件是车削异形螺纹应用实例，异形螺纹在实际加工中一般有以下两种加工方式：

1）采用成型刀具加工。

2）根据异形螺纹的截面形状构建数学模型，根据数学模型构建函数关系表达式，根据函数关系表达式确立自变量与因变量（变量）的变化关系。

构建数学模型就是将异形螺纹截面形状分割成无数个"直线段"，在实际加工螺纹过程中，通过改变螺纹的 X、Z 的加工起点，将无数个直线段拟合组成的形状的集合就是异形螺纹的截面形状。

分析图 6-29 并结合螺纹加工工艺，将该异形螺纹看成由矩形螺纹和一边 38.28° 的斜面螺纹组合而成，构建数学模型如图 6-30 所示。

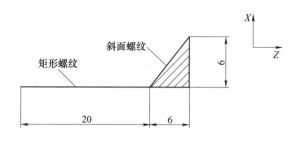

图 6-30　螺纹牙型面数学模型

分析图 6-30 可知，斜面螺纹满足一次函数 $Z=KX+B$（$K\neq0$）关系表达式，通过改变螺纹加工 X、Z 起始位置（其中 X、Z 满足一次函数关系表达式）拟合斜面螺纹；矩形螺纹采用 Z 轴（轴向）多次进给的方式加工矩形螺纹。

6.8.4 选择变量方法

根据选择变量的基本原则及本实例的具体加工要求，选择变量有以下几种方式：

在车削加工过程中，螺纹牙型深度由 0 逐渐增加至 7.5mm，符合变量设置原则，优先选择加工中"变化量"作为变量，因此选择"牙型深度（X轴）"作为变量。设置 #8 号变量控制螺纹底径起始值，赋初始值 0。

在车削斜面螺纹过程中，根据图 6-30 可知，加工螺纹起始位置 X、Z 满足一次函数 $Z=KX+B$（$K \neq 0$）关系表达式。根据图 6-30 可知：$K=TAN[38.29°]$。从上述可知，#8 号变量控制螺纹牙型深度，从而斜面螺纹加工 Z 轴起点 $Z=TAN[8.29]*#8$。车削过程中螺纹牙型深度不断变化，因此 Z 轴起点也不断变化，可以设置 #9 号变量控制 $#9 =TAN[8.29]*#8$。

在车削矩形螺纹过程中，螺纹槽底宽为 20mm、加工刀具宽度为 4mm，因此 Z（轴）进给移动总量为 16mm，Z 轴每次进给量为 4mm，需要进给 5 次才能完成，设置辅助变量 #11 控制加工次数。

6.8.5 选择程序算法

车削螺纹采用宏程序编程时，需要考虑以下问题：一是怎样实现循环车削螺纹；二是怎样控制循环的结束（实现 X 轴变化）。下面进行详细分析：

（1）实现循环车削螺纹　设置 #100 号变量控制加工螺纹牙型深度，赋初始值 0。语句 $#8 = #8+0.1$ 控制牙型深度变化。Z 轴车削一次螺纹后，X 轴（径向）快速移至 X100，Z 轴（轴向）快速移至 Z32。

（2）控制循环结束　车削一次螺纹后，通过条件判断语句判断加工是否结束。若加工结束，则退出循环；若加工未结束，X 轴（径向）快速移至 X80，Z 轴（轴向）快速移至 Z32……车削螺纹，如此循环，形成整个车削螺纹刀路循环。

6.8.6 绘制刀路轨迹

根据加工工艺分析及程序算法分析，绘制车削一层异形螺纹轨迹，如图 6-31

所示；绘制车削异形螺纹循环刀路轨迹，如图 6-32 所示。

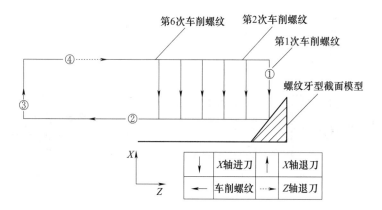

图 6-31 车削一层异形螺纹轨迹示意

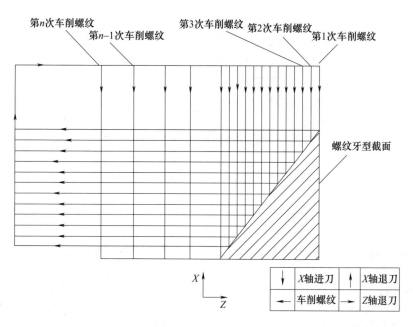

图 6-32 车削异形螺纹循环刀路轨迹示意

6.8.7 绘制流程框图

根据以上算法设计和分析，规划程序流程框图，如图 6-33 所示。

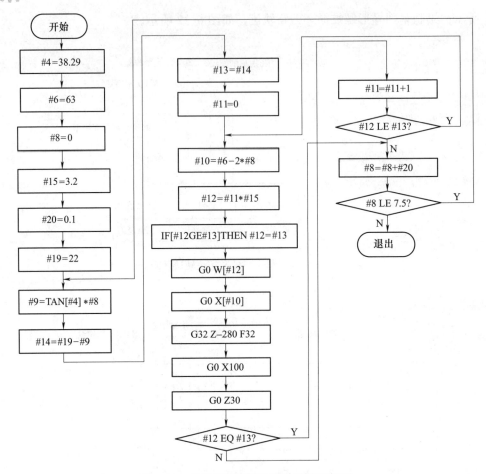

图 6-33 车削异形螺纹程序设计流程框图

6.8.8 编制宏程序代码

根据算法以及流程框图编写加工的宏程序代码。具体如下：

```
O6020;
T0101;                    （调用第1号刀具以及补偿参数）
M03 S150 M08;             （主轴正转，转速为150r/min，打开切削液）
G0 X100 Z30;             （X、Z快速移动至X100 Z30）
#4 = 38.29;               （设置#4号变量，锥面螺纹角度）
#6 = 63;                  （设置#6号变量，螺纹直径）
#8 = 0;                   （设置#8号变量，螺纹牙型深度）
#15 = 3.2;                （设置#15号变量，车削矩形螺纹Z轴步距）
#20 = 0.1;                （设置#20号变量，X轴背吃刀量）
#19 = 22;                 （设置#19号变量，控制矩形螺纹Z轴起点）
```

```
N10
#9 = TAN[#4]*#8;                    （根据图 6-30 计算，X 对应 Z 的值）
#14 = #19-#9;                       （计算 #14 变量的值）
#13 = #14;                          （将 #14 号变量的值赋给 #13 号变量）
#11 = 0;                            （设置 #11 号变量，辅助变量，计数器）
N20 #10 = #6- 2*#8;                 （计算 #10 号变量的值）
#12 = #11*#15;                      （计算 #12 号变量的值）
IF [#12 GE #13] THEN #12 = #13;     （条件赋值语句，若 #12 号变量的值大于 #13 号
                                      变量的值时，则 #12=#13）
G0 W[#12];                          （Z 轴沿正方向快速移动 #12 号变量的值）
G0 X[#10];                          （X 快速移动至 X[#10]）
G32 Z-280 F32;                      （车削螺纹）
G0 X100;                            （X 快速移动至 X100）
Z30;                                （Z 快速移动至 Z30）
IF [#12 EQ #13] GOTO40;             （条件判断语句，若 #12 号变量的值等于 #13，则
                                      跳转到标号为 40 的程序段处执行，否则执行下
                                      一程序段）
#11 = #11+1;                        （#11 自增 1）
IF [#12 LE #13] GOTO20;             （条件判断语句，若 #12 号变量的值小于等于
                                      #13，则跳转到标号为 20 的程序段处执行，否则
                                      执行下一程序段）
N40 #8= #8+#20;                     （#8 依次增加 #20）
IF [#8 LE 7.5] GOTO10;              （条件判断语句，若 #8 号变量的值小于等于 7.5mm，
                                      则跳转到标号为 10 的程序段处执行，否则执行
                                      下一程序段）
G0 X300;                            （X 快速移至 X300）
Z100;                               （Z 快速移至 Z100）
G28 U0 W0;
M05;
M09;
M30;
```

6.8.9　编程总结

1）程序 O6020 采用 4mm 切槽刀加工。

2）#4=38.29 可根据图 6-30 计算出来或采用 CAD 软件绘制图形测量出来。

3）加工矩形螺纹槽宽 20mm，设置 #15=3.2 控制每次 Z 轴进给量。

4）辅助变量 #11=0 的作用是控制矩形螺纹的加工次数。矩形螺纹槽底宽为 20mm，刀具宽为 4mm，因此需要加工 16/3.2=5 次，如程序中的语句：#12 = #11*#15 及 IF [#12 GE #13] THEN #12 = #13。

5）#19=22 是根据螺纹牙顶宽度 6mm、螺距 32mm、切槽刀宽 4mm 算出的（#19=32-6-4=22）。

6）本实例零件实际加工方式有两种：

① 先加工矩形螺纹后加工锥面螺纹。

② 锥面、矩形螺纹同步加工。

程序 O6020 采用第 2 种加工方式，随着加工深度的增加，排铁屑较第一种加工方式好。

6.9　车削异形螺纹宏程序总结

6.9.1　异形螺纹类型

异形螺纹是相对于普通三角螺纹而言的。异形螺纹是指螺纹的外轮廓、牙型等结构和形状比较特殊的螺纹。如在圆柱面、圆弧面和非圆曲面上的异形螺纹，异形螺纹的牙型有三角形、矩形、梯形、圆弧形、圆锥曲线形（椭圆、抛物线、双曲线），如阿基米德蜗杆、6.5 节实例、6.8 节实例以及如图 6-34 所示螺纹。

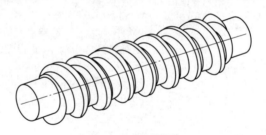

图 6-34　异形螺纹

异形螺纹形式多样，无法用常见的专门指令编程，也难用 CAD/CAM 自动编程，一般都用宏程序通过拟合的方式，采用 Z（轴）多次进给法来完成编程与加工。

6.9.2　异形螺纹加工编程常见方法

在实际加工中，异形螺纹一般有以下两种加工方式：

1. 采用成型刀具加工异形螺纹

螺纹螺距小于等于 4mm，一般采用成型刀具加工；螺纹螺距大于 4mm，随着牙型深度的增加，切削力越来越大，容易产生振刀，影响螺纹牙型截面表面质量及螺纹精度。

2. 采用拟合法，Z 轴多次进给加工异形螺纹

根据异形螺纹截面形状构建数学模型，根据数学模型构建函数关系表达式，根据函数关系表达式确立自变量与因变量（变量）的变化关系。

构建数学模型就是将异形螺纹截面形状分割成无数个"直线段"，在实际加工螺纹过程中，通过改变螺纹加工起点（X、Z 值满足一定的条件），采用拟合法车削螺纹，组成的螺纹形状就是异形螺纹的截面形状。

例如：

第 1 次：G0 X_1 Z_1

　　　　G32 Z… F…

　　　　G0 X…

　　　　Z…

第 2 次：G0 X_2 Z_2

　　　　G32 Z… F…

　　　　G0 X…

　　　　Z…

第 3 次：G0 X_3 Z_3

　　　　G32 Z… F…

　　　　G0 X…

　　　　Z…

　　⋮

第 n 次：G0 X_n Z_n

　　　　G32 Z… F…

　　　　G0 X…

　　　　Z…

其中，X_1 Z_1，X_2 Z_2，X_3 Z_3，…，X_n Z_n 中的任意一点都满足螺纹牙型截面方程表达式。该加工方式的加工效率比较低，通常适用于单件生产或牙型截面比较复杂的螺纹。

6.9.3　加工异形螺纹宏程序编程思路

加工异形螺纹宏程序编程思路总结如下：

步骤 1：根据异形螺纹牙型截面构建数学模型，如梯形螺纹截面为 15°直角三角形、圆弧螺纹牙型截面为圆弧。

步骤2：根据步骤1构建数学模型，找出与该数学模型相对应的函数关系表达式，如圆解析（参数）方程、三角函数。

步骤3：将曲线方程简化为通用格式：$X=\cdots Z\cdots$（X值和Z值的关系表达式）。

步骤4：在 $X=\cdots Z\cdots$ 中，X 用变量（如 #101）来表示，Z 用变量（如 #100）来表示，则方程可以用变量表示为 #101=$\cdots$#100。

步骤5：将 #100 号变量作为自变量，#101 号变量作为因变量，求解 #101 号变量对应的 #100 号变量的值。

步骤6：通过改变加工螺纹起始位置（X，Z）来拟合螺纹牙型截面。

步骤7：通过 #100 号变量变化，计算出 #100 号变量对应的 #101 号变量的值，当 #100 满足特定的条件结束循环，至此异形螺纹加工完毕。

本 章 小 结

在目前 FANUC 系统的数控车床上，加工螺纹一般提供 3 种方法：G32 直进式切削方式、G92 直进式固定循环切削方式和 G76 斜进式复合固定循环切削方式。由于它们的切削方式和编程思路有所区别，造成螺纹表面质量、加工误差有所不同，因此它们各有加工特点和使用场合，在实际采用这些现有指令的同时，可以结合螺纹牙型、加工特点和尺寸误差的要求，采用宏程序会进一步提高螺纹加工的效果，并且增加程序编辑的灵活性。

第7章

宏程序在孔加工中的应用

本章内容提要

　　本章将通过直线排孔、圆周均布孔系以及矩阵孔系三个简单实例，介绍宏程序编程在数控钻孔中的应用。这些实例的变量设置以及逻辑关系虽然相对简单，编程也并不复杂，但是孔、群孔加工是实际生产加工中较为常见的，因此熟练掌握宏程序编程在孔、群孔加工中的应用也是学习数控铣床 / 数控钻床宏程序编程最基本的要求。

7.1 宏程序在直线排孔中的应用

7.1.1 零件图以及加工内容

　　加工如图 7-1 所示零件，毛坯为 200mm×50mm×30mm 的长方体，材料为 45 钢，在长方体表面加工 7 个均匀分布的通孔，孔直径为 10mm，孔与孔的间距为 30mm，试编写数控铣床加工宏程序代码。

7.1.2 分析零件图样

　　该实例要求在长方体表面加工 7 个孔径为 10mm 的通孔，毛坯为 200mm×50mm×30mm 的长方体，加工和编程之前需要考虑以下方面：

　　1）机床：选择 FANUC 系统数控铣床。

　　2）装夹：精密平口虎钳。

　　3）刀具：① 90° 中心钻（1 号刀）；② ϕ10mm 钻头（2 号刀）。

　　4）安装寻边器，找正零件的编程原点。

　　5）量具的选择：① 0 ～ 150mm 游标卡尺；② 0 ～ 150mm 深度游标卡尺。

6）编程原点：*X*、*Y* 轴编程原点选择零件左侧棱边中点，*Z* 轴编程原点选择零件上表面如图 7-1 所示，存入 G54 工件坐标系。

7）转速和进给量：见表 7-1。

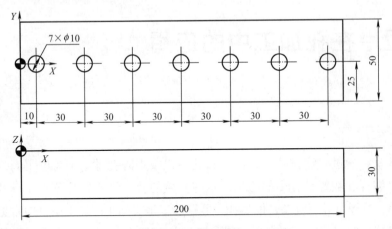

图 7-1　加工零件

表 7-1　直线孔工序卡

工序	主要内容	设备	刀具	切削用量		
				转速 / (r/min)	进给量 / (mm/min)	背吃刀量 /mm
1	钻定心孔	数控铣床	中心钻	1500	80	1
2	钻孔	数控铣床	ϕ10mm 钻头	800	100	5

7.1.3　分析加工工艺

该零件是钻 7×ϕ10mm、深 30mm 孔的应用实例，其加工基本思路：*X*、*Y* 轴以 G0 速度移动至第一个孔中心位置（X10，Y0），*Z* 轴以 G0 速度移动至安全平面（Z2），*Z* 轴进给至 Z-35mm；*Z* 轴快速退刀至安全高度（Z50）后，*X*、*Y* 轴以 G0 速度移动至下一个孔的中心（X40，Y0），*Z* 轴再次钻孔，如此循环。

7.1.4　选择变量方法

根据选择变量的基本原则及本实例的具体加工要求，本实例涉及变量：加工孔的数量。在钻孔过程中，加工完成一个孔，加工孔的数量就减少 1 个。符合变量设置原则，优先选择加工中"变化量"作为变量，因此选择"孔的加工数量"作为变量。设置 #100 变量控制加工孔的数，赋初始值 7。

加工孔中心位置 *X* 坐标值，加工完成一个孔，孔位置 *X* 轴坐标值就增加 30mm。符合变量设置原则，优先选择加工中"变化量"作为变量，因此选择"孔

位置 X 轴坐标值"作为变量。设置 #100 变量控制孔位置 X 轴坐标，赋初始值 10。

7.1.5　选择程序算法

钻深孔采用宏程序编程时，需要考虑以下问题：一是怎样实现钻孔循环，二是怎样控制循环结束。下面进行详细分析：

1）常见的钻孔方式有标准钻孔、等深度、钻孔深度递减的加工方式。本实例采用等深度加工方式。设置 #110 变量控制钻孔深度、变量 #111=5 控制钻孔深度 5mm，用程序语句 #110=#110−#111 实现下一次钻孔深度。Z 轴每次加工 5mm 后，Z 轴退刀至安全平面（Z2），钻孔轨迹示意如图 7-2 所示，具体参见后续程序 O7003。

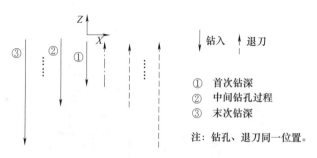

图 7-2　等深度钻孔轨迹示意

2）钻孔一次循环后，通过条件判断语句，判断加工是否结束。若加工结束，则退出循环；若加工未结束，则继续钻孔，如此循环，形成整个加工循环。可以采用以下两种算法：

① 采用孔的个数作为循环结束的判定条件。设置 #100=7（#100=0）控制加工孔的个数，钻好一个孔，通过语句 #100 = #100−1（#100=#100+1），IF [#100 GT 0] GOTO 10（IF [#100 LT 7] GOTO 10）实现连续钻 7 个孔的循环过程，流程框图参见图 7-4a。

② 采用 X 轴的坐标值作为循环结束的判定条件。设置 #100=10，钻好第一个孔后，通过条件判断语句 IF [#100 LE 190] GOTO 10，判断加工是否结束。若加工未结束，通过语句 #100 = #100+30，使 X、Y 轴移动到第二个孔中心位置，如此循环，直到加工结束，流程框图参见图 7-4b。

7.1.6　绘制加工轨迹

根据加工工艺分析及程序算法分析，绘制钻孔轨迹，如图 7-3 所示。

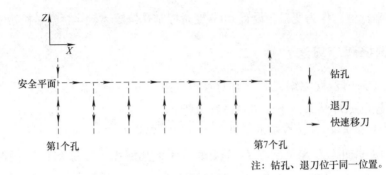

图 7-3　钻直线孔轨迹示意

7.1.7　绘制程序框图

根据以上算法设计和分析，规划程序流程框图，如图 7-4 所示。

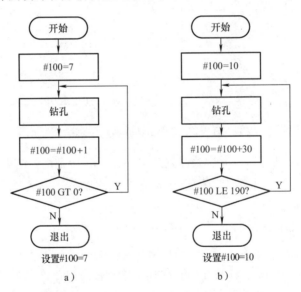

图 7-4　实现钻孔的两种程序流程框图

7.1.8　编写程序代码

1. 按图 7-4a 所示的流程框图编写的宏程序代码

```
O7001;
G15 G17 G21 G40 G49 G54 G80 G90;
T1 M06;
G0 G90 G54 X10 Y0 M03 S1500;      （X、Y 轴以 G0 速度移至 X10 Y0 位置）
```

G43 Z50 H01;	（Z 轴以 G0 速度移动至 Z50 位置）
M08;	（打开切削液）
#100 = 7;	（设置 #100 号变量控制钻孔的个数）
#101 = 10;	（设置 #101 号变量控制第一个孔中心 X 轴 距编程原点的距离）
N10 G99 G81 X[#101] Y0 Z-3 R2 F80 M08;	
	（钻孔）
G80;	（钻孔循环取消）
#101 = #101+30;	（#101 号变量依次增加 30mm）
#100 = #100 − 1;	（孔的个数减 1）
IF [#100 GT 0] GOTO 10;	（条件判断语句，若 #100 号变量的值大于 0， 则跳转到标号为 10 的程序段处执行，否则 执行下一程序段）
G91 G28 Z0;	（Z 轴返回参考点）
M05;	（主轴停止）
M09;	
M01;	
T2 M06;	
G0 G90 G54 X10 Y0 M03 S800;	（X、Y 轴以 G0 速度移动至 X10 Y0 位置）
G43 Z50 H02;	（Z 轴以 G0 速度移动至 Z50 位置）
M08;	（打开切削液）
#200 = 7;	（设置 #200 号变量控制钻孔的个数）
#201 = 10;	（设置 #201 号变量控制第一个孔中心 X 轴 距编程原点的距离）
N20 G99 G81 X[#201] Y0 Z-35 R2 F100 M08;	
	（钻孔）
G80;	（钻孔循环取消）
#201 = #201 + 30;	（#201 号变量依次增加 30mm）
#200 = #200 − 1;	（孔的个数减 1）
IF [#200 GT 0] GOTO 20;	（条件判断语句，若 #200 号变量的值大于 0， 则跳转到标号为 20 的程序段处执行，否则 执行下一程序段）
G91 G28 Z0;	（Z 轴返回参考点）
M05;	（主轴停止）
M09;	（关闭切削液）
M30;	

编程要点提示：

1）程序 O7001 采用 1 号刀（中心钻）进行预定位，再采用 2 号刀（ϕ10mm）钻头进行钻孔加工。

2）程序 O7001 算法比较简单，逻辑也并不复杂。需要注意：条件判断语句

IF [#200 GT 0] GOTO 20 中的标号 20 不能与 IF [#200 GT 0] GOTO 10 的标号 10 一致。这点与循环语句 WHILE[ ]Do m 不同，循环语句可以相同，如下所示：

```
O7002;
G15 G17 G21 G40 G49 G54 G80 G90;
T1 M06;
G0 G90 G54 X10 Y0 M03 S1500;        （X、Y 轴以 G0 速度移至 X10 Y0 位置）
G43 Z50 H01;                        （Z 轴以 G0 速度移动至 Z50 位置）
M08;                                （打开切削液）
#100 = 7;                           （设置 #100 号变量控制钻孔的个数）
#101 = 10;                          （设置 #101 号变量控制第一个孔中心 X 轴
                                      距编程原点的距离）

WHILE [#100 GT 0]DO1;               （循环语句，如果 #100 号变量值大于 0，
                                      在 WHILE 与 END1 之间循环，小于等于 0，
                                      执行 END1 下一程序段）

G99 G81 X[#101] Y0 Z-3 R2 F80 M08;
                                    （钻孔）
G80;                                （钻孔循环取消）
#101 = #101+30;                     （#101 号变量依次增加 30mm）
#100 = #100 − 1;                    （孔的个数减 1）
END1;
G91 G28 Z0;                         （Z 轴返回参考点）
M05;                                （主轴停止）
M09;                                （关闭切削液）
M01;
T2 M06;                             （调用 2 号刀具）
G0 G90 G54 X10 Y0 M03 S800;         （X、Y 轴以 G0 速度移至 X10 Y0 位置）
G43 Z50 H02;                        （Z 轴以 G0 速度移至 Z50 位置）
M08;                                （打开切削液）
#200 = 7;                           （设置 #200 号变量控制钻孔的个数）
#201 = 10;                          （设置 #201 号变量控制第一个孔中心 X 轴
                                      距编程原点的距离）

WHILE [#200 GT 0]DO1;               （循环语句，如果 #200 号变量值大于 0，
                                      在 WHILE 与 END1 之间循环，小于等于 0，
                                      执行 END1 下一程序）

G99 G81 X[#201] Y0 Z-35 R2 F100 M08;
                                    （钻孔）
G80;                                （钻孔循环取消）
#201 = #201 + 30;                   （#201 号变量依次增加 30mm）
#200 = #200 − 1;                    （孔的个数减 1）
END1;
G91 G28 Z0;                         （Z 轴返回参考点）
```

M05;	（主轴停止）
M09;	（关闭切削液）
M30;	

注意：程序 O7002 中的 WHILE [#200 GT 0] DO1 与 WHILE [#100 GT 0] DO1 的 DO1 是可以重复的。究其原因：条件语句 IF [……] GOTO n 与循环语句 WHILE [……] DO m 程序搜索的方式不一样，IF [……] GOTO n 是从程序的首向程序尾搜索执行的，若出现相同的标号 n 会导致加工错误；WHILE [……] DO m 从程序的尾向程序首搜索执行。

2. 采用 G01 等深度钻孔宏程序代码

O7003;	
G15 G17 G21 G40 G49 G54 G80 G90;	
T1 M06;	
G0 G90 G54 X10 Y0 M03 S1500;	（X、Y 轴以 G0 速度移至 X10 Y0 位置）
G43 Z50 H01;	（Z 轴以 G0 速度移动至 Z50 位置）
M08;	（打开切削液）
#100 = 7;	（设置 #100 号变量控制钻孔的个数）
#101 = 10;	（设置 #101 号变量控制第一个孔中心 X 轴距编程原点的距离）
N10 G99 G81 X[#101] Y0 Z-3 R2 F80 M08;	（钻孔）
G80;	（钻孔循环取消）
#101 = #101+30;	（#101 号变量依次增加 30mm）
#100 = #100 − 1;	（孔的个数减 1）
IF [#100 GT 0] GOTO 10;	（条件判断语句，若 #100 号变量的值大于 0，则跳转到标号为 10 的程序段处执行，否则执行下一程序段）
G91 G28 Z0;	（Z 轴返回参考点）
M05;	（主轴停止）
M09;	（关闭切削液）
M01;	
T2 M06;	（调用 2 号刀具）
G0 G90 G54 X10 Y0 M03 S800;	（X、Y 轴以 G0 速度移至 X10 Y0 位置）
G43 Z50 H02;	（Z 轴以 G0 速度移动至 Z50 位置）
M08;	（打开切削液）
#200 = 7;	（设置 #200 号变量控制钻孔的个数）
#201 = 10;	（设置 #201 号变量控制第一个孔中心 X 轴距编程原点的距离）
N20 G0 X[#201] Y0;	（X、Y 轴以 G0 速度移至 X[#201]Y0）
#110=0;	（设置 #110 号标量，控制钻孔深度）
N30 #111=5;	（设置 #111 号变量，控制每次钻孔深度）

#110=#110−#111;	（#110 号变量依次减去 #111 号变量的值）
#112=#110+0.5;	（设置 #112 号变量，钻孔前以 G0 速度移动至安全距离 0.5mm）
G0 Z[#112];	（Z 轴以 G0 速度移动至 Z[#112]）
G01 Z[#110] F100;	（Z 轴进给至 Z[#110]）
G0 Z2;	（Z 轴以 G0 速度移动至 Z2）
IF [#110 GT -35] GOTO 30;	（条件判断语句，若 #110 号变量的值大于 −35mm，则跳转到标号为 30 的程序段处执行，否则执行下一程序段）
#201 = #201 + 30;	（#201 号变量依次增加 30mm）
#200 = #200 − 1;	（孔的个数减 1）
IF [#200 GT 0] GOTO 20;	（条件判断语句，若 #200 号变量的值大于 0，则跳转到标号为 20 的程序段处执行，否则执行下一程序段）
G91 G28 Z0;	（Z 轴返回参考点）
M05;	（主轴停止）
M09;	（关闭切削液）
M30;	

编程要点提示：

1）程序 O7001 和程序 O7003 的区别在于：程序 O7001 采用 FANUC 系统提供的钻孔循环来实现孔的加工。程序 O7003 是采用直线插补指令（G01）进给的方式完成孔加工。

采用 G01 编写钻孔宏程序代码，相当于 FANUC 系统提供的 G83 指令功能，Z 轴加工 5mm，Z 轴退刀至 Z2，有利于排屑和零件散热。

2）N30#111=5 与 IF [#110 GT −35] GOTO 30 之间的循环语句实现控制加工孔的循环过程。

3）程序 O7004 可以进一步改进为每次钻孔深度按照一定规律递减加工，感兴趣的读者可以自行完成。

3. 子程序嵌套编写加工程序

O7005;	
G15 G17 G21 G40 G49 G54 G80 G90;	
T1 M06;	
G0 G90 G54 X0 Y0 M03 S1500;	（X、Y 轴快速移至 X0 Y0 位置）
G43 Z50 H01;	（Z 轴快速移至 Z50 位置）
M08;	（打开切削液）
#104 = 80;	（设置 #104 号变量，进给量）
G0 X-20 Y0;	（X、Y 轴以 G0 速度移动至 X-20 Y0 位置）

```
#105=4;                              （设置 #105 号变量，控制钻孔深度）
M98 P77006;                          （调用子程序 7 次，子程序号为 O7006）
G91 G28 Z0;                          （Z 轴返回参考点）
M05;
M09;
T2 M06;
G0 G90 G54 X-20 Y0 M03 S800;         （X、Y 轴以 G0 速度移动至 X-20 Y0 位置）
G43 Z50 H02;                         （Z 轴以 G0 速度移动至 Z50 位置）
M08;
#104 = 100;                          （设置 #104 号变量，进给量）
#105 = 35;                           （#105 号变量重新赋值）
M98 P77006;                          （调用子程序 7 次，子程序号为 O7006）
G91 G28 Z0;                          （Z 轴返回参考点）
M05;
M09;
M30;


O7006;                               （一级子程序）
G91;                                 （转化为增值方式编程）
G0 X30 Y0;                           （X 轴以 G0 速度移动至 30mm）
G90;                                 （转化为绝对值方式编程）
M98 P7007                            （调用子程序 1 次，子程序号为 O7007）
M99;                                 （子程序调用结束并返回主程序）


O7007                                （二级子程序号）
G98 G83 Z[0-#105] R2 Q5 F[#104];     （钻孔循环）
G80;                                 （取消钻孔循环）
M99;
```

编程要点提示：

结合程序的语句，对子程序嵌套中调用和返回执行流向进行详细的分析：

主程序中的语句 M98 P77006，主程序最先调用一级子程序（O7006），在一级子程序（O7006）中调用二级子程序（O7007）1 次，参见程序中语句 M98 P7007。程序运行至 M98 P7007 时，数控系统会重复执行二级子程序（O7007）1 次，执行完毕后，二级程序（O7007）返回至一级子程序（O7006），一级子程序返回至主程序（O7005）中，此时，主程序调用一级子程序和一级子程序调用二级子程序的嵌套循环结束。

子程序嵌套执行流向语句的原则为：先调用、后返回。

7.1.9 编程总结

1）实例分别采用了条件转移语句、循环语句、子程序嵌套等多种方式进行编制程序，能让读者通过比较之间的异同点，了解宏程序与普通程序之间的区别。

2）直线钻孔变量设置比较简单，逻辑关系也并不复杂，通过简单实例学习，可为复杂的型面加工夯实基础。

7.2 宏程序在圆周均布孔系中的应用

7.2.1 零件图以及加工内容

加工如图 7-5 所示零件，要求加工 10 个均匀分布在 $\phi 60mm$ 圆周上的通孔，孔的直径为 10mm，材料为 45 钢，试编写数控铣床加工圆周孔的宏程序代码。

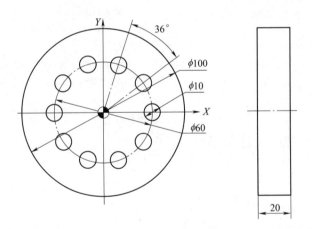

图 7-5 加工零件

7.2.2 分析零件图样

该实例要求毛坯为 $\phi 100mm \times 20mm$ 的圆柱体，钻 10 个 $\phi 10mm$ 的通孔。加工和编程之前需要考虑合理选择机床类型、数控系统、装夹、量具、切削用量、编程原点和切削方式（具体参阅 7.1.1 章节所叙内容）。其中：

1）装夹：自定心卡盘。

2）刀具：ϕ10mm 钻头（2 号刀）。

3）编程原点：X、Y 轴编程原点选择在圆心位置，Z 轴原点选择在零件上表面，如图 7-5 所示，存入 G54 工件坐标系。

4）转速和进给量：见表 7-2。

表 7-2 钻圆周孔工序卡

工序	主要内容	设备	刀具	切削用量		
				转速 /（r/min）	进给量 /（mm/min）	背吃刀量 /mm
1	钻定心孔	数控铣床	中心钻	1500	80	2
2	钻孔	数控铣床	ϕ10mm 钻头	800	100	5

7.2.3 分析加工工艺

该零件是加工 10 个均匀分布在 ϕ60mm 圆周上通孔的应用实例，其加工基本思路：X、Y 轴以 G0 速度移动至第一个孔的中心位置（X30，Y0），Z 轴以 G0 速度移动至安全高度（Z50），Z 轴钻孔深度为 25mm，Z 轴以 G0 速度移动至安全平面，X、Y 轴以 G0 速度移动至下一个孔的中心位置，Z 轴钻孔深度 25mm……如此循环。

7.2.4 选择变量方法

根据选择变量的基本原则及本实例的具体加工要求，本实例涉及变量：加工孔的数量。在钻孔过程中，加工完成一个孔，加工孔的数量就减少 1 个。符合变量设置原则，优先选择加工中"变化量"作为变量，因此选择"孔的加工数量"作为变量。设置 #100 变量控制加工孔的数，赋初始值 10。

加工孔中心位置与 X 轴正方向的夹角，加工完成一个孔，下一个孔与 X 轴正方向的夹角就增加 36°。符合变量设置原则，优先选择加工中"变化量"作为变量，因此选择"孔位置与 X 轴正方向坐标的夹角"作为变量。设置 #100 变量控制孔位置与 X 轴正方向的夹角，赋初始值 0。

7.2.5 选择程序算法

钻深孔采用宏程序编程时，需要考虑以下问题：一是怎样确定孔中心坐标位置，二是怎样控制循环过程。下面进行详细分析：

（1）怎样确定孔中心坐标位置

1）建立图 7-6 所示的数学模型，构建三角函数。根据数学三角函数基本知识可知，设置 #100 号变量控制角度变量，孔中心 X 轴坐标表达式 #101 = R*SIN[#100]，孔中心 Y 轴坐标表达式 #102 = R*COS[#100]。加工完毕（一个孔），通过 IF [#100 LT 360] GOTO 360 判断加工是否结束。若加工未结束，通过语句 #100 = #100+36 改变角度来实现计算下一个孔中心坐标。

2）采用极坐标系编程。具体内容见 3.4.1 节。

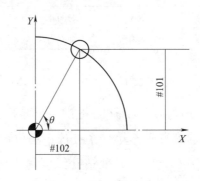

图 7-6　数学模型

（2）怎样控制循环过程　加工完成（一个孔），通过条件判断语句判断加工是否结束。若加工结束，则退出循环；若加工未结束，则 Z 轴钻孔，如此循环，形成整个加工孔循环，可以采用两种算法：

1）设置 #100 号变量控制孔 X 轴正方向形成的角度，根据图 7-6 计算相应孔中心坐标，通过语句 #100 = #100+36、IF [#100 LT 360] GOTO n 控制整个圆周钻孔循环，程序设计流程框图如图 7-8 所示，程序参见 O7008 所示。

2）由图 7-5 可知，第 1 个孔与 X 轴的夹角为 0°、第 2 个孔与 X 轴的夹角为 36°、第 3 个孔与 X 轴的夹角为 72°……相邻孔角度增量 36°。

采用极坐标系加工圆周孔，设置 #100 号变量控制孔位置与 X 轴正方向形成的角度（极角）。#100 号变量赋初始值 0，#100=#100+36（下一孔极角）、IF[#100 LT 360] GOTO 10 控制加工循环，程序设计流程框图如图 7-9 所示，程序参见 O7009 所示。

7.2.6　绘制加工轨迹

根据加工工艺分析及程序算法分析，绘制加工轨迹，如图 7-7 所示。

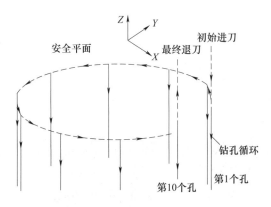

图 7-7　圆周钻孔轨迹示意

7.2.7　绘制程序框图

根据以上算法设计和分析，基于数学模型的程序设计流程框图如图 7-8 所示，采用极坐标系的程序设计流程框图如图 7-9 所示。

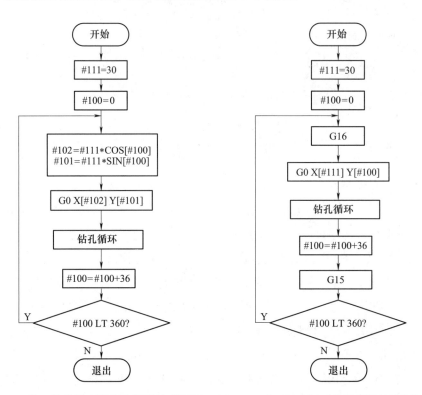

图 7-8　基于数学模型的程序设计流程框图　　图 7-9　采用极坐标系的程序设计流程框图

7.2.8　编写程序代码

1. 采用数学模型计算孔位置的宏程序代码

```
O7008；
G15 G17 G21 G40 G49 G54 G80 G90；
T2 M06；
G0 G90 G54 X0 Y0 M03 S800；          （X、Y 轴以 G0 速度移至 X0 Y0 位置）
G43 G0 Z50 H02；                     （Z 轴以 G0 速度移至 Z50 位置）
M08；                                （打开切削液）
#111 = 30；                          （设置 #111 号变量，控制分度圆半径）
#100 = 0；                           （设置 #100 号变量，控制孔中心与 X 轴的夹角）
N10 #102 = #111 * COS[#100]；        （计算孔 X 坐标值）
#101 = #111 * SIN[#100]；            （计算孔 Y 坐标值）
G0 X[#102] Y[#101]；                 （X、Y 轴以 G0 速度移至 X[#102] Y[#101]）
G98 G81 Z-25 R1 F100；               （采用 G81 钻孔循环钻孔）
G80；                                （取消钻孔循环）
#100 = #100 + 36；                   （#100 号变量依次增加 36°）
IF[#100 LT 360] GOTO 10；            （条件判断语句，若 #100 号变量的值小于 360°，
                                      则跳转到标号为 10 的程序段处执行，否则
                                      执行下一程序段）

G91 G28 Z0；
M05；
M09；
M30；
```

编程要点提示：

1）建立数学模型，采用三角函数计算出每个孔的坐标位置，结合钻孔循环 G81 指令编写宏程序。

2）程序 O7008 编程的关键：通过 #100 号变量变化来计算 ϕ60mm 圆周上孔中心的坐标值。从图 7-5 分析可知，第 1 个孔与 X 轴正方向的夹角为 0，因此 #100 号变量初始值赋 0，用三角函数列出表达式为：#102 = #111*COS[#100]（X 轴坐标）、#101 = #111*SIN[#100]（Y 轴坐标）；第 2 个孔与 X 轴正方向的夹角为 36°、第 3 个孔与 X 轴正方向的夹角为 72°……发现有规律可循。因此考虑通过语句 #100 = #100+36 实现角度的变化；通过语句 IF[#100 LT 360] GOTO 10 控制整个循环。

2. 利用极坐标系 G15（G16）指令编制的宏程序代码

```
O7009;
G15 G17 G21 G40 G49 G54 G80 G90;
T2 M06;
G0 G90 G54 X0 Y0 M03 S800;          （X、Y 轴以 G0 速度移至 X0 Y0 位置）
G43 Z50 H02;                        （刀具移至 Z50 位置）
M08;                                （打开切削液）
#101 = 30;                          （设置 #101 号变量，圆半径）
#104 = 36;                          （设置 #104 号变量，直径 60mm 圆周上孔与孔角度
                                      的增量）
#100 = 0;                           （设置 #100 号变量，控制孔的角度变化）
WHILE [#100 LT 360] DO1;            （循环语句，如果 #100 小于 360°，则在 WHILE
                                      和 END1 之间循环，否则跳出循环）
G16;                                （极坐标系生效）
G0 X[#101] Y[#100];                 （X、Y 轴移至极半径值 X[#101]，角度 #100 位置）
G98 G81 Z-25 R1 F100;               （采用 G81 钻孔循环钻孔）
G80;                                （取消钻孔循环）
G15;                                （极坐标系取消）
#100 = #100 + #104;                 （#100 号变量依次增加 #104 值）
END 1;
G91 G28 Z0;
M05;
M09;
M30;
```

编程要点提示：

程序 O7008 和程序 O7009 的区别如下：

1）计算孔坐标值的方法不一样。程序 O7008 采用的是基于数学模型的计算方法，具体见程序 O7008 编程要点提示。程序 O7009 采用极坐标系的方法来计算孔坐标的位置。

2）采用控制循环的语句不一样。程序 O7008 采用条件跳转语句 IF [#100 LT 360] GOTO 10 控制加工孔的循环的过程，程序 O7009 采用循环语句 WHILE [#100 LT 360] DO 1 控制加工孔的循环的过程。

3）FANUC 系统极坐标系均以工件坐标系为极点，来计算极半径，如程序 O7009 语句 G0 G90 G54 X0 Y0 M03 S800 中的 X0 Y0 是工件坐标系 G54 的原点。在实际生产中会遇到类似的产品如图 7-10 所示：钻孔深度 10mm。

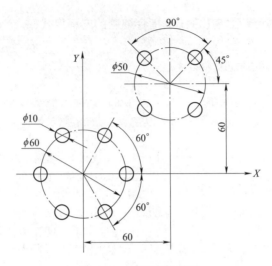

图 7-10　加工零件示意

程序大致编制如下：

```
⋮
G90 G0 G54 X0 Y0 M03 S1500;
#100 = 0;
N10 G16 G0 X30 Y[#100];
G81 Z-10 R1 F100;
G80;
G15;
#100 = #100 + 60;
IF [#100 LT 360] GOTO10;
G52 X60 Y60;
#200 = 45;
N20 G16 G0 X25 Y[#200];
G81 Z-10 R1 F100;
G15;
#200 = #200 + 90;
IF [#200 LT 360] GOTO20;
⋮
G52 X0 Y0;
```

7.2.9　编程总结

本节通过一个等角度分布圆周上孔的宏程序编制实例，介绍了宏程序编程在此类零件中的应用，并给出两种不同的计算孔坐标位置的方法。

1）根据图样和加工要求，建立数学模型并进行相关轨迹点的数值计算，这也是宏程序编程的基本要求。

2）极坐标系编程是解决圆周孔最便捷和最有效的方法，在编程中要能灵活运用。

3）旋转坐标系（G68）编程也是解决等角度分布圆周上孔的有效办法，编程思路与极坐标系类似，感兴趣的读者可以自行完成。

4）从极坐标定义可知：采用极坐标系编程前必须定义极点，一个极坐标有且仅有一个极点。

7.3　宏程序在矩阵孔系中的应用

7.3.1　零件图以及加工内容

加工零件如图 7-11 所示，正方体上表面每列均匀分布 9 个孔，每行均匀分布 8 个孔，共 72 个孔，72 个孔呈矩阵排列，构成矩阵孔，孔与孔的间距均为 20mm，孔的直径为 12mm，材料为 45 钢，试编写数控铣床加工矩阵孔的宏程序代码。

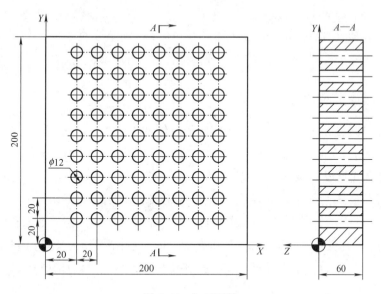

图 7-11　加工零件

7.3.2　分析零件图样

该实例要求在尺寸为 200mm×200mm×60mm 的正方体钢件的毛坯上钻 72 个

直径 12mm 的通孔，加工和编程之前需要考虑合理选择机床类型、数控系统、量具、切削用量和切削方式（具体参阅 7.1 章节所叙内容）。其中：

1）装夹：精密平口钳。

2）刀具：ϕ12mm 的钻头（2 号刀），钻头有效长度至少为 70mm。

3）编程原点：X、Y 轴编程原点选择在正方体的左下角，Z 轴编程原点选择零件的上表面，如图 7-11 所示，存入 G54 工件坐标系。

4）转速和进给量见表 7-3。

表 7-3　加工矩阵孔工序卡

工序	主要内容	设备	刀具	切削用量		
				转速 /（r/min）	进给量 /（mm/min）	背吃刀量 /mm
1	钻定心孔	数控铣床	中心钻	1500	100	4
2	钻孔	数控铣床	ϕ10mm 钻头	850	100	6

7.3.3　分析加工工艺

该零件是加工每列均匀分布 9 个孔、每行均匀分布 8 个孔。其加工基本思路：X、Y 轴以 G0 速度移动至第一个孔的中心位置，Z 轴以 G0 速度移动至安全平面后，Z 轴钻孔深度 65mm，Z 轴以 G0 速度移动至安全平面，X、Y 轴以 G0 速度移动至下一个孔的中心位置，Z 轴钻孔……如此循环。

7.3.4　选择变量方法

根据选择变量的基本原则及本实例的具体加工要求，本实例涉及变量：

1）每行孔的数量。在钻孔过程中，加工完成一个孔，加工孔的数量就减少 1 个。符合变量设置原则，优先选择加工中"变化量"作为变量，因此选择"孔的加工数量"作为变量。设置 #100 变量控制加工孔的数，赋初始值 8。

2）矩阵孔的行数。在钻孔过程中，加工完成一行孔，完成加工孔的行数就增加 1 行。符合变量设置原则，优先选择加工中"变化量"作为变量，因此选择"孔的加工数量"作为变量。设置 #103 变量控制行数变化，赋初始值 0。

7.3.5　选择程序算法

矩阵孔宏程序编程时，需要考虑以下问题：一是怎样确定孔中心坐标位置，二是怎样控制循环过程，三是选择加工路径。下面进行详细分析：

（1）怎样确定孔中心坐标位置　由加工零件图可知：第 1 个孔的位置（X20，

Y20）且每行相邻孔的间距为 20mm，每列相邻孔间距也为 20mm，因此可以采用增量（G91）编程方式来简化程序。

（2）怎样控制循环过程　设置 #100 号变量来控制 X 向加工孔数量的变化，#103 号变量控制行数，语句 #100 = #100-1 和 IF[#100 GT 0]GOTO 10 实现每行加工单个孔循环。

设置 #103 号变量来控制 X 向加工孔数量的变化，#103 号变量控制行数，语句 #103 = #103+1 和 IF[#100 LT 8]GOTO 20 实现行数加工循环。

（3）选择加工路径　加工矩阵孔路径一般有往复式加工和单向加工，加工方式有 X 轴优先和 Y 轴优先，下面以 X 轴优先加工进行讲解。

1）往复式加工：加工完毕一行孔后，Y 轴移动一个步距，然后再进行 X 向孔的加工（进给路径和上一行加工路径相反）……如此循环，形成往复式进给路线。

2）单向加工：加工完毕一行孔后，返回 X 轴孔加工的起点，Y 向移动一个步距，然后再进行 X 向孔的加工……如此循环，形成单向的进给路线。

7.3.6　绘制加工轨迹

根据加工工艺分析及程序算法分析，绘制往复式加工轨迹，如图 7-12 所示；单向加工轨迹如图 7-13 所示，

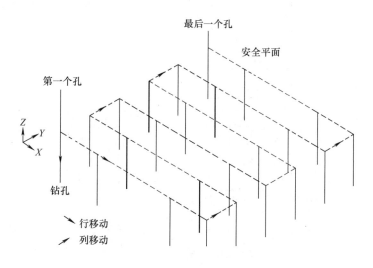

图 7-12　往复式加工轨迹

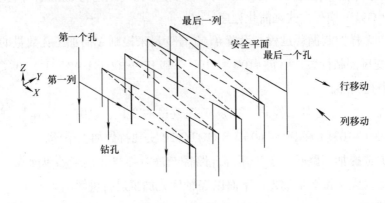

图 7-13　单向加工轨迹

7.3.7　绘制程序框图

根据以上算法设计和分析，往复式加工程序设计流程框图如图 7-14 所示，单向加工程序设计流程框图如图 7-15 所示。

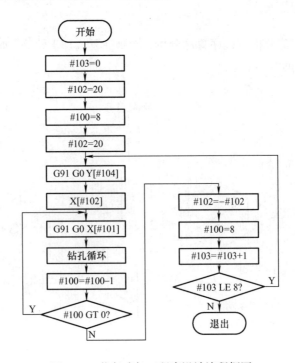

图 7-14　往复式加工程序设计流程框图

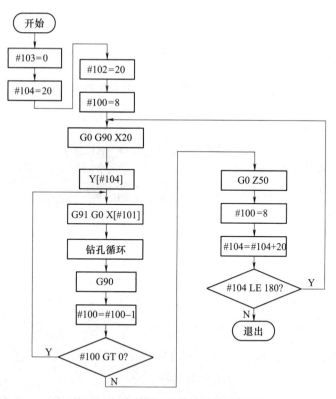

图 7-15 单向加工程序设计流程框图

7.3.8 编写程序代码

1. 往复式进给路径的宏程序代码

```
O7010;
G15 G17 G21 G40 G49 G54 G80 G90;
T2 M06;
G0 G54 G90 X0 Y0 M03 S850;          (X、Y轴以 G0 速度移至 X0 Y0 位置)
G43 G0 Z50 H02;                     (Z轴以 G0 速度移至 Z50 位置)
M08;
#103 = 0;                           (设置 #103 号变量,矩阵孔中的行数)
#100 = 8;                           (设置 #100 号变量,每行中孔的数量)
#102 = 20;                          (相邻两个孔 X 向间距)
#104 = 20;                          (相邻两个孔 Y 向间距)
N20 G91;                            (采用增量方式编程)
G0 Y[#104];                         (Y轴以 G0 速度移至 #104(20)mm)
X[#102];                            (X轴以 G0 速度移至 #102(20)mm)
N10 G90;                            (采用绝对值方式编程)
G98 G83 Z[-50] R1 Q6 F100;          (钻孔循环)
```

```
G80;                              （钻孔循环取消）
G91;                              （采用增量方式编程）
G0 X[#102];                       （X 轴以 G0 速度移动 #102(20)mm）
G90;                              （转化为绝对值方式编程）
#100 = #100 − 1;                  （#100 号变量依次减小 1）
IF[#100 GT 0] GOTO10;             （条件判断语句，若 #100 号变量的值大于 0，
                                   则跳转到标号为 10 的程序段处执行，否则
                                   执行下一程序段）

#100 = 8;                         （#100 号变量重新赋值）
#103 = #103 + 1;                  （#103 号变量依次加 1）
#102 = -#102;                     （#102 号变量取负值）
IF[#103 LE 8] GOTO 20;            （条件判断语句，若 #103 号变量的值小于等于 8，
                                   则跳转到标号为 20 的程序段处执行，否则执行下一
                                   程序段）

G91 G28 Z0;
M05;
M09;
M30;
```

编程要点提示：

1）采用往复式进给路径，要处理好奇数行的孔与偶数行的孔在 X 向增量方式不一样的问题，这是该程序编程的关键点之一。

程序 O7010 首次加工孔的行数下标从 0（偶数行）开始，孔位置 X 轴的增量值为正值；加工第 1 行（奇数行），孔位置 X 轴的增量值为负值。加工完一行孔时，Y 向先移动一个行间距的值，再进行下一行孔的加工。不管是奇数行还是偶数行，增量值要进行取负运算。

2）程序 O7010 采用 #100 号变量控制每行加工孔的数量，加工完成一行孔完毕时，#100 号变量值为 0；加工下一行孔数量为 8 个，因此 #100 号变量需要重新赋值。注意 #100=8 重新赋值语句的位置。

3）每行孔的加工循环，构成该程序的内层循环。

2. 单向进给路径的宏程序代码

```
O7011;
G15 G17 G21 G40 G49 G54 G80 G90;
T2 M06;
G0 G54 G90 X0 Y0 M03 S850;        （X、Y 轴以 G0 速度移至 X0 Y0 位置）
G43 G0 Z50 H02;                   （Z 轴以 G0 速度移动至 Z50 位置）
M08;
#103 = 0;                         （设置 #103 号变量，矩阵孔中的行数）
#100 = 8;                         （设置 #100 号变量，每行中孔的数量）
#102 = 20;                        （相邻两个孔 X 向间距）
```

```
#104 = 20;                        （相邻两个孔 Y 向间距）
N20 G0 G90 X20;                   （X 轴移至 X20 位置）
Y[#104];                          （Y 轴以 G0 速度移至 Y[#104]）
N10 G83 Z-50 R1 Q6 F100;          （钻孔循环）
G80;                              （取消钻孔循环）
G91;                              （采用增量方式编程）
G0X[#102];                        （X 轴增量移动 #102）
G90;                              （转化为绝对值方式编程）
#100 = #100 - 1;                  （#100 号变量依次减小 1）
IF[#100 GT 0] GOTO 10;            （条件判断语句，若 #100 号变量的值大于 0，
                                   则跳转到标号为 10 的程序段处执行，否则执行下一
                                   程序段）
G90 G0 Z50;                       （Z 轴以 G0 速度移至 Z50 位置）
#100 = 8;                         （#100 号变量重新赋值）
#104 = #104 + 20;                 （#104 号变量加上 20mm）
IF[#104 LE 180] GOTO20;           （条件判断语句，若 #104 号变量的值小于等于 8，
                                   则跳转到标号为 20 的程序段处执行，否则执行下一
                                   程序段）
G91 G28 Z0;
M05;
M09;
M30;
```

7.3.9　编程总结

1）矩阵孔钻孔可以看作是直线排孔的延伸，有人形象的把"直线排孔""矩阵孔"和 C 语言的"1 维数组""2 维数组"联系起来。

2）矩阵孔在变量设置、逻辑算法上比直线排孔复杂些，由多行直线排孔集合而成，在编程时采用 2 层嵌套编程的方式，直线排孔仅需 1 层嵌套编程。

3）矩阵孔钻孔的特点是规律排列、孔数数量多，这给计算孔坐标值带来一定的难度，采用宏程序编程和子程序嵌套编程可以精简程序量。

本 章 小 结

本章通过直线排孔、圆周均布孔系和矩阵孔系的 3 个简单实例，介绍了宏程序编程在数控铣床钻孔中的应用。加工孔是铣削加工中最基本的加工方式，其中加工孔类型有钻定心孔、钻孔、铰孔、镗孔、螺纹孔、攻螺纹、锥度孔、镗台阶孔等类型，本章只介绍了钻孔加工，其编程的算法、思路、变量设置的技巧，对铰孔、镗孔、螺纹孔等所有孔类的加工都具有借鉴价值。

第8章

宏程序在铣削常见型面中的应用

本章内容提要

　　本章通过铣削矩形平面、圆柱形台阶、矩形型腔、矩形斜面型腔、内螺纹等常见型面，介绍宏程序编程在铣削常见型面中的应用。这些实例加工内容虽然简单，逻辑和算法也不复杂，但体现了宏程序编程的基本方法和思路，可为学习复杂型面的宏程序编程夯实基础。

8.1 宏程序在矩形平面加工中的应用

8.1.1 零件图以及加工内容

　　加工如图 8-1 所示零件，毛坯为 80mm×60mm×30mm 的长方体，需要加工成 80mm×60mm×20mm 的长方体，材料为 45 钢，试编写数控铣床加工平面宏程序代码。

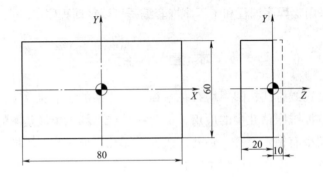

图 8-1　加工零件

8.1.2　分析零件图样

本实例要求铣削成形一个长方形（加工刀具大于加工平面），在 X 向和 Y 向的单侧余量为 0，Z 向的余量为 10mm，加工和编程之前需要考虑以下方面：

1）机床：FANUC 系统数控铣床。

2）装夹：精密平口钳。

3）刀具：ϕ100mm 面铣刀。

4）量具：① 0 ～ 150mm 游标卡尺；② 0 ～ 150mm 深度尺。

5）编程原点：X、Y 轴编程原点选择毛坯的中心、Z 轴编程原点选择零件上表面 Z-10mm 处，存入 G54 零件坐标系，如图 8-1 所示。

6）转速和进给量：见表 8-1。

表 8-1　加工平面工序卡

工序	主要内容	设备	刀具	切削用量		
				转速 / (r/min)	进给量 / (mm/min)	背吃刀量 /mm
1	粗加工平面	数控铣床	ϕ100mm 面铣刀	650	800	1.5
2	精加工平面	数控铣床	ϕ100mm 面铣刀	1000	500	0.3

8.1.3　分析加工工艺

零件是加工平面应用实例，其加工基本思路：X、Y 轴以 G0 速度移动至 X0 Y85，Z 轴以 G0 速度移动至铣削深度，Y 轴以 G01 速度加工至 Y-85 加工平面。Z 轴以 G0 速度移动至安全平面，X、Y 轴以 G0 速度移动至加工起点（X0，Y85），准备进行下一次加工平面……如此循环。

8.1.4　选择变量方法

根据选择变量的基本原则及本实例的具体加工要求，确定本实例涉及变量：Z 轴加工余量 10mm。在加工平面过程中，完成加工 1 次平面，Z 轴加工余量减少 1.5mm。符合变量设置原则，优先选择加工中"变化量"作为变量，因此选择"Z 轴加工余量"作为变量。设置 #100 变量控制 Z 轴加工余量，赋初始值 10。

8.1.5　选择程序算法

加工平面采用宏程序编程时，需要考虑怎样控制加工平面循环过程。下面进行详细分析：

根据变量设置方法可知：设置 #100 号变量控制 Z 轴加工余量。加工 1 次平面后，采用判断语句 IF [#100 GT 0] GOTO 10 判断加工是否结束。若加工未结束，通过语句 #100 = #100-1.5（加工余量自减 1.5mm），Z 轴以 G0 速度移动至安全平面，X、Y 轴以 G0 速度移动至加工起点（X0, Y85），准备进行下一次加工平面；若加工结束，退出循环。

8.1.6 绘制加工轨迹

根据加工工艺分析及程序算法分析，绘制单向加工平面轨迹，如图 8-2 所示。

8.1.7 绘制程序框图

根据以上算法设计和分析，规划程序流程框图，如图 8-3 所示。

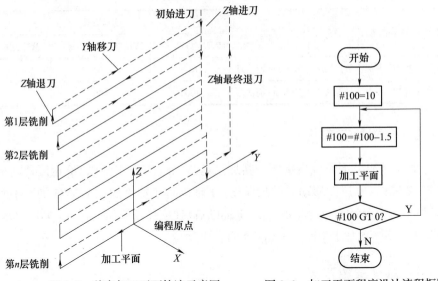

图 8-2 单向加工平面轨迹示意图　　　图 8-3 加工平面程序设计流程框图

8.1.8 编制加工程序

1. 单向加工平面宏程序代码

```
O8001；
G15 G17 G21 G40 G49 G54 G80 G90；
T1 M06；
G0 G90 G54 X0 Y85 M03 S650；        （X、Y 轴移至 X0 Y85 位置）
G43 Z50 H01；                        （Z 轴以 G0 速度移至 Z50 位置）
```

M08;	（打开切削液）
#100 = 10;	（#100 号变量赋值，控制 Z 向余量）
N10 #100 = #100−1.5;	（#100 号变量依次减去 1.5mm）
IF [#100 LE 0] THEN #100 = 0.3;	（条件赋值语句，如果 #100 小于等于 0，那么 #100=0.3）
G0 Z[#100];	（Z 轴以 G0 速度移至 Z[#100]）
G01 Y-85 F800;	（Y 轴以 G01 速度移至 Y-85）
G91 G0 Z0.5;	（Z 轴沿正方向以 G0 速度移动 0.5mm）
G90 Y85;	（Y 轴以 G0 速度移至 Y85 位置）
IF [#100 EQ 0.3] GOTO 50;	（条件判断语句，若 #100 号变量的值等于 0.3mm，则跳转到标号为 50 的程序段处执行，否则执行下一程序段）
IF [#100 GT 0] GOTO 10;	（条件判断语句，若 #100 号变量的值大于 0，则跳转到标号为 10 的程序段执行，否则执行下一程序段）
N50 G0 Z50;	（Z 轴以 G0 速度移至 Z50 位置）
G91 G28 Z0;	
M09;	
M05;	
M01;	
T2 M06;	
G0 G90 G54 X0 Y85 M03 S1000;	（X、Y 轴以 G0 速度移至 X0 Y85 位置）
G43 Z50 H02;	（Z 轴以 G0 速度移至 Z50 位置）
M08;	（打开切削液）
G0 Z0;	（Z 轴以 G0 速度移至 Z0 位置）
G01 Y-85 F500;	（Y 轴以 G01 速度移至 Y-85 位置）
G0 Z10;	（Z 轴以 G0 速度移至 Z10 位置）
G91 G28 Z0;	（Z 轴返回参考点）
M09;	（关闭切削液）
M05;	
M30;	

编程要点提示：

1）#100 号变量赋初始值 10，控制 Z 向加工余量。

2）#100 = #100−1.5 控制每层的铣削深度为 1.5mm，和 IF[#100GT 0] GOTO 10 语句结合控制整个轮廓分层铣削的过程。

3）条件赋值语句 IF[#100 LE 0] THEN #100 = 0.3 的作用，是为了保证 0.3mm 精加工余量。

4）条件判断语句 IF [#100 EQ 0.3] GOTO 50 的作用，可避免无限循环（死循环）。

2. 往复加工平面宏程序代码

```
O8002;
T1 M06;
G0 G90 G54 X0 Y85 M03 S650;          （X、Y轴以 G0 速度移至 X0 Y85 位置）
G43 Z50 H01;                         （Z轴以 G0 速度移至 Z50 位置）
M08;                                 （打开切削液）
#100 = 10;                           （#100 号变量赋值，Z 向余量）
#101 = 1;                            （设置 #101 号变量赋初始值 1，控制奇偶性变化）
N10#100 = #100-1.5;                  （#100 号变量依次减去 1.5mm）
IF [#100 LE 0] THEN #100 = 0.3;      （条件赋值语句，如果 #100 小于等于 0，那么
                                      #100=0.3）

G0 Z[#100];                          （Z轴以 G0 速度移至 Z[#100]）
#102 = #101*85;                      （计算 #102 号变量的值）
G01 Y[#102] F800;                    （Y轴以 G01 速度移至 Y#102）
#101 = -#101;                        （#101 号变量取负运算）
IF [#100 EQ 0.3] GOTO 50;            （条件判断语句，若 #100 号变量的值等于 0.3mm，
                                      则跳转到标号为 50 的程序段处执行，否则执行下
                                      一程序段）

IF [#100 GT 0] GOTO 10;             （条件判断语句，若 #100 号变量的值大于 0，
                                      则跳转到标号为 10 的程序段执行，否则执行下一
                                      程序段）

N50 G90 G0 Z50;                     （Z轴以 G0 速度移至 Z50 位置）
G91 G28 Z0;                         （Z轴返回参考点）
M09;                                （关闭切削液）
M05;
M01;
T2 M06;
G0 G90 G54 X0 Y85 M03 S1000;        （X、Y轴以 G0 速度移至 X0 Y85 位置）
G43 Z50 H02;                        （Z轴以 G0 速度移至 Z50 位置）
M08;                                （打开切削液）
G0 Z0;                              （Z轴以 G0 速度移至 Z0）
G01 Y-85 F500;                      （Y轴以 G01 速度移至 Y-85）
G0 Z10;                             （Z轴以 G0 速度移至 Z10）
G91 G28 Z0;
M09;
M05;
M30;
```

编程要点提示：设置 #101 号变量，通过语句 #101=-#101 取负运算，改变 Y 轴加工方向。

8.1.9　编程总结

1）本实例是加工平面（加工刀具直径大于加工零件任意 1 边）的简单宏程序应用，在实践生产活动中应用较为广泛。

2）该加工方式的特点是变量的设置、逻辑关系相对比较简单；缺点是对于大件零件加工平面该加工方式有明显不足。大工件平面加工一般采用"平行线"的进给方式进行等步距编程和加工。

8.2　宏程序在圆柱形台阶铣削加工中的应用

8.2.1　零件图以及加工内容

加工如图 8-4 所示零件，要求加工圆柱形台阶直径为 100mm，台阶高度为 10mm，毛坯为 ϕ150mm，毛坯高为 60mm，材料为 45 钢，要求用宏程序编制该圆柱形台阶铣削加工代码。

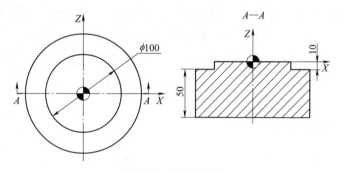

图 8-4　加工零件

8.2.2　分析零件图样

加工直径 100mm、高度为 10mm 的圆柱形台阶，加工和编程之前需要考虑合理选择机床类型、数控系统、量具、切削用量和切削方式（具体参阅 8.1.2 章节所叙内容）。其中：

1）装夹：自定心卡盘。

2）刀具：ϕ20mm 立铣刀（1 号刀，粗加工）；ϕ20mm 立铣刀（2 号刀，精加工）。

3）编程原点：X、Y 轴编程原点选择圆中心，Z 向零点在零件上表面，如图 8-4 所示，存入 G54 零件坐标系。

4）转速和进给量：见表 8-2。

表 8-2　加工圆柱形台阶工序卡

工序	主要内容	设备	刀具	切削用量		
				转速 / (r/min)	进给量 / (mm/min)	背吃刀量 /mm
1	粗加工轮廓	数控铣床	φ20mm 立铣刀	650	1500	2
2	精加工轮廓	数控铣床	φ20mm 立铣刀	800	500	0.5

8.2.3　分析加工工艺

该零件是铣削圆柱形台阶应用实例，其加工基本思路：

1）X、Y 轴以 G0 速度移动至 X75 Y5，Z 轴以 G0 速度移动至第 1 层加工深度，X、Y 轴以圆弧切入方式切入零件，X、Y 轴联动铣削整个圆弧轮廓后，X、Y 轴以圆弧切出方式退出零件。X、Y 轴以 G0 速度移动至 X75 Y5，Z 轴以 G0 速度移动至第 2 层加工深度，再一次进行加工……如此循环。

2）X、Y 轴以 G0 速度移动至 X65 Y5，Z 轴以 G0 速度移动至 Z0.5，X、Y、Z 三轴联动以螺旋方式切入零件，螺旋插补加工圆柱。

8.2.4　选择变量方法

根据选择变量的基本原则及本实例的具体加工要求，本实例涉及变量：圆柱深度 10mm。在加工圆柱过程中，完成加工 1 次，圆柱深度增加 2mm。符合变量设置原则，优先选择加工中"变化量"作为变量，因此选择"Z 轴加工余量"作为变量。设置 #100 变量控制 Z 轴加工余量，赋初始值 0。

8.2.5　选择程序算法

加工圆柱采用宏程序编程时，需要考虑怎样控制 Z 轴铣削余量（10mm）循环过程。下面进行详细分析：设置 #100 号变量控制 Z 轴加工深度。铣削整个圆弧轮廓后，Z 轴以 G0 速度移动至安全平面，X、Y 轴以 G0 速度移动至加工起点。通过判断语句 IF [#100 GT −10] GOTO 10 判断加工是否结束。若加工未结束，

通过 #100=#100−2 进行下一层循环铣削；若加工结束，退出循环。

8.2.6　绘制加工轨迹

根据加工工艺分析及程序算法分析，绘制精加工圆柱形台阶刀路轨迹，如图 8-5 所示；绘制循环加工圆柱形台阶刀路轨迹，如图 8-6 所示；绘制螺旋插补圆柱形台阶刀路轨迹，如图 8-7 所示。

8.2.7　绘制程序框图

根据以上算法设计和分析，规划循环铣削程序设计流程框图，如图 8-8 所示。

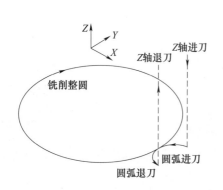

图 8-5　精加工圆柱形台阶刀路轨迹示意

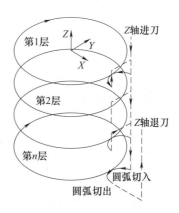

图 8-6　循环加工圆柱形台阶刀路轨迹示意

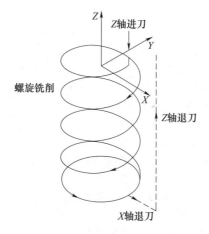

图 8-7　螺旋插补圆柱形台阶刀路轨迹

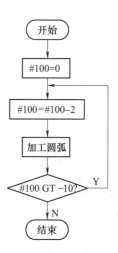

图 8-8　循环铣削程序设计流程框图

8.2.8 编制程序代码

1. 精加工圆柱轮廓程序

```
O8003;
G15 G17 G21 G40 G49 G54 G80 G90;
T2 M06;
G0 G90 G54 X75 Y5 M03 S800;        （X、Y轴以 G0 速度移至 X75 Y5）
G43 Z50 H02;                        （Z轴以 G0 速度移至 Z50）
M08;                                （打开切削液）
#110 = 50;                          （#110 号变量赋值，圆半径值）
G0 Z0.5;                            （Z轴以 G0 速度移至 Z0.5）
G01 Z-10 F100;                      （Z轴以 G01 速度移至 Z-10）
G41 G01 X[#110 + 5] Y5 F500 D2;     （建立刀具半径补偿）
G03 X[#110] Y0 R5;                  （以圆弧方式切入零件）
G02 I[-#110];                       （铣削圆弧）
G03 X[#110 + 5] Y-5 R5;            （以圆弧方式切出零件）
G40 G01 X70 Y5 F500;               （取消半径补偿）
G91 G28 Z0;                        （Z轴返回参考点）
M05;                               （主轴停止）
M09;                               （关闭切削液）
M30;
```

2. 分层加工圆柱轮廓程序

```
O8004;
G15 G17 G21 G40 G49 G54 G80 G90;
T2 M06;
G0 G90 G54 X75 Y-5 M03 S800;        （X、Y轴以 G0 速度移至 X75 Y-5）
G43 Z50 H02;                        （Z轴以 G0 速度移至 Z50）
M08;                                （打开切削液）
#100 = 0;                           （#100 号变量赋值，加工深度）
#110 = 50;                          （#110 号变量赋值，圆半径值）
G0 Z0.5;                            （Z轴以 G0 速度移至 Z0.5）
N10 #100 = #100-2;                  （#100 号变量依次减去 2）
G01 Z[#100] F1000;                  （Z轴以 G01 速度移至 Z[#100]）
G41 G01 X[#110 + 5] Y5 F500 D2;     （建立刀具半径左补偿）
G03 X[#110] Y0 R5;                  （以 1/4 圆弧方式切入零件）
G02 I[-#110];                       （铣削圆弧）
G03 X[#110 + 5] Y-5 R5;            （以 1/4 圆弧方式切出零件）
G40 G01 X70 Y0 F500;               （取消半径补偿）
```

```
IF [#100 GT -10] GOTO 10;          （条件判断语句，若 #100 号变量的值大于 -10mm，
                                    则跳转到标号为 10 的程序段执行，否则执行下一
                                    程序段）

G91 G28 Z0;
M05;
M09;
M30;
```

3. 采用"螺旋铣削"方式加工圆柱宏程序代码

```
O8005;
G15 G17 G21 G40 G49 G54 G80 G90;
T2 M06;
G0 G90 G54 X80 Y0 M03 S800;        （X、Y 轴以 G0 速度移至 X80 Y0）
G43 Z50 H02;                        （Z 轴以 G0 速度移至 Z50）
M08;                                （打开切削液）
G0 Z0.5;                            （Z 轴以 G0 速度移至 Z0.5）
#101 = 10;                          （设置 #101 号变量控制刀具半径）
#100 = 0;                           （设置 #100 号变量，控制 Z 轴深度）
G0 X[50+#101];                      （X 轴以 G0 速度移至 X[50+#101]）
N10 G02 I-[50+#101] Z[#100] F500;   （螺旋铣削）
#100 = #100-0.5;                    （#100 号变量依次减去 0.5mm）
IF [#100 GE -10] GOTO 10;           （条件判断语句，若 #100 号变量的值大于等于
                                    -10mm，则跳转到标号为 10 的程序段执行，否则
                                    执行下一程序段）
G02 I-[50+#101];                    （铣削圆弧）
G0 X70;                             （X 轴以 G0 速度移至 X70）
G90 G0 Z50;                         （Z 轴以 G0 速度移至 Z50）
G91 G28 Z0;                         （Z 轴返回参考点）
M05;
M09;
M30;
```

程序 O8005 编程要点提示：

1）设置 #101 号变量控制刀具半径，在实际加工中，刀具磨损，只需修改 #101 号变量的值。

2）#100 号变量控制螺旋铣削加工的深度。

8.2.9　编程总结

通过一个加工圆柱形台阶宏程序应用实例，着重介绍了分层加工以及螺

旋插补加工圆柱宏程序编程方式。加工圆柱的思路方法同样适用于圆形型腔（图 8-9）以及 O 形密封圈（图 8-10）等加工，唯一不同的是进退刀的方式。

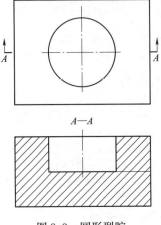

图 8-9　圆形型腔

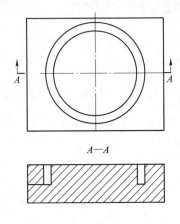

图 8-10　O 形密封圈

在实际加工中，同一加工（Z 轴）深度，X、Y 需要多次进行加工才能去除大量的余料。在此仅提供解决的思路：用加工余量／步距＝加工次数。采用等距偏置的方式将加工轮廓偏移出来，加工完成一次后，加工次数减去 1……形成平面循环加工轨迹。深度采用分层加工。通常分层加工为外层嵌套，平面加工为内层嵌套，形成两层嵌套。

```
O8006;
G15 G17 G21 G40 G49 G54 G80 G90;
T1 M06;
G0 G90 G54 X100 Y6 M3 S650;          （X、Y 轴以 G0 速度移至 X100Y6）
G43 Z50 H01;                          （Z 轴以 G0 速度移至 Z50 位置）
M03 S650;                             （主轴正转，转速为 650r/min）
M08;                                  （打开切削液）
G0 Z0.5;                              （Z 轴以 G0 速度移至 Z0.5）
#100 = 0;                             （设置 #100 号变量，控制深度变化）
N10 #100 = #100 - 2;                  （#100 号变量依次递减 2mm）
G0 Z[#100];                           （Z 轴以 G0 速度移至 Z[#100]）
G41 G01X 70 Y6 D01;                   （建立刀具半径左补偿）
#104 = FIX [ [75-50] /10 ];           （计算切削次数）
N20#105 = 50+#104*10+0.5;             （计算切削半径值）
G01 X[#105+6];                        （X 轴以 G01 速度移至 X[#105+6]）
G03 X[#105] Y0 R6;                    （以圆弧方式切入零件）
```

G02 I-[#105];	（铣削圆弧）
G03 X[#105 + 6] Y-6 R6;	（以圆弧方式切出零件）
G01 Y6;	（Y 轴以 G01 速度移至 Y6）
#104 = #104 - 1;	（#104 号变量依次递减 1）
IF [#104 GT 0] GOTO 20;	（条件判断语句，若 #104 号变量的值大于 0，则跳转到标号为 20 的程序段执行，否则执行下一程序段）
G0 Z20;	（Z 轴以 G0 速度移至 Z20）
IF [#100 GT-10] GOTO 10;	（条件判断语句，若 #100 号变量的值大于 -10mm，则跳转到标号为 10 的程序段执行，否则执行下一程序段）
G90 G0 Z50;	（Z 轴以 G0 速度移至 Z50）
G91 G28 Z0;	
M05;	
M09;	
M30;	

8.3　宏程序在矩形型腔加工中的应用

8.3.1　零件图以及加工内容

加工如图 8-11 所示零件，在长方体中间要求铣削长 80mm、宽 60mm、深 20mm 并且四角 R5mm 圆角过渡的矩形型腔，材料为 45 钢，试编写加工矩形型腔的宏程序代码。

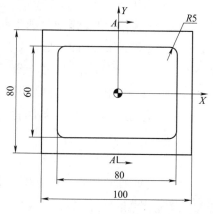
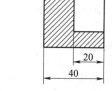

图 8-11　加工零件

8.3.2　分析零件图样

本实例的毛坯为 100mm×80mm×40mm 的长方体，铣削型腔的深度为 20mm，加工和编程之前需要考虑合理选择机床类型、数控系统、装夹、刀具、量具、切削用量、编程原点和切削方式（具体参阅 8.1.2 章节所叙内容），其中：

1）刀具：ϕ10mm 键槽铣刀。

2）量具：R5mm 凸圆弧样板。

3）编程原点：X、Y 轴编程原点选择在矩形中心；Z 向编程原点设置在长方体上表面，如图 8-11 所示，存入 G54 零件坐标系。

4）采用分层铣削方式，背吃刀量为 2mm。

5）转速、进给量和背吃刀量：见表 8-3。

表 8-3　铣削矩形型腔工序卡

工序	主要内容	设备	刀具	切削用量		
				转速 / (r/min)	进给量 / (mm/min)	背吃刀量 / mm
1	粗加工型腔	数控铣床	ϕ10mm 键槽铣刀	1000	600	2
2	精加工型腔	数控铣床	ϕ8mm 键槽铣刀	1200	200	2

8.3.3　分析加工工艺

1）精加工基本思路：采用 2 号刀（ϕ8mm 键槽铣刀）加工，X、Y 轴以 G0 速度移动至 X0 Y-20，Z 轴直线插补至 Z-20，X、Y 两轴联动以圆弧方式切入零件，加工矩形轮廓后，以圆弧方式切出零件。Z 轴以 G0 速度移动至 Z50，加工结束。

2）粗加工基本思路：等距偏置。设 #100=15 控制加工矩形型腔的长度，#101=5 控制加工矩形型腔的宽度。X、Y 轴以 G0 速度移动至加工起点，Z 轴直线插补至铣削深度后，铣削长度为 #100、宽度为 #101 的矩形。矩形型腔铣削完成后，判断加工矩形轮廓与图样尺寸是否一致，若与图样尺寸一致，结束加工；若与图样尺寸不一致，小于图样尺寸，加工矩形轮廓长、宽同步增大相应的值，准备铣削下一次矩形型腔……如此循环，直到加工矩形尺寸与图样尺寸一致。

8.3.4　选择变量方法

根据选择变量的基本原则及本实例的具体加工要求，本实例涉及变量：

1）矩形型腔深度 20mm。在加工矩形型腔的过程中，完成加工 1 次，矩形型腔深度增加 2mm。符合变量设置原则，优先选择加工中"变化量"作为变量，因此选择"Z 轴加工余量"作为变量。设置 #103 变量控制 Z 轴加工余量,赋初始值 0。

2)等距偏置加工矩形的长、宽。在加工矩形型腔的过程中,完成加工 1 次,矩形型腔的长度增加 5mm,矩形型腔的宽度增加 5mm。符合变量设置原则,优先选择加工中"变化量"作为变量,因此选择"矩形型腔的长、矩形型腔的宽"作为变量。设置 #100 变量控制矩形型腔的长度,赋初始值 15;#101 变量控制矩形型腔的宽度,赋初始值 5。

8.3.5　选择程序算法

加工矩形型腔采用宏程序编程时,需要考虑以下问题:

(1)怎样控制 Z 轴铣削余量(20mm)的循环过程　设置 #103 号变量控制 Z 轴的加工深度。铣削整个矩形轮廓后,Z 轴以 G0 速度移动至安全平面,X、Y 轴以 G0 速度移动至加工起点。通过判断语句 IF [#103 GT −20] GOTO 10 判断加工是否结束。若加工未结束,通过 #103=#103-2 进行下一层循环铣削;若加工结束,退出循环。

(2)怎样控制加工矩形型腔的长、宽循环过程　设置 #100 = 15 控制加工矩形型腔的长度,#101 = 5 控制加工矩形型腔的宽度。铣削一次零件(矩形)轮廓后,通过判断语句 IF[#100 LE 40] GOTO 20 判断 X、Y 轴加工是否结束。若加工未结束,通过 #100 = #100+5、#101 = #101+5 进行下一次铣削矩形型腔;若加工结束,退出循环。

8.3.6　绘制加工轨迹

根据加工工艺分析及程序算法分析,绘制精加工矩形型腔刀路轨迹,如图 8-12 所示;绘制分层加工矩形型腔轨迹,如图 8-13 所示;绘制等距偏置加工矩形型腔轨迹,如图 8-14 所示。

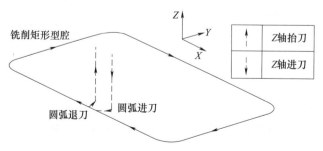

图 8-12　精加工矩形型腔刀路轨迹示意

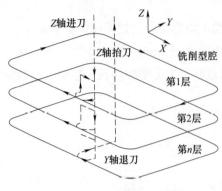

图 8-13　分层加工矩形型腔

轨迹示意

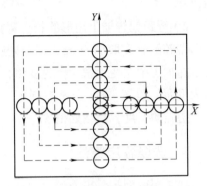

图 8-14　等距偏置加工矩形型腔轨迹

（俯视图）

8.3.7　绘制程序框图

根据以上算法设计和分析，分层加工矩形型腔程序设计流程框图如图 8-15 所示，粗加工矩形型腔程序设计流程框图如图 8-16 所示。

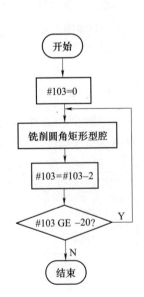

图 8-15　分层加工矩形型腔

程序设计流程框图

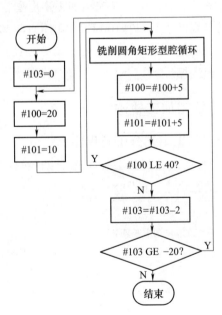

图 8-16　粗加工矩形型腔程序设计流程框图

208

8.3.8　编制程序代码

1. 铣削四角圆角过渡矩形型腔的精加工宏程序代码

```
O8007;
G15 G17 G21 G40 G49 G54 G69 G80 G90;
T2 M06;
G0 G90 G54 X0 Y0 M03 S1200;          （X、Y 轴以 G0 速度移动至 X0 Y0 位置）
G43 Z50 H02;                          （Z 轴以 G0 速度移动至 Z50 位置）
M08;                                  （打开切削液）
Z1;                                   （Z 轴以 G0 速度移动至 Z1 位置）
G01 Z-20 F600;                        （Z 轴直线插补至 Z-20 位置）
#110 = 5;                             （设置 #110 号变量，控制刀具半径）
#100 = 40-#110;                       （计算 #100 号变量值，X 轴移动最大值 1/2）
#101 = 30-#110;                       （计算 #101 号变量值，Y 轴移动最大值 1/2）
G01 X[#100] F200;                     （X 轴直线插补至 X[#100]）
Y[#101];                              （Y 轴直线插补至 Y[#101]）
X-[#100];                             （X 轴直线插补至 X-[#100]）
Y-[#101];                             （Y 轴直线插补至 Y-[#101]）
X[#100];                              （X 轴直线插补至 X[#100]）
Y0;                                   （Y 轴直线插补至 Y0）
G0 Z50;
G91 G28 Z0;
M05;
M09;
M30;
```

编程要点提示： 四角圆角半径为 5mm，在实际加工中采用直径 10mm，过渡圆弧半径由刀具半径来保证，参见程序中的语句 Y[#101] F200、X-[#100]、Y-[#101]、X[#100]。

2. 分层铣削四角圆角过渡矩形型腔精加工宏程序代码

```
O8008;
T2 M06;
G0 G90 G54 X0 Y-10 M03 S2200;        （X、Y 轴以 G0 速度移动至 X0 Y-10 位置）
G43 Z50 H02;                          （Z 轴以 G0 速度移动至 Z50 位置）
M08;                                  （打开切削液）
Z1;                                   （Z 轴以 G0 速度移动至 Z1）
#103 = 0;                             （设置 #103 号变量，控制 Z 轴加工深度）
N10 #103 = #103-2;                    （#103 号变量依次减去 2mm）
G01 Z[#103] F500;                     （Z 轴直线插补至 Z[#103]）
#100 = 40;                            （#100 号变量值，X 轴移动最大值 1/2）
```

```
#101 = 30;                           （#101 号变量值，Y 轴移动最大值 1/2）
G42 G01 X5 Y-25 D02 F500;            （建立刀具半径左补偿）
G02 X0 Y-[#101] R5;                  （圆弧切入工件）
G01 X-[#100-5];                      （X 轴直线插补至 X-[#100-5]）
G91 G02 X-5 Y5 R5;                   （加工圆弧）
G90 G01 Y[#101-5];                   （Y 轴直线插补至 Y[#101-5]）
G91 G02 X5 Y5 R5;                    （加工圆弧）
G90 G01 X[#100-5];                   （X 轴直线插补至 X[#100-5]）
G91 G02 X5 Y-5 R5;                   （加工圆弧）
G90 G01 Y-[#101-5];                  （Y 轴直线插补至 Y-[#101-5]）
G91 G02 X-5 Y-5 R5;                  （加工圆弧）
G90 G01 X0;                          （X 轴直线插补至 X0）
G02 X-5 Y-[#101-5] R5;               （圆弧切出工件）
G40 G0 X0 Y-10;                      （取消刀具半径补偿）
IF [#103 GT -20] GOTO 10;            （条件判断语句，若 #103 号变量的值大于 -20mm,
                                     则跳转到标号为 10 的程序段处执行，否则执行下
                                     一程序段）

G0 Z50;
G91 G28 Z0;
M05;
M09;
M30;
```

3. 粗铣轮廓四角圆角的铣削加工宏程序代码

```
O8009;
G15 G17 G21 G40 G49 G54 G69 G80 G90;
T1 M06;
G0 G90 G54 X0 Y0 M3 S1000;           （X、Y 轴以 G0 速度移动至 X0 Y0）
G43 Z50 H01;                         （Z 轴以 G0 速度移动至 Z50 位置）
M08;                                 （打开切削液）
Z1;                                  （Z 轴以 G0 速度移动至 Z1 位置）
#103 = 0;                            （设置 #103 号变量，控制深度变化）
N10 #103 = #103 - 2;                 （#103 号变量依次减少 2mm）
G01 Z[#103] F150;                    （Z 轴直线插补至 Z[#103]）
#100 = 20;                           （设置 #100 号变量，控制 X 向变化）
#101 = 10;                           （设置 #101 号变量，控制 Y 向变化）
#102 = 0.3;                          （设置 #102 号变量，控制粗铣余量）
#105 = 5;                            （设置 #105 号变量，控制刀具半径）
N20 G01 X[#100-#105-#102] F600;      （铣削轮廓）
G01 Y[#101-#102-#105];               （铣削轮廓）
G01 X-[#100-#102-#105];              （铣削轮廓）
G01 Y-[#101-#102-#105];              （铣削轮廓）
```

```
G01 X[#100-#102-#105];          （铣削轮廓）
G01 Y0;                          （Y 轴进给至 Y0）
G0 X0;                           （X 轴以 G0 速度移动至 X0）
#100 = #100 + 5;                 （#100 号变量依次增加 5）
#101 = #101 + 5;                 （#101 号变量依次增加 5）
IF[#100 LE 40] GOTO 20;          （条件判断语句，若 #100 号变量的值小于等于 40，
                                  则跳转到标号为 20 的程序段执行，否则执行下一
                                  程序段）
IF [#103 GT -20] GOTO 10;        （条件判断语句，若 #103 号变量的值大于 –20mm，
                                  则跳转到标号为 10 的程序段执行，否则执行下一
                                  程序段）
G0 Z50;                          （Z 轴以 G0 速度移动至 Z50 位置）
G91 G28 Z0;
M05;
M09;
M30;
```

编程要点提示：

1）程序 O8009 采用环切法切削加工，该切削模式是型腔粗加工的常见加工策略之一。

2）#103 号变量用来控制深度的变化，通过 #103 = #103−2、IF [#103 GT −20] GOTO 10 语句实现分层铣削四角圆角过渡型腔。

3）通过设置 #100 = 20、#101 = 10 控制每层第一次铣削矩形轮廓矩形的长度和宽度，通过 #100 = #100+5、#101 = #101+5 控制下一次铣削矩形轮廓矩形的长度和宽度，通过控制语句 IF [#100 LE 40] GOTO 20 来实现铣削循环过程。

4）设置 #102 = 0.3 控制精加工余量，相当于在粗铣时把零件轮廓向外平移 #102 余量的值。

5）实际加工中，Z 轴进刀应采用预钻点孔的方式来减少刀具磨损。

8.3.9　编程总结

1）本节通过铣削四角圆角矩形型腔的应用实例，介绍了宏程序在"口袋"型腔的编程方法和技巧。"口袋"型腔是铣削加工中最为常见的型面，在模具零件加工中较为常见。在加工中合理选择加工路线和进给路径是保证加工质量和效率的关键。

2）"口袋"型腔加工关键在于：进刀方式、粗加工的切削路径的选择。进刀方式一般有预钻孔、螺旋进刀、"Z 字形"进刀等类型，建议在加工中尽可能

选择预钻孔的进刀方式。

　　3）材料比较硬的零件采用螺旋进刀，"Z 字形"进刀对刀具磨损较大。粗加工切削路径一般包括等距偏置法和环切法等切削模式。

8.4　宏程序在矩形斜面型腔加工中的应用

8.4.1　零件图以及加工内容

　　加工如图 8-17 所示零件，在长方体中间要求铣削长 160mm、宽 120mm、深 20mm、斜面角度 10°且四角圆角最小 R20mm 过渡的矩形斜面型腔，编写加工矩形斜面型腔的程序代码。

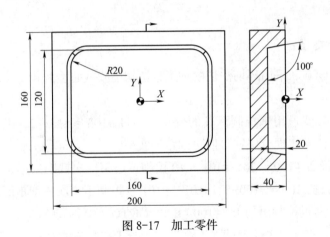

图 8-17　加工零件

8.4.2　分析零件图样

　　本实例的毛坯尺寸为 200mm×160mm×40mm 的长方体，铣削型腔的深度为 20mm，加工和编程之前需要考虑合理选择机床类型、数控系统、装夹、刀具、量具、切削用量、编程原点和切削方式（具体参阅 8.1.2 章节所叙内容），其中：

　　1）刀具：ϕ10mm 键槽铣刀。

　　2）编程原点：X、Y 轴编程原点选择在矩形中心；Z 向编程原点设置在长方体上表面，如图 8-17 所示，存入 G54 零件坐标系。

　　3）采用分层铣削方式，背吃刀量为 0.2mm。

　　4）转速、进给量和背吃刀量见表 8-4。

表 8-4　铣削矩形型腔斜面工序卡

工序	主要内容	设备	刀具	切削用量		
				转速 / (r/min)	进给量 / (mm/min)	背吃刀量 /mm
1	粗加工轮廓	数控铣床	ϕ10mm 键槽铣刀	3000	3000	0.2

8.4.3　分析加工工艺

1）精加工基本思路：采用 ϕ10mm 键槽铣刀，X、Y 轴以 G0 速度移动至加工起点 X_1Y_1，Z 轴直线插补至 Z_1，X、Y 两轴联动以圆弧方式切入零件，加工长度为 L_1、宽度为 W_1、圆角为 R_1 的矩形轮廓，以圆弧方式切出零件；X、Y 轴以 G0 速度移动至加工起点 X_2Y_2，Z 轴直线插补至 Z_2，X、Y 两轴联动以圆弧方式切入零件，加工长度为 L_2、宽度为 W_2、圆角为 R_2 的矩形轮廓，以圆弧方式切出零件……如此循环。

2）粗加工基本思路：请读者参见 8.3 章节宏程序在矩形型腔中的应用。

8.4.4　选择变量方法

根据选择变量的基本原则及本实例的具体加工要求，本实例涉及变量：

1）矩形型腔深度20mm。在加工矩形轮廓的过程中，完成加工 1 次，矩形斜面型腔深度增加 0.5mm。符合变量设置原则，优先选择加工中"变化量"作为变量，因此选择"Z 轴加工余量"作为变量。设置 #100 变量控制 Z 轴加工余量，赋初始值 0。

2）加工长度 L_1、宽度 W_1、圆角 R_1。在加工矩形型腔的过程中，完成加工 1 次，加工长度 L_1、宽度 W_1、圆角 R_1 均减小 #100*TAN[10]。符合变量设置原则，优先选择加工中"变化量"作为变量，因此选择"加工矩形长度""加工矩形宽度""加工矩形圆角"作为变量。设置 #111 变量控制矩形加工长度，赋初始值 80（矩形轮廓长度的 1/2）；设置 #112 变量控制加工矩形宽度，赋初始值 60（矩形轮廓宽度的 1/2）；设置 #114 变量控制加工矩形圆角，赋初始值 20。

8.4.5　选择程序算法

加工矩形斜面型腔采用宏程序编程时，需要考虑以下问题：

（1）怎样控制 Z 轴铣削余量（20mm）的循环过程　设置 #100 号变量控制 Z 轴加工深度。铣削整个矩形轮廓后，Z 轴以 G0 速度移动至安全平面，X、Y 轴以 G0 速度移动至加工起点。通过判断语句 IF [#100GT -20] GOTO 10 判断加工是否结束。若加工未结束，通过 #100=#100-0.2 进行下一层循环铣削；若加工结束，退出循环。

（2）怎样控制"加工矩形长度""加工矩形宽度""加工矩形圆角"的循环过程 由图8-17可知，加工矩形轮廓的长（#111）、宽（#112）、圆角（#114）与加工深度（#100）存在线性函数关系：#100*TAN[10]，加工矩形轮廓的长（#111）、宽（#112）、圆角（#114）随加工深度的变化而变化。换句话说，控制加工深度的变化的同时也控制了加工矩形轮廓的长（#111）、宽（#112）、圆角（#114）的变化。

8.4.6 绘制加工轨迹

根据加工工艺分析及程序算法分析，绘制加工任意深度矩形斜面型腔刀路轨迹，如图8-18所示；绘制分层加工矩形斜面型腔刀路轨迹，如图8-19所示。

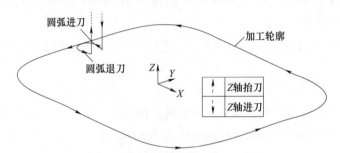

图 8-18 加工任意深度矩形斜面型腔刀路轨迹示意

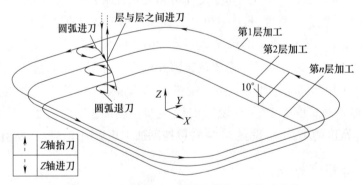

图 8-19 分层加工矩形斜面型腔刀路轨迹示意

8.4.7 绘制程序框图

根据以上算法设计和分析，分层加工矩形斜面型腔程序设计流程框图如图8-20所示。

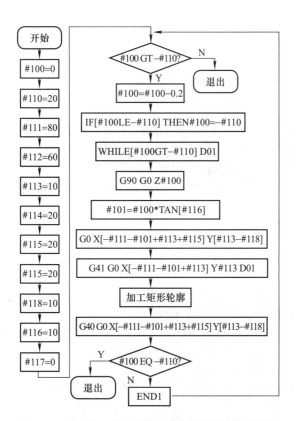

图 8-20　分层加工矩形斜面型腔程序设计流程框图

8.4.8　编制程序代码

```
08010;
G90 G54 G49 G80 G90 G69;
T1 M6;
G0 G90 G54 X-20 Y0 M03 S2200;    （X、Y 轴以 G0 速度移动至 X-20 Y0 位置）
G43 Z50 H01;                     （Z 轴以 G0 速度移动至 Z50 位置）
M08;                             （打开切削液）
Z1;                              （Z 轴以 G0 速度移动至 Z1）
#100=0;                          （设置 #100 号变量，Z 轴初始深度）
#110=20;                         （设置 #110 号变量，加工终止深度）
#111=80;                         （设置 #111 号变量，矩形最小长度 1/2）
#112=60;                         （设置 #112 号变量，矩形最小宽度 1/2）
#113=10;                         （设置 #113 号变量，圆弧进刀半径）
```

#114=20;	（设置 #114 号变量，矩形最小圆角）
#115=20;	（设置 #115 号变量，*X* 轴安全距离）
#118=10;	（设置 #118 号变量，*Y* 轴安全距离）
#116=10;	（设置 #116 号变量，角度）
#117=0;	（设置 #117 号变量，进刀 *Y* 轴位置）
WHILE [#100 GT-#110] DO1;	（循环语句，如果 #100 号变量值大于 -#110，在 WHILE 与 END1 之间循环，小于等于 -#110，执行 END1 下一程序段）
#100 = #100-0.2;	（#100 号变量依次减小 0.2mm）
IF [#100 LE-#110] THEN #100 = -#110;	（条件赋值语句，如果 #100 号变量值小于 -#110，#100 号变量重新赋值 -#110）
G90 G0 Z#100;	（*Z* 轴以 G0 速度移动至 Z#100）
#101 = #100*TAN[#116];	（计算 #101 号变量的值）
G0 X[-#111-#101+#113+#115] Y[#113-#118];	（*X*、*Y* 轴以 G0 速度移动至 X[-#111-#101+#113+#115] Y[#113-#118]）
G41 G0X[-#111-#101+#113] Y#113 D01;	（建立刀具半径补偿）
G03 X[-#111-#101] Y#117 R#113 F30000;	（圆弧进刀）
G01 Y[-#112-#101],R[#114+#101];	（加工轮廓）
G01 X[#111+#101],R[#114+#101];	（加工轮廓）
G01 Y[#112+#101],R[#114+#101];	（加工轮廓）
G01 X[-#111-#101],R[#114+#101];	（加工轮廓）
G01 Y#117;	（加工轮廓）
G03 X[-#111-#101+#113] Y-#113R#113;	（加工轮廓）
G40 G0X[-#111-#101+#113+#115]Y[#113-#118];	（取消刀具半径补偿）
IF [#100 EQ-#110] GOTO20;	（条件判断语句，若 #100 号变量的值等于 -#110，则跳转到标号为 20 的程序段执行，否则执行下一程序段）
END1;	
N20 G90 G0 Z100;	
G91 G28 Z0;	
M05;	
M09;	
M30;	

8.4.9　编程总结

1）#100 变量用来控制深度的变化，通过 #100= #100-0.2、WHILE [#100 GT -#110] DO1 语句实现分层加工。

2）#100= #100-0.2 其中 0.2 是 *Z* 轴加工的步距，步距大小与表面粗糙度成正比，与加工时间成反比。

3）FANUC 系统过渡圆弧可以简化编程：G01 X[-#111-#101]，R[#114+#101]。过渡圆弧的用法，感兴趣的读者可以参考相关书籍。

8.5　宏程序在铣削内螺纹中的应用

8.5.1　零件图以及加工内容

加工如图 8-21 所示零件，要求加工 M44×4 的内螺纹，螺纹底孔的直径为 40mm，材料为 45 钢，螺纹底孔、退刀槽已加工完毕，试编写数控铣床加工M44×4 的宏程序代码。

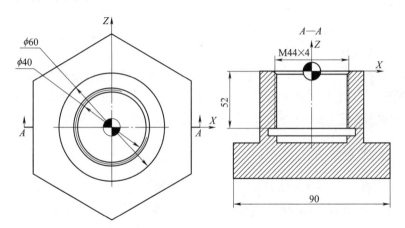

图 8-21　加工零件

8.5.2　分析零件图样

该实例螺纹底孔、退刀槽已加工完毕，只需加工 M44×4 螺纹。加工和编程之前需要考虑合理选择机床类型、数控系统、量具、切削用量和切削方式（具体参阅 8.1.2 章节所叙内容）。其中：

1）装夹：精密平口虎钳，夹持底座两条平行边。

2）刀具：ϕ20mm 多齿螺纹铣刀，螺距 4mm。

3）量具：M44×4 螺纹规（通止规）。

4）编程原点：X、Y 轴编程原点选择在 ϕ40mm 圆心，Z 轴编程原点选择在零件的上表面，如图 8-21 所示，存入 G54 零件坐标系。

5）转速和进给量：见表 8-5。

表 8-5 （多齿螺纹铣刀）铣削 M44×4 螺纹工序卡

工序	主要内容	设备	刀具	切削用量		
				转速 / (r/min)	进给量 / (mm/min)	背吃刀量 /mm
1	铣削螺纹	数控铣床	ϕ20mm 多齿螺纹铣刀	500	200	0.5

8.5.3　分析加工工艺

该零件是加工 M44×4 内螺纹应用实例，其加工基本思路：

第 1 次加工：X、Y 轴以 G0 速度移动至 X0、Y0，Z 轴以 G0 速度移动至 Z-56，X、Y 轴联动以圆弧方式切入零件，X、Y、Z 轴 3 轴联动铣削螺旋半径：X_1、螺距 4mm 的螺旋线，X、Y 轴联动以圆弧方式切出零件。

第 2 次加工：X、Y 轴以 G0 速度移动至 X0、Y0，Z 轴以 G0 速度移动至 Z-56，X、Y 轴联动以圆弧方式切入零件，X、Y、Z 轴 3 轴联动铣削螺旋半径：X_2、螺距 4mm 的螺旋线，X、Y 轴联动以圆弧方式切出零件。

第 n 次加工：X、Y 轴以 G0 速度移动至 X0、Y0，Z 轴以 G0 速度移动至 Z-56，X、Y 轴联动以圆弧方式切入零件，X、Y、Z 轴 3 轴联动铣削螺旋半径：X_n、螺距 4mm 的螺旋线，X、Y 轴联动以圆弧方式切出零件。

8.5.4　选择变量方法

根据选择变量的基本原则及本实例的具体加工要求，本实例涉及变量：铣削螺旋线的半径。在加工螺纹的过程中，完成加工 1 次，铣削螺旋线的半径增加 0.5mm。符合变量设置原则，优先选择加工中"变化量"作为变量，因此选择"铣削螺旋线的半径"作为变量。设置 #100 变量控制铣削螺旋线的半径，赋初始值 10。

8.5.5　选择程序算法

加工 M44×4 内螺纹采用宏程序编程时，需要考虑怎样控制铣削螺旋线的半径循环过程。下面进行详细分析：设置 #100 号变量控制铣削螺旋线的半径。铣削 1 次螺纹后，Z 轴以 G0 速度移动至安全平面，X、Y 轴以 G0 速度移动至加工起点。通过判断语句 IF [#100LT 12] GOTO 10 判断加工是否结束。若加工未结束，通过 #100=#100+0.2 进行下一次铣削；若加工结束，退出循环。

8.5.6　绘制加工轨迹

根据加工工艺分析及程序算法分析，绘制多齿螺纹铣刀铣削内螺纹加工轨迹，如图 8-22 所示。

8.5.7　绘制程序框图

根据以上算法设计和分析，多齿螺纹铣刀铣削内螺纹程序设计流程框图如图 8-23 所示。

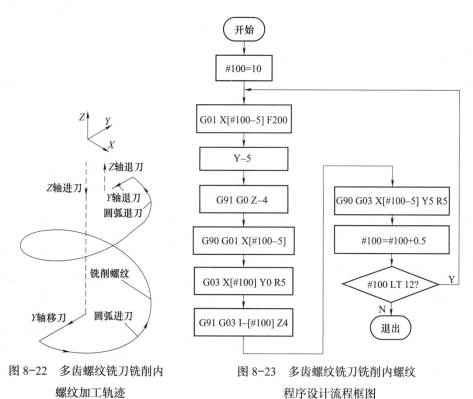

图 8-22　多齿螺纹铣刀铣削内　　　　　图 8-23　多齿螺纹铣刀铣削内螺纹
螺纹加工轨迹　　　　　　　　　　　程序设计流程框图

8.5.8　编制程序代码

1. 精加工螺纹宏程序代码

```
O8011；
G15 G17 G21 G40 G49 G54 G80 G90；
T1 M06；
G0 G90 G54 X0 Y0 M03 S500；      （X、Y 轴以 G0 速度移至 X0 Y0）
G43 Z50 H01；                    （Z 轴以 G0 速度移至 Z50）
M08；                            （打开切削液）
G0 Z-56；                        （Z 轴以 G0 速度移至 Z-56）
G0 X6 Y-5；                      （X、Y 轴以 G0 速度移至 X6 Y-5）
```

```
G01 X7 F400;                      （X轴直线插补至 X7）
G03 X12 Y0 R5 F100;               （1/4 圆弧切入零件，径向进刀至螺纹切削深度）
G91 G03 I-12 Z4 F200;             （铣削 M44×4 螺纹）
G90;                              （转换为绝对值编程）
G03 X7 Y5 R5 F300;                （1/4 圆弧切出零件）
G0 Z50;                           （Z轴以 G0 速度移至 Z50）
G91 G28 Z0;                       （Z轴返回参考点）
M05;                              （主轴停止）
M09;                              （关闭切削液）
M30;
```

编程要点提示：

程序 O8011 是铣削螺纹的精加工宏程序，适用于小螺距螺纹的铣削加工，如果螺纹的螺距较大（背吃刀量余量大），应采用径向分层铣削螺纹的方式来加工螺纹，详细见程序 O8012。

2. 分层铣削螺纹的宏程序代码

```
O8012;
G15 G17 G21 G40 G49 G54 G80 G90;
T1 M06;
G0 G90 G54 X0 Y0 M03 S500;        （X、Y轴以 G0 速度移至 X0 Y0）
G43 Z50 H01;                      （Z轴以 G0 速度移至 Z50）
M08;                              （打开切削液）
G0 Z-52;                          （Z轴以 G0 速度移至 Z-52）
#100 = 10;                        （设置 #100 号变量，控制螺纹径向加工深度）
N10 G0 X[#100-6];                 （X轴以 G0 速度移至 X[#100-6]）
Y-5;                              （Y轴以 G0 速度移至 Y-5）
G91;                              （转换为增量方式编程）
G0 Z-4;                           （Z轴以 G0 速度移至 Z-56，增量变化）
G90;                              （转换为绝对值方式编程）
G01 X[#100-5] F400;               （X轴直线插补至 X[#100-5]）
G03 X[#100] Y0 R5 F100;           （1/4 圆弧切入零件）
G91 G03 I-[#100] Z4 F200;         （铣削 M44×4 螺纹）
G90;                              （转换为绝对值方式编程）
G03 X[#100-5] Y5 R5 F300;         （1/4 圆弧切出零件）
#100 = #100+0.5;                  （#100 号变量依次增加 0.5mm）
IF [#100 LE 12] GOTO 10;          （条件判断语句，若 #100 号变量的值小于等于 12mm，
                                    则跳转到标号为 10 的程序段处执行，否则执行下
                                    一程序段）
G0 Z50;                           （Z轴以 G0 速度移至 Z50）
G91 G28 Z0;
```

```
M05;
M09;
M30;
```

编程要点提示：在实际生产中，为了保证螺纹的精度和提高螺纹刀具的使用寿命，需要采用径向分层铣削螺纹的方式，分层铣削螺纹通常有等深度铣削螺纹和等面积铣削螺纹两种方式。

① 等深度铣削螺纹：每次铣削螺纹径向背吃刀量是相同的。

② 等面积铣削螺纹：每次铣削螺纹的背吃刀量是逐渐减小的。

8.5.9　编程总结

通过铣削 M44×4 非标螺纹详细介绍了多齿螺纹铣刀铣削螺纹加工工艺以及宏程序编程的方法和思路。

铣削螺纹刀具有多齿螺纹铣刀和单齿螺纹铣刀。多齿螺纹铣刀的加工效率高于单齿螺纹铣刀，在实际加工中应用较多，缺点是一把多齿螺纹铣刀只能加工 1 种规格的螺纹，而单齿螺纹铣刀可加工任意规格的螺纹。

螺纹铣刀铣削螺纹和传统加工螺纹方式相比，在加工精度、加工效率方面具有极大的优势：加工时不受螺纹结构和螺纹旋向的限制，一把螺纹铣刀可以加工不同旋向的内外螺纹。

本 章 小 结

1）本章通过数控铣床加工矩形平面、圆柱形台阶、矩形型腔、矩形型腔斜面、内螺纹等几个简单的实例，详细介绍了宏程序编程在铣削常见型面的应用。

2）本章实例在变量设置、逻辑算法、数学模型等方面比较简单，适合作为铣削宏程序入门的实例，也是铣加工最为常见的加工型面。矩形斜面型腔可以看作矩形型腔的延伸，矩形型腔编程方式可以看作矩形斜面型腔的粗加工；铣削内螺纹可以看成是铣削圆柱的延伸，两者有较大的相同之处，而铣削外螺纹可以参考 8.2 节的编程方式和加工思路。

第9章

宏程序在铣削斜面、R面加工中的应用

本章内容提要

　　倒角、倒 R 角在铣削加工中应用广泛。采用非标倒角（圆）刀，加工类型比较单一，成本相对较高，采用宏程序编程，标准刀具可适用于不同尺寸倒斜角、倒圆角类零件的加工。

　　本章通过圆形 45°斜面、圆形 R 角、椭圆形 45°斜面和铣削斜面、R 面的数学模型、思路、方法等简单实例，详细介绍宏程序编程在倒斜角、倒圆角类零件的应用。

9.1　宏程序在圆形 45°斜面加工中的应用

9.1.1　零件图以及加工内容

　　加工如图 9-1 所示零件，加工孔口的倒 45°斜角，孔口直径为 70mm，倒角深度和宽度均为 10mm，底孔已经加工，材料为 45 钢，要求编写数控铣削孔口倒斜角的宏程序代码（采用立铣刀加工）。

9.1.2　分析零件图样

　　本零件毛坯为圆柱体，尺寸为 $\phi120mm\times50mm$，孔直径为 70mm 已经加工。加工和编程之前需要考虑以下方面：

　　1）机床：FANUC 系统数控铣床。

　　2）装夹：自定心卡盘夹持 $\phi120mm$ 外圆。

　　3）刀具：$\phi10mm$ 立铣刀。

　　4）编程原点：X、Y 轴编程原点选择在 $\phi120mm$ 圆心；Z 轴编程原点在零件

的上表面，如图 9-1 所示，存入 G54 零件坐标系中。

　　5）转速、进给量和背吃刀量：见表 9-1。

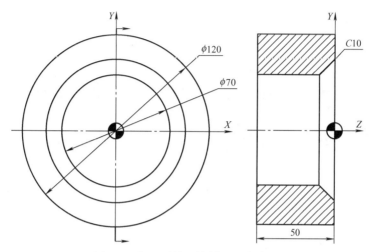

图 9-1　加工零件（铣削 45°斜角）

表 9-1　加工圆形 45°斜面工序卡

工序	主要内容	设备	刀具	切削用量		
				转速 / (r/min)	进给量 / (mm/min)	背吃刀量 /mm
1	加工 45°斜角	数控铣床	ϕ10mm 立铣刀	2000	1000	0.2

9.1.3　分析加工工艺

　　该零件是 ϕ70mm 孔口倒 C10mm 斜角应用实例，其加工基本思路：

　　第 1 次加工：X、Y 轴以 G0 速度移动至圆心位置，Z 轴直线插补至加工深度 Z_1，X、Y 轴直线插补至 X_1Y_0，X、Y 轴两轴联动加工半径为 R_1 的整圆。

　　第 2 次加工：X、Y 轴以 G0 速度移动至圆心位置，Z 轴直线插补至加工深度 Z_2，X、Y 轴直线插补至 X_2Y_0，X、Y 轴两轴联动加工半径为 R_2 的整圆。

　　第 n 次加工：X、Y 轴以 G0 速度移动至圆心位置，Z 轴直线插补至加工深度 Z_n，X、Y 轴直线插补至 X_nY_0，X、Y 轴两轴联动加工半径为 R_n 的整圆。

9.1.4　选择变量方法

　　根据选择变量的基本原则及本实例的具体加工要求，本实例涉及变量：

　　（1）加工 45°斜面深度 10mm　在加工 45°斜面过程中，完成加工 1 次，斜面深度增加 0.5mm。符合变量设置原则，优先选择加工中"变化量"作为变量，因此选择"Z 轴加工余量"作为变量。设置 #101 变量控制 Z 轴加工斜面深度，赋初始值 10。

（2）加工深度对应圆半径　加工深度与对应圆的半径满足一次函数方程关系。加工 45°斜面，由三角函数 TAN[45°]=1 可知，加工深度与圆半径的变化比为 1:1。符合变量设置原则，优先选择加工中"变化量"作为变量，因此选择"加工圆的半径"作为变量。设置 #102 变量控制加工圆的半径，赋初始值 35。

9.1.5　选择程序算法

加工 45°斜面，采用宏程序编程时，需要考虑以下问题：

（1）怎样控制铣削 C10mm 斜角的循环过程　加工完成（铣削一层斜角），通过条件判断语句 IF [#101 GE 0] GOTO 10 判断加工是否结束。若加工结束，则退出循环；若加工未结束，#101 = #101 − #103，Z 轴直线插补至相应加工深度 Z_n，再次铣削整圆……如此循环。

（2）怎样控制铣削深度（Z）和铣削整圆半径（R）的变化过程

1）孔口斜角可以看作由无数个半径不同、轴向位置不同的圆集合。

2）由 1）分析可知，孔口倒 45°斜角可以采用圆的参数方程或解析方程，建立图 9-2 所示的数学模型：

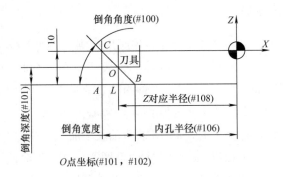

图 9-2　倒角编程的数学模型

在 RT△OLB 中，点 O 为加工斜角的刀位点。设置 #101 变量为自变量，控制 Z 轴（加工深度）变化；#102 为因变量，控制 Z 轴对应铣削圆的半径（理论值）。自变量（#101 号变量）变化，引起因变量（#102 号）变化。O 点（#101，

#102）满足：#101/#102 = TAN[#100] 的内在关系。

9.1.6　绘制加工轨迹

根据加工工艺分析及程序算法分析，绘制相邻两层孔口倒斜角刀路轨迹，如图 9-3 所示；绘制循环加工孔口倒斜角刀路轨迹，如图 9-4 所示。

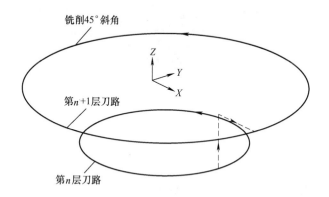

图 9-3　相邻两层孔口倒斜角刀路轨迹示意

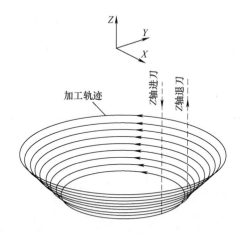

图 9-4　循环加工孔口倒斜角刀路轨迹示意

9.1.7　绘制程序框图

根据以上算法设计和分析，循环加工孔口倒斜角程序设计流程框图如图 9-5 所示。

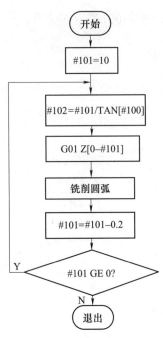

图 9-5 循环加工孔口倒斜角程序设计流程图

9.1.8 编制程序代码

1. 采用"自下而上"加工模式和绝对值方式编程加工孔口倒 45° 斜角的宏程序代码

```
O9001;
G15 G17 G21 G40 G49 G54 G80 G90;
T3 M06;
G0 G90 G54 X0 Y-10 M03 S2000;        （X、Y 轴以 G0 速度移至 X0 Y-10）
G43 Z50 H03;                          （Z 轴以 G0 速度移至 Z50）
M08;                                  （打开切削液）
#101 = 10;                            （设置 #101 号变量, 控制倒角的深度）
#100 = 45;                            （设置 #100 号变量, 控制倒角的角度）
#103 = 0.2;                           （设置 #103 号变量, 控制步距的大小）
#106 = 45;                            （设置 #106 号变量的值, 控制倒角最大直径）
G0 Z-10;                              （Z 轴以 G0 速度移至 Z-10）
G42 X20 Y0 D03;                       （建立刀具半径右补偿）
N10 #102 = #101 / TAN[#100];          （利用三角函数定量计算 #102 号变量的值）
#104 = 0 - #101;                      （计算 #104 号变量的值, 程序中对应的 Z 值）
#108 = #106 - #102;                   （计算 #108 号变量的值, 程序中对应的 X 值）
G01 X[#108] F1000;                    （X 轴直线插补至 X[#108]）
```

```
G01 Z[#104];                    （Z 轴直线插补至 Z[#104]）
G02 I-[#108];                   （铣削整圆）
#101 = #101 - #103;             （#101 号变量依次减小 #103 号变量的值）
IF [#101 GE 0] GOTO 10;         （条件判断语句，若#101 号变量的值大于等于 0，
                                则跳转到标号为 10 的程序段执行，否则执行下
                                一程序段）

G40 G0 X0 Y0;                   （取消刀具半径补偿）
G0 Z50;                         （Z 轴以 G0 速度移至 Z50）
G91 G28 Z0;
M05;
M09;
M30;
```

编程要点提示：采用"自下而上"加工模式铣削孔口 45°倒角的宏程序，其编程关键在于需要计算每层铣削深度对应的圆半径值。

2. 采用"自上而下"加工模式和增量编程方式加工孔口倒 45°斜角的宏程序代码

```
O9002;
G15 G17 G21 G40 G49 G54 G80 G90;
T3 M06;
G0 G90 G54 X20 Y0 M03 S2000;    （X、Y 轴以 G0 速度移至 X20 Y0）
G43 Z50 H03;                    （Z 轴以 G0 速度移至 Z50）
M08;                            （打开切削液）
#101 = 10;                      （设置 #101 号变量，控制深度）
#100 = 45;                      （设置 #100 号变量，控制角度）
#103 = 0.2;                     （设置 #103 号变量，控制步距）
#106 = 35;                      （设置 #106 号变量，控制底孔半径）
G0 Z1;                          （Z 轴以 G0 速度移至 Z1）
#107 =5;                        （设置 #107 号变量，控制刀具半径）
N10 #102 = #101 / TAN[#100];    （利用三角函数定量计算 #102 号变量的值）
#104 = #101-10;                 （计算 #104 号变量的值，程序中对应的铣削深度）
G90 G01 X[#106 -#107] F1000;    （X 轴直线插补至 X[#106 - #107]）
G01 Z[#104];                    （Z 轴直线插补至 Z[#104]）
G91;                            （转换为增量 G91 方式编程）
G01 X[#102] F1000;              （X 轴沿正方向进给 #102）
G02 I-[#106 − #107 + #102];     （铣削整圆）
G90;                            （转换为绝对值 G90 方式编程）
#101 = #101 − #103;             （#101 号变量依次减小 #103 号变量的值）
IF [#101 GE 0] GOTO 10;         （条件判断语句，若#101 号变量的值大于等于 0，
                                则跳转到标号为 10 的程序段执行，否则执行下
                                一程序段）
```

227

G0 Z50;   （Z 轴以 G0 速度移至 Z50）
G91 G28 Z0;
M05;
M09;
M30;

9.1.9 编程总结

1）铣削孔口 45°斜角的宏程序编程思路适用于孔口任意角度的斜角、任意深度的圆角的型面加工。

2）孔口倒角（倒 R 角）类零件的加工大致算法和思路：孔口斜角（R 角）可以看作由无数个半径不同、轴向位置不同的圆（加工轨迹）组成的集合。

3）本实例孔口倒角编程思路一般适用于特殊角度且单件（小批量）的加工，该加工方式的优点是加工角度可以是任意角度，缺点是加工效率低。

4）孔口倒角在实际加工中一般采用成型刀具进行钻削加工或者进行圆弧插补加工，该加工方式的效率高，缺点是需要定制非标刀具。

9.2 宏程序在圆形 R 角加工中的应用

9.2.1 零件图以及加工内容

加工零件如图 9-6 所示，在通孔的孔口上加工一个倒 R 圆角，孔口直径为 50mm，倒 R 角的圆弧半径为 10mm，倒 R 角的深度为 10mm，底孔已经加工，材料为 45 钢，要求编写数控铣削孔口倒 R 角的宏程序代码（采用球头铣刀加工）。

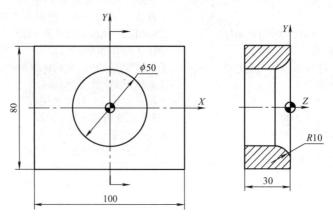

图 9-6 加工零件（铣削 R10mm 倒圆角）

9.2.2　分析零件图样

该零件长方体毛坯尺寸为 100mm（X 向）×80mm（Y 向）×30mm（Z 向），加工和编程之前需要考虑合理选择机床类型、数控系统、装夹、量具、切削用量和切削方式（具体参阅 9.1.2 章节所叙内容），其中：

1）刀具：R5mm 球头铣刀（3 号刀具）。

2）量具：R10mm 凹圆弧样板。

3）编程原点：本实例 X、Y 轴编程原点选择在零件中心位置，Z 轴编程原点在零件上表面，如图 9-6 所示，存入 G54 零件坐标系中。

4）转速、进给量和背吃刀量：见表 9-2。

表 9-2　铣削孔口圆角工序卡

工序	主要内容	设备	刀具	切削用量		
				转速 /（r/min）	进给量 /（mm/min）	背吃刀量 /mm
1	铣削 R 角	数控铣床	R5mm 球头铣刀	1500	2000	10*SIN[1]

9.2.3　分析加工工艺

该零件是 ϕ50mm 孔口加工 R10mm 圆角应用实例，其加工基本思路与 9.1 节类似。唯一不同在于，加工 45° 斜面，加工深度的变化与铣削圆半径的变化的关系需要满足 $X=Z\text{TAN}[45°]$ 一次函数；孔口加工圆角，加工深度的变化与铣削圆半径的变化的关系需要满足圆的参数（解析）方程。

第 1 次加工：X、Y 轴以 G0 速度移动至圆心位置，Z 轴直线插补至加工深度 Z_1，X、Y 轴直线插补至 X_1Y_0，X、Y 轴两轴联动加工半径为 R_1 的整圆。

第 2 次加工：X、Y 轴以 G0 速度移动至圆心位置，Z 轴直线插补至加工深度 Z_2，X、Y 轴直线插补至 X_2Y_0，X、Y 轴两轴联动加工半径为 R_2 的整圆。

第 n 次加工：X、Y 轴以 G0 速度移动至圆心位置，Z 轴直线插补至加工深度 Z_n，X、Y 轴直线插补至 X_nY_0，X、Y 轴两轴联动加工半径为 R_n 的整圆。

9.2.4　选择变量方法

根据选择变量的基本原则及本实例的具体加工要求，本实例涉及变量为加工 R 角圆参数方程的角度变化。

在加工 R 角过程中，完成加工 1 次，角度增加 1°。符合变量设置原则，优先选择加工中"变化量"作为变量，因此选择"圆参数方程的角度"作为变量。

设置 #100 变量控制圆参数方程角度的变化，赋初始值 0。

9.2.5 选择程序算法

加工 R 角，采用宏程序编程时，需要考虑以下问题：

（1）怎样控制铣削 *R*10mm 圆角的循环过程 加工完成（铣削一层圆角），通过条件判断语句 IF [#100 LE 90] GOTO 10 判断加工是否结束。若加工结束，则退出循环；若加工未结束，Z 轴直线插补至相应加工深度 Z_n，再次铣削整圆……如此循环。

（2）怎样控制铣削深度（Z）和铣削整圆半径（R）的变化过程 根据圆方程来建立的数学模型，如图 9-7 所示。

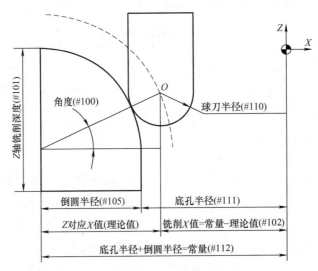

图 9-7 "加工 R 角"建立数学模型示意

根据圆的参数方程 $X = R \cos\theta$、$Z = R \sin\theta$，设置 #100 号变量控制圆参数方程角度 θ 的变化，由数学模型示意图 9-7 可知：任意角度对应的 Z 值（铣削深度）用 #101 = [#105+#110] *[SIN[#100]−1] 来表示，对应的 X 值（铣削圆半径）用 #102 = [#112]− [#105+#110]*COS[#100] 来表示。通过自变量变化语句 #100 = #100+1 的变量引起因变量 #101、#102 的变化，实现动态计算任意刀位点的坐标值过程。

9.2.6 绘制加工轨迹

根据加工工艺分析及程序算法分析，绘制相邻两层孔口 R 角刀路轨迹，如图 9-8 所示；绘制循环加工孔口 R 角刀路轨迹，如图 9-9 所示。

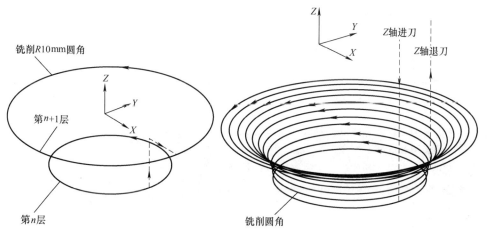

图 9-8　相邻两层孔口 R 角刀路轨迹示意　　图 9-9　循环加工孔口 R 角刀路轨迹示意

9.2.7　绘制程序框图

根据以上算法设计和分析，循环加工孔口 R 角程序设计流程框图如图 9-10 所示。

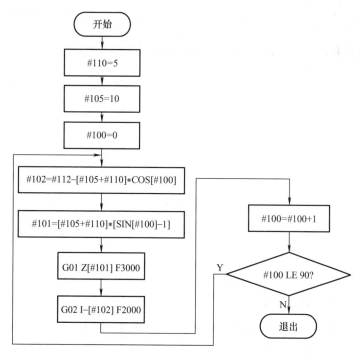

图 9-10　循环加工孔口 R 角程序设计流程框图

9.2.8 编制程序代码

1. 采用"自下而上"加工模式铣削孔口圆角的宏程序代码

```
O9003;
G15 G17 G21 G40 G49 G54 G80 G90;
T3 M06;
G0 G90 G54 X0 Y0 M03 S1500;        （X、Y 轴以 G0 速度移至 X0 Y0）
G43 Z50 H03;                        （Z 轴以 G0 速度移至 Z50）
M08;                                （打开切削液）
#100 = 0;                           （设置 #100 号变量，控制角度的变化）
#105 = 10;                          （设置 #105 号变量，控制加工 R 角半径）
#110 = 5;                           （设置 #110 号变量，控制刀具半径）
#111 = 25;                          （设置 #111 号变量，控制底孔半径）
#112 = #111+#105;                   （计算 #112 号变量的值，底孔半径加上倒圆半径）
G0 Z1;                              （Z 轴以 G0 速度移至 Z1）
N10 #102 =#112-[ #105 +#110]* COS[#100];
                                    （计算 #102 号变量值，角度对应的 X 值）
#101 =[ #105+#110 ]*[ SIN[#100]−1];
                                    （计算 #101 号变量值，角度对应的 Z 值）
G01 Z[#101] F3000;                  （Z 轴直线插补至 Z[#101]）
G0 X[#102-5] Y5;                    （X、Y 轴以 G0 速度移至 X[#102-5] Y5）
G02 X[#102] Y0 R5;                  （以圆弧方式切入零件）
G02 I-[#102] F2000;                 （铣削整圆）
G02 X[#102-5] Y-5 R5;              （以圆弧方式切出零件）
#100 = #100 + 1;                    （#100 号变量依次增加 1）
IF [#100 LE 90] GOTO 10;            （条件判断语句，若 #100 号变量的值小于等于 90°，
                                    则跳转到标号为 10 的程序段执行，否则执行下一程
                                    序段）
G0 Z50;                             （Z 轴以 G0 速度移至 Z50）
G91 G28 Z0;
M05;
M09;
M30;
```

编程要点提示：

1）采用"自下而上"模式加工孔口 R 角，其编程的思路为：R 角型面可以看作是由无数个半径不同的圆组成，Z 轴进刀至铣削深度，铣削相应半径的整圆，然后 Z 轴直线插补至下一层的铣削高度，再次铣削相应半径的整圆……如此循环。

2）编程的关键在于计算每一层铣削深度所对应的孔半径，可以借助圆的参数方程或解析方程。

2. 采用"自上而下"加工模式加工孔口圆角的宏程序代码

```
O9004;
G15 G17 G21 G40 G49 G54 G80 G90;
T3 M06;
G0 G90 G54 X0 Y0 M03 S1500;          （X、Y 轴以 G0 速度移至 X0 Y0）
G43 Z50 H03;                         （Z 轴以 G0 速度移至 Z50）
M08;
#100 = 90;                           （设置 #100 号变量，控制角度的变化）
#105 = 10;                           （设置 #105 号变量，控制加工 R 角半径）
#110 = 5;                            （设置 #110 号变量，控制刀具半径）
#111 = 25;                           （设置 #111 号变量，控制底孔半径）
#112 = #111+#105;                    （计算 #112 号变量的值，底孔半径加上倒圆半径）
G0 Z1;                               （Z 轴以 G0 速度快速移至 Z1）
N10 #102 = #112−[ #105 +#110]* COS[#100];
                                     （计算 #102 号变量值，角度对应的 X 值）
#101 =[ #105+#110 ]*[ SIN[#100]-1];
                                     （计算 #101 号变量值，角度对应的 Z 值）
G01 Z[#101] F3000;                   （Z 轴直线插补至 Z[#101]）
G0 X[#102-#110] Y5;                  （X、Y 轴以 G0 速度移至 X[#102-5] Y5）
G02 X[#102] Y0 R5;                   （以圆弧方式切入零件）
G02 I-[#102] F2000;                  （铣削整圆）
G02 X[#102-5] Y-5 R5;                （以圆弧退出零件）
#100 = #100 − 1;                     （#100 号变量依次减去 1）
IF[ #100 GE 0] GOTO 10;              （条件判断语句，若 #100 号变量的值大于等于 0，
                                     则跳转到标号为 10 的程序段执行，否则执行下一
                                     程序段）
G0 Z50;                              （Z 轴以 G0 速度移至 Z50）
G91 G28 Z0;
M05;
M09;
M30;
```

9.2.9　编程总结

通过一个孔口倒圆角的宏程序应用实例，介绍了宏程序在孔口倒圆角类零件铣削加工中的编程思路和方法。孔口倒圆角加工和圆锥内孔的加工一样，一般采用"自上而下"加工模式或"自下而上"加工模式，这两种加工模式在实际加工中具有各自的应用价值。

加工 R 角的编程思路，也适用于任意圆角半径、圆角深度的倒圆、倒斜角铣削加工场合，其编程思路大致为：将孔口倒圆角、倒斜角类零件的加工型

面，看作是孔口由无数不同半径的圆组成，需要采用 G02、G03 圆弧插补指令和 G01 直线插补指令来完成零件的铣削加工，编程的关键要控制好每层铣削圆半径的大小。

9.3 宏程序在椭圆形 45° 斜角加工中的应用

9.3.1 零件图以及加工内容

加工如图 9-11 所示零件，加工椭圆形 45° 斜角，椭圆方程为 $X^2/40^2+Y^2/30^2=1$，加工深度为 5mm，材料为 45 钢，要求编写数控铣床加工椭圆形 45° 斜角的宏程序代码。

9.3.2 分析零件图样

该零件毛坯尺寸为 120mm（长度）×80mm（宽度）×45mm（高度），椭圆已经加工完毕。加工和编程之前需要考虑合理选择机床类型、数控系统、装夹、量具、切削用量和切削方式（具体参阅 9.1.2 章节所叙内容），其中：

1）刀具：ϕ10mm 立铣刀。

说明：该零件在实际加工中，对刀具半径有要求，即刀具半径不能大于矩形型腔的过渡圆弧半径。

2）编程原点：X、Y 轴编程原点选择在零件（矩形）的中心位置；Z 向编程零点选择在零件的上表面，如图 9-11 所示，存入 G54 零件坐标系中。

3）转速、进给量和背吃刀量：见表 9-3。

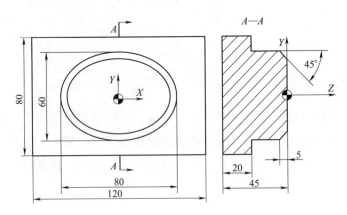

图 9-11　加工零件

表 9-3　加工椭圆形 45°斜角工序卡

工序	主要内容	设备	刀具	切削用量		
				转速 /（r/min）	进给量 /（mm/min）	背吃刀量 /mm
1	铣削 R 角	数控铣床	ϕ10mm 立铣刀	2000	500	0.2

9.3.3　分析加工工艺

该零件是加工椭圆形 45°斜角的应用实例，其加工基本思路为：

第 1 次加工：X、Y 轴以 G0 速度移动至圆心位置，Z 轴直线插补至加工深度 Z_1，X、Y 轴直线插补至 X_1Y0，X、Y 轴两轴联动加工长半轴为 X_1、短半轴为 Y_1 的椭圆。

第 2 次加工：X、Y 轴以 G0 速度移动至圆心位置，Z 轴直线插补至加工深度 Z_2，X、Y 轴直线插补至 X_2Y0，X、Y 轴两轴联动加工长半轴为 X_2、短半轴为 Y_2 的椭圆。

第 n 次加工：X、Y 轴以 G0 速度移动至圆心位置，Z 轴直线插补至加工深度 Z_n，X、Y 轴直线插补至 X_nY0，X、Y 轴两轴联动加工长半轴为 X_n、短半轴为 Y_n 的椭圆。

9.3.4　选择变量方法

根据选择变量的基本原则及本实例的具体加工要求，本实例涉及变量：

（1）加工 45°斜面深度 5mm　在加工 45°斜面过程中，完成加工 1 次，斜面深度增加 0.5mm。符合变量设置原则，优先选择加工中"变化量"作为变量，因此选择"Z 轴加工余量"作为变量。设置 #101 变量控制 Z 轴加工斜面深度，赋初始值 5。

（2）加工斜面深度对应的椭圆的长、短半轴值　加工深度与椭圆的长、短半轴值满足一次函数方程关系。加工 45°斜面，由三角函数 TAN[45°]=1 可知，加工深度与圆半径的变化比例为 1:1。符合变量设置原则，优先选择加工中"变化量"作为变量，因此选择"加工椭圆的半径"作为变量。设置 #110 变量控制加工椭圆长半轴的值，赋初始值 0；设置 #111 变量控制加工椭圆短半轴的值，赋初始值 30。

（3）加工椭圆参数方程中的角度　加工一个步距的椭圆后，角度就增加一个步距。符合变量设置原则，优先选择加工中"变化量"作为变量，因此选择"椭圆参数方程中的角度"作为变量。设置 #120 变量控制椭圆参数方程中角度的变化，赋初始值 0。

根据椭圆参数方程 $X = A\cos\theta$、$Y = B\sin\theta$，设置 #120 号变量控制角度的变化，#121 号变量控制 X 坐标，#122 号变量控制 Y 坐标，该方程可以转化为 #101=40*COS[#100]、#102=30*SIN[#100]，其中 #121、#122 变量分别表示了任意角度椭圆上的坐标点（X，Y）。

9.3.5　选择程序算法

加工 45°斜面，采用宏程序编程时，需要考虑以下问题：

（1）怎样控制铣削 C5mm 斜角循环过程　加工完成（铣削一层斜角），通过条件判断语句 IF [#101 GE 0] GOTO 10 判断加工是否结束。若加工结束，则退出循环；若加工未结束，#101 = #101 − #103，Z 轴直线插补至相应加工深度 Z_n，再次铣削整圆轮廓……如此循环。

（2）怎样控制铣削深度（Z）和加工椭圆长、短半轴的变化过程

1）椭圆轮廓斜角可以看作由无数个长、短半轴、轴向位置不同的椭圆的集合。

2）由 1）分析可知，椭圆体加工 45°斜面可以采用一次函数关系式，建立图 9-12 所示的数学模型。

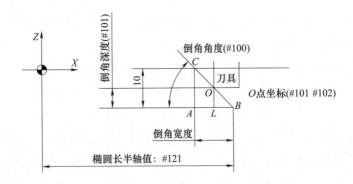

图 9-12　倒角编程的数学模型

在 RT△OLB 中，点 O 为加工斜角的刀位点。设置 #101 变量为自变量，控制 Z 轴（加工深度）变化；#102 为因变量，控制 Z 轴对应铣削圆的半径（理论值）。自变量（#101 号）变化，引起因变量（#102 号）变化。O 点（#101，#102）满足 #101/#102 = TAN[#100] 的内在关系。

（3）怎样控制加工椭圆的循环过程　直线拟合一个椭圆步距后，通过条件判断语句 IF[#120 LE 360] GOTO 20 判断加工是否结束。若加工结束，则退出循环；若加工未结束，#120 = #120 + 1（角度增加 1°）再次拟合一个椭圆步距……如此循环。

9.3.6　绘制加工轨迹

根据加工工艺分析及程序算法分析，绘制 1 层椭圆形 45°斜面轨迹，如图 9-13 所示；绘制分层加工椭圆形 45°斜面轨迹，如图 9-14 所示。

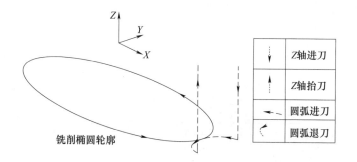

图 9-13　加工 1 层椭圆形 45°斜面轨迹示意

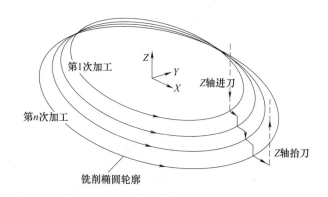

图 9-14　分层加工椭圆形 45°斜面轨迹示意

9.3.7　绘制程序框图

根据以上算法设计和分析，分层加工椭圆形 45°斜面程序设计流程框图如图 9-15 所示。

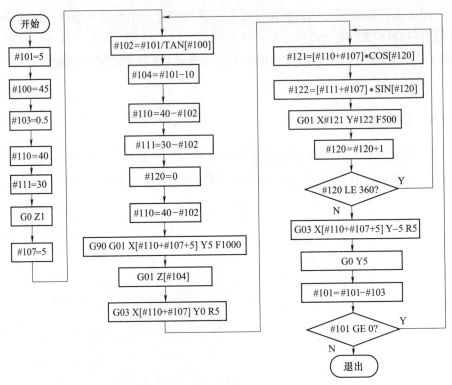

图 9-15　分层加工椭圆形 45°斜面程序设计流程框图

9.3.8　编制程序代码

```
O9005;
G15 G17 G21 G40 G49 G54 G80 G90;
T3 M06;
G0 G90 G54 X0 Y0 M03 S1500;        （X、Y 轴以 G0 速度移至 X0 Y0）
G43 Z50 H03;                       （Z 轴以 G0 速度移至 Z50）
M08;                               （打开切削液）
#101 = 5;                          （设置 #101 号变量,控制斜面深度）
#103 = 0.1;                        （设置 #103 号变量,控制加工步距）
#100 = 45;                         （设置 #100 号变量,控制斜面角度的变化）
#110 = 40;                         （设置 #110 号变量,控制椭圆长半轴）
#111 = 30;                         （设置 #111 号变量,控制椭圆短半轴）
G0 Z1;                             （Z 轴以 G0 速度移至 Z1）
#107 = 5;                          （设置 #107 号变量,控制刀具半径轴）
N10 #102 = #101/TAN[#100];         （计算 #102 号变量的值,Z 对应 X 的值）
#104 = #101−10;                    （计算 #104 号变量的值,Z 轴加工深度）
#110 = 40−#102;                    （计算 #110 号变量的值）
#111 = 30−#102;                    （计算 #111 号变量的值）
```

```
#120 = 0;                            （设置 #120 号变量，控制椭圆角度的变化）
G90 G01 X[#110+#107+5] Y5 F1000;
                                     （X、Y轴直线插补至 X[#110+#107+5] Y5）
G01 Z[#104];                         （Z轴直线插补至 Z[#104]）
G03 X[#110+#107] Y0 R5;              （圆弧进刀）
N20 #121 =[#110+#107]*COS[#120];
                                     （根据椭圆参数方程，计算加工 X 的坐标值）
#122 = [#111+#107]*SIN[#120];        （根据椭圆参数方程，计算加工 Y 的坐标值）
G01 X#121 Y#122;                     （直线插补椭圆轮廓）
#120 = #120 + 1;                     （#120 号变量依次增加 1°）
IF [#120 LE 360] GOTO20;             （条件判断语句，若 #120 号变量的值小于等于 360°，
                                       则跳转到标号为 20 的程序段执行，否则执行下一程
                                       序段）

G03 X[#110+#107+5] Y-5 R5;           （圆弧退刀）
G0 Y5;                               （Y轴以 G0 速度移至 Y5）
#101 = #101 − #103;                  （#101 号变量依次减小 #103）
IF[#101 GE 0] GOTO10;                （条件判断语句，若 #101 号变量的值大于等于 0，
                                       则跳转到标号为 10 的程序段执行，否则执行下一程
                                       序段）

G0 Z50;                              （Z轴以 G0 速度移至 Z50）
G91 G28 Z0;
M05;
M09;
M30;
```

编程要点提示：

1）采用"自下而上"模式加工椭圆形45°斜面。编程思路为：45°斜面可以看作是由无数个半径不同的圆组成，Z轴进刀至一定的铣削深度，铣削相应长短半轴的椭圆，然后Z轴直线插补至下一层的铣削高度，再次铣削相应长短半轴的椭圆……如此循环。

2）编程的关键在于计算每一层铣削深度所对应椭圆的长短半轴，可以借助圆的参数方程或解析方程。

3）程序2层嵌套。加工椭圆轮廓是内层嵌套，分层加工椭圆轮廓是外层嵌套。嵌套层数越多，算法越复杂，编制程序的难度越大。

9.3.9 编程总结

1）加工椭圆形45°斜面的编程思路也适用于任意零件的斜面、R角铣削加工。其编程思路大致为：加工型面看作是孔口由无数不同曲线方程构成的型面，根据曲线方程计算出点的坐标，采用 G01 直线插补指令来完成二次型面轮廓，编程的关键是要控制加工深度与加工轮廓之间的关系。

2）本实例轮廓倒角的编程思路一般适用于特殊角度且单件（小批量）的加工，该加工方式的优点是加工角度可以是任意角度，缺点是加工效率低下。

3）轮廓倒角在实际加工中一般采用成型刀具进行轮廓插补加工，该加工方式效率高，缺点是需要定制非标刀具，通用性也不强。

9.4 宏程序铣削斜面和 R 面总结

零件轮廓加工任意角度的斜面、任意大小的圆角，实际加工中一般会采用 CAM 软件进行计算机编程，后处理输出程序，传输到机床中或在线进行加工。不可否认，软件在加工复杂型面、曲面、圆角、斜角等具有巨大的优势。但是宏程序在规则类加工型面、各类数控大赛、重复出现的加工型面，尤其在锻炼编程人员的逻辑能力和编程思路方面，通用 CAM 软件是无法替代的。

9.4.1 铣削任意角度斜面的数学模型

零件轮廓加工任意角度的斜面可以看作由无数个轮廓大小不同、轴向位置不同的轮廓的集合，轮廓大小与轴向位置满足一次函数关系式。因此加工任意角度斜面对应的数学模型为一次函数 $Y=KX+B$（$K \neq 0$）。一次函数数学特征如数学模型方程表达式、参数方程表达式、自变量与因变量之间的内在关系……都可以应用在加工零件轮廓斜面中。

根据加工型面，构建数学模型，如图 9-2 所示倒角编程的数学模型，根据图 9-2 可以计算出每层加工深度 Z 对应铣削加工整圆半径的大小 $R=Z$ TAN[角度]，其中 TAN[角度] 就是一次函数表达式中的斜率。

9.4.2 铣削任意大小 R 角的数学模型

零件轮廓加工任意大小的 R 角（圆角）面可以看作是由无数个轮廓大小不同、轴向位置不同的轮廓集合，轮廓大小与轴向位置满足圆的方程函数关系。因此加工任意大小的 R 角（圆角）面对应的数学模型为圆的方程式。圆的数学特征如数学模型方程表达式、参数方程表达式、自变量与因变量之间的内在关系等都可以应用在加工零件轮廓任意大小的 R 角（圆角）中。

根据加工型面，构建数学模型，如图 9-7 所示 "加工 R 角" 建立数学模型示意，根据图 9-7 可以用任意角度对应的 Z 值（铣削深度）#101 = [#105+#110] *[SIN [#100]−1] 来表示，对应的 X 值（铣削圆半径）用 #102 = [#112]− [#105+#110]* COS[#100] 来表示。其中 COS[#100]、SIN[#100] 是根据圆的参数方程计算出来的。

9.4.3 宏程序铣削斜面、R面编程思路

零件轮廓加工任意角度的斜面、任意大小的圆角的思路如下：

第1次加工：X、Y轴以G0速度移动至加工起始位置，Z轴直线插补至加工深度Z_1，X、Y轴直线插补至X_1Y_1，X、Y轴两轴联动或任意一轴插补加工1次零件轮廓。

第2次加工：X、Y轴以G0速度移动至加工起始位置，Z轴直线插补至加工深度Z_2，X、Y轴直线插补至X_2Y_2，X、Y轴两轴联动或任意一轴插补加工1次零件轮廓。

第n次加工：X、Y轴以G0速度移动至加工起始位置，Z轴直线插补至加工深度Z_n，X、Y轴直线插补至X_nY_n，X、Y轴两轴联动或任意一轴插补加工1次零件轮廓……如此循环，加工的轮廓组成的图形集合就是加工型面。

9.4.4 宏程序铣削斜面、R面编程步骤

铣削斜面、R面，采用宏程序编程的步骤如下：

1）根据加工零件型面，构建数学模型。

2）根据数学模型找出相对应函数的原型（线性或二次变化规律）。

3）根据一次函数原型，用代数关系式表示出自变量与因变量之间的关系（某一时刻）。

4）将自变量与因变量之间的变化规律与加工零件结合起来。

5）采用宏程序编程定义变量，变量之间进行运算，控制流向语句、逻辑关系……描述出函数（数学模型）关系式变化规律。

本 章 小 结

1）在零件加工中，单元素倒角编程的关键：根据零件加工图合理建立数学模型，利用数学知识构建变量之间的变化规律，找出各个变量之间的关系表达式，根据零件加工要求计算出刀位点的位置，并采用合理的加工模式。

2）多元素倒角可以借鉴单元素倒角的编程思路和基本算法，但由于多元素轮廓的复杂性要远远大于单元素轮廓，因此变量的数量和编写的宏程序代码要复杂些，FANUC系统提供了可编程参数指令G10指令（即通过改变半径补偿值改变加工轮廓的实际大小，以若干个轮廓线代替轮廓曲面）是解决多元素倒角、加工圆角的利器。

第10章

宏程序编程之动态应用

本章内容提要

　　FANUC 系统提供了可编程参数输入（G10）、系统变量等指令和功能，可以实现工件坐标系、刀具长度、半径补偿根据加工的需要进行实时变化，达到"动态坐标系""动态刀补（包含刀具长度补偿和刀具半径补偿）"的编程要求，为实现坐标系原点平移、刀具长度（半径）补偿变化等程序的编写带来了便利。

　　随着数控及测量技术的发展，雷尼绍在数控加工中的应用越来越多。本章通过几个简单的实例来介绍雷尼绍在找正 B 轴、工件坐标系中的具体应用，使读者初步了解雷尼绍在数控加工中的应用。

10.1　编程指令 G10 在数控编程中的应用

10.1.1　FANUC 系统 G10 指令概述

1.　"BENJING FANUC 0i-MA 系统操作说明书"关于 G10 的表述

　　BENJING FANUC 0i-MA 系统操作说明书编程部分的第 17 节关于 G10（可编程参数输入）做如下表述：

　　"可编程参数输入参数（G10）可用于程序输入，该功能主要用于设定螺距误差的补偿数据，以应付加工条件的变化，如机件更新，最大切削速度或切削时间常数的变化等。G10 主要用于针对机床进行检测、调整和设定"。

　　如何才能把数据输入到机床的控制系统中，这完全依靠 G10 指令来实现，即使用 G10 指令编辑程序，通过 RS232 口等传输手段传送到机床，再运行就可以实现机床的检测、调整和设定。

2．实际加工中关于 G10 指令概述

FANUC 数控系统加工中心可以采用 G10，可以将加工零件的工件坐标系数据、刀具长度数据、刀具半径补偿数据等输入到机床相对应的数据栏。在机床自动运行时，可以调用这些加工数据来保证机床、刀具、加工零件的安全。

10.1.2　FANUC 系统 G10 指令格式

机床自动运行、调用与加工相关数据（工件坐标系数据、刀具补偿等相关数据），通常通过以下三种方式传送到机床 CNC 存储器中：

1）从 CRT 面板手动输入，这是一般常用的输入方式。

2）使用 FANUC 系统的系统变量输入到 CNC 存储器中。

3）使用 FANUC 系统 G10 通过程序输入到 CNC 存储器中。

G10 在程序中用 H、D 指令指定代码，从存储器中选择刀具补偿值，用于坐标系、刀具长度补偿、刀具半径补偿或刀具的磨损偏置。

（1）FANUC 系统 G10 指令指定的工件坐标系格式

编程格式：G90（G91）G10 L2 P1 X_ Y_ Z_ ；

说明如下：

G90（G91）：可编程数据输入方式，G90 为绝对值输入，即 X_ Y_ Z_ 指定数据直接输入到相应的坐标系中；G91 为增量输入，即 X_ Y_ Z_ 指定数据会与原来数据相叠加，并替换原来的值，存储到相应的坐标系中。

G10：可编程数据（坐标系）输入；

L2：调用坐标系可编程数据输入功能；

P1：指定 G54 工件坐标系，P2 指定 G55 工件坐标系；P3 指定 G56 工件坐标系；P4 指定 G57 工件坐标系，依此类推。

X_、Y_、Z_：指定数据（机床机械坐标数据值）；

例：G90 G10 L2 P1 X_100 Y_100 Z0；机床自动运行该语句后，指定 X_ Y_ Z_ 的数据会直接替换原来的值。

（2）FANUC 系统 G10 指令指定的刀具补偿数据格式　见表 10-1。

表 10-1　FANUC 系统刀具补偿寄存器与刀具补偿值设置

刀具补偿存储器的种类	指令格式
H 代码（长度补偿）的几何补偿值	G10 L10 P_ R_
H 代码（长度补偿）的磨损补偿值	G10 L11 P_ R_
D 代码（半径补偿）的几何补偿值	G10 L12 P_ R_
D 代码（半径补偿）的磨损补偿值	G10 L13 P_ R_

表 10-1 中，P 为刀具补偿号，例如 P1 是指 1 号刀具补偿；R 为指定补偿值，例如 R1 指该刀具的补偿值为 1，R 后的补偿值可以是常量，也可以是变量。

10.1.3　FANUC 系统 G10 在数控编程中的应用

G10 在数控编程中主要应用于坐标系输入、刀具长度数据输入、刀具半径数据输入。一般情况下，刀具半径数据输入应用较多。G10 指令结合宏程序编程可以解决各种斜面、倒 R 面以及其他可以使用或必须使用动态刀具半径补偿值来实现加工轮廓有规律的变化，是常见的加工方式之一。

G10 编程指令结合变量，可以实现轮廓的等距偏置，这也是加工各类斜面、R 面编程的最基本思路：加工斜面、R 角的关键是找出刀具中心线到已加工侧轮廓之间的法向距离，见表 10-2。

表 10-2　轮廓倒圆和倒角的变量与运算

	图形	变量与运算
立铣刀倒凸圆弧		#101：角度变量；#102：倒圆角半径；#103：刀具半径 #104=#102*[1−COS[#101]]：刀具切削刀尖到上表面的距离 #105=#103−#102*[1−SIN[#101]]：刀具中心线到已加工轮廓的法向距离
球头铣刀倒凸圆弧		#101：角度变量；#102：倒圆角半径；#103：刀具半径 #104=[#102+#103]*[1−COS[#101]]：球头铣刀刀位点尖到上表面的距离 #105=[#102+#103]*SIN[#101]−#102：球头铣刀刀位点到已加工轮廓的法向距离

（续）

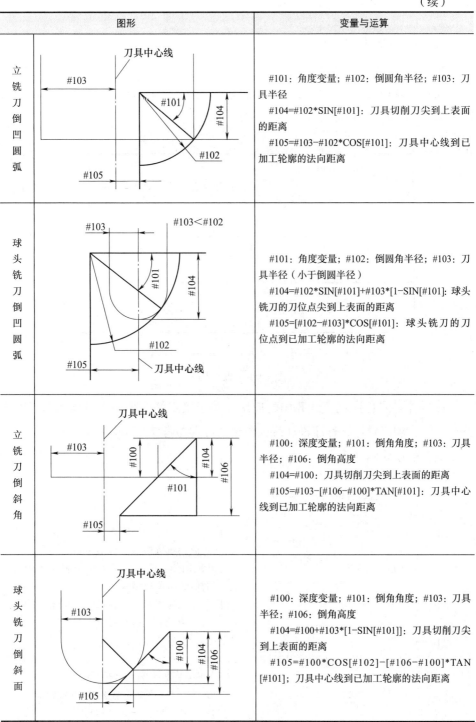

图形	变量与运算
立铣刀倒凹圆弧	#101：角度变量；#102：倒圆角半径；#103：刀具半径 #104=#102*SIN[#101]：刀具切削刀尖到上表面的距离 #105=#103-#102*COS[#101]：刀具中心线到已加工轮廓的法向距离
球头铣刀倒凹圆弧	#101：角度变量；#102：倒圆角半径；#103：刀具半径（小于倒圆半径） #104=#102*SIN[#101]+#103*[1-SIN[#101]]：球头铣刀的刀位点尖到上表面的距离 #105=[#102-#103]*COS[#101]：球头铣刀的刀位点到已加工轮廓的法向距离
立铣刀倒斜角	#100：深度变量；#101：倒角角度；#103：刀具半径；#106：倒角高度 #104=#100：刀具切削刀尖到上表面的距离 #105=#103-[#106-#100]*TAN[#101]：刀具中心线到已加工轮廓的法向距离
球头铣刀倒斜面	#100：深度变量；#101：倒角角度；#103：刀具半径；#106：倒角高度 #104=#100+#103*[1-SIN[#101]]：刀具切削刀尖到上表面的距离 #105=#100*COS[#102]-[#106-#100]*TAN[#101]：刀具中心线到已加工轮廓的法向距离

10.1.4 FANUC 系统 G10 实例应用

1. G10 的坐标系应用

加工图 10-1 所示零件，毛坯为 160mm×50mm×30mm 的长方体，材料为 45 钢，在长方体表面加工 7 个均匀分布的通孔，孔直径为 10mm，孔与孔的间距为 20mm，试编写数控铣床加工孔的宏程序代码。

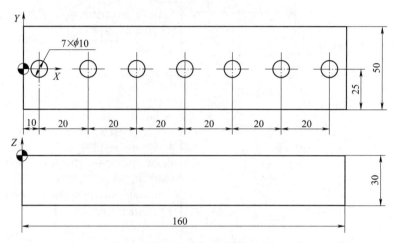

图 10-1 加工零件

该零件是宏程序在直线孔中的应用，关于该零件的装夹、刀具选择、工艺路径安排、加工轨迹、程序设计流程框图请读者参考 7.1 节相关部分内容。

加工程序代码如下：

```
O1001;
G15 G17 G21 G40 G49 G54 G80 G90;
T1 M06;
#100 = −100;                        （设置 #100 号变量，控制 G54 坐标系 X 的值，
                                      #100 的值为机床机械坐标值）
#101 = −100;                        （设置 #101 号变量，控制 G54 坐标系 Y 的值，
                                      #101 的值为机床机械坐标值）
#102 = −100;                        （设置 #102 号变量，控制 G54 坐标系 Z 的值，
                                      #102 的值为机床机械坐标值）
#103=0;                             （设置 #103 号变量，计数器）
N10 G90 G10 L2 P1 X[#100]Y[#101] Z[#103];
                                     （G10 可编程数据输入坐标系值）
G0 G90 G54 X10 Y0 M03 S1500;        （X、Y 轴以 G0 速度移至 X10 Y0 位置）
G43 Z50 H01;                        （Z 轴以 G0 速度移至 Z50 位置）
```

```
G98 G83 Z-33 Q5 R1 F100 M8;      （采用 G83 钻孔循环，钻 φ10mm 孔）
G80;                             （钻孔循环取消）
#100 = #100 + 30;                （#100 号变量依次增加 30mm）
#103 = #103 + 1;                 （#103 号变量依次增加 1）
IF [ #103 LT 7] GOTO 10;         （条件判断语句，若 #103 号变量的值小于 7，
                                 则跳转到标号为 10 的程序段处执行，否则
                                 执行下一程序段）
G90 G0 Z100;                     （Z 轴以 G0 速度移至 Z100 位置）
G91 G28 Z0;
G91 G28 Y0;
M05;
M09;
M30;
```

编程要点提示：

1）设置 #100、#101、#102 号变量控制坐标系 G54 中 X、Y、Z 的值，通过语句：G90 G0 L2 P1 X[#100]Y[#101]Z[#103] 输入到机床 CNC 存储器中，并通过语句：#100 = #100 + 30 实现了坐标系 X 轴的变化。

2）#100、#101、#102 赋值依据：机床建立工件坐标系时，机床机械坐标系 X、Y、Z 的值并必须一一对应，否则会出现加工错误甚至损坏刀具、机床。

3）设置 #103 号变量，控制已经加工完毕孔的个数，通过语句：#103=#103+1 相当于计数器的功能。

2. G10 的刀具长度补偿应用

加工图 10-2 所示零件，毛坯为 100mm×60mm×30mm 的正方体，需要加工 80mm×60mm×18mm 的正方体，材料为 45 钢，试编写数控铣床加工宏程序代码。

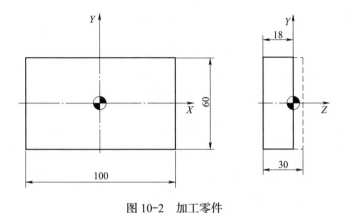

图 10-2　加工零件

该零件是宏程序在加工矩形平面中的应用，关于该零件的装夹、刀具选择、工艺路径安排、加工轨迹、程序设计流程框图请读者参考 8.1 节相关部分内容。

加工程序代码如下：

```
O1002;
G15 G17 G21 G40 G49 G54 G80 G90;
T1 M06;
#100 = 300;                           （设置 #100 号变量，控制 1 号刀具长度补偿值，
                                       是根据刀具测量仪测量出来的数值）
#103 = 12;                            （设置 #103 号变量，Z 轴加工余量）
G0 G90 G54 X0 Y85 M03 S1500;          （X、Y 轴以 G0 速度移至 X0 Y85 位置）
N10 #104 = #100 + #103;               （计算 #104 号变量的值）
G90 G10 L10 P1 R[#104];               （G10 可编程数据输入刀具长度补偿值）
G43 Z50 H01;                          （Z 轴以 G0 速度移至 Z50）
G90 G0 Z0 M8;                         （Z 轴以 G0 速度移至 Z0）
G01 Y-85 F200;                        （Y 轴直线插补至 Y-85）
G91 G0 Z0.5;                          （Z 轴沿正方向以 G0 速度移动 0.5mm）
G90 G0 Y85;                           （Y 轴以 G0 速度移至 Y85 位置）
#103 = #103 - 2;                      （#103 号变量依次减小 2mm）
IF [ #103 GE 0] GOTO 10;              （条件判断语句，若 #103 号变量的值大于等于
                                       0，则跳转到标号为 10 的程序段处执行，否则
                                       执行下一程序段）
G90 G0 Z100;                          （Z 轴以 G0 速度移至 Z100）
G91 G28 Z0;
G91 G28 Y0;
M05;
M09;
M30;
```

编程要点提示：

1）设置 #104，通过语句 G90 G10 L10 P1 R[#104] 输入机床 CNC 存储器中。

2）#100 赋值依据：机床实际测量值，否则会出现加工错误，甚至损坏刀具、机床。

3）设置 #103 号变量控制 Z 轴加工余量，通过语句 #103 = #103-2 实现分层加工。

3. G10 的刀具半径补偿应用

加工图 10-3 所示零件，在通孔的孔口上加工一个倒 R 圆角，孔口直径为

50mm，倒 R 角的圆弧半径为 12mm，倒 R 角的深度为 12mm，底孔已经加工，
材料为 45 钢，要求编写孔口倒 R 角的宏程序代码。

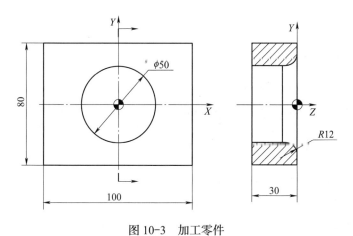

图 10-3　加工零件

该零件是加工圆形 R 角，关于该零件的装夹、刀具选择、工艺路径安排、
加工轨迹、程序设计流程框图请读者参考 9.2 节相关部分内容。

加工程序代码如下：

```
O1003；
G15 G17 G21 G40 G49 G54 G80 G90；
T1 M06；
G0 G90 G54 X0 Y5 M03 S1500；            （X、Y 轴以 G0 速度移至 X0 Y5 位置）
G43 Z50 H01；                          （Z 轴以 G0 速度移至 Z50 位置）
#101 = 90；                            （设置 #101 号变量，控制 R 角起始角度）
#102 = 12；                            （设置 #102 号变量，控制 R 角半径）
#103 = 10；                            （设置 #103 号变量，控制刀具半径）
N10 #104 = #102*[1-COS[#101]；         （计算 #104 号变量的值，刀尖到上表面的距离）
#105 = #103-#102*[1-SIN[#101]]；       （计算 #105 号变量的值，控制刀具中心线到已
                                         加工轮廓的法向距离）
G90 G10 L12 P1 R[#105]；               （G10 可编程数据输入刀具半径补偿值）
G90 G0 Z[0-#104] M8；                  （Z 轴以 G0 速度移至 Z[0-#104]）
G42 G0 X20 D01 F500；                  （建立刀具半径右补偿）
G02 X25 Y0 R5；                        （圆弧切入工件）
G02 I-25；                             （倒圆角）
G02 X20 Y-5 R5；                       （圆弧切出工件）
G0 G40 X0 Y5；                         （取消刀具半径补偿）
#101 = #101-1；                        （#100 号变量依次减小 1°）
```

```
IF [ #101 GE 0] GOTO 10;          （条件判断语句，若 #101 号变量的值大于等于
                                   0，则跳转到标号为 10 的程序段处执行，否则
                                   执行下一程序段）
G90 G0 Z100;                       （Z 轴以 G0 速度移至 Z100 位置）
G91 G28 Z0;
G91 G28 Y0;
M05;
M09;
M30;
```

编程要点提示：

1）程序 O1003 是 G10 的动态刀具半径补偿简单应用实例。

2）设置 #105，通过语句 G90 G10 L12 P1 R[#105] 输入机床 CNC 存储器中，并通过语句 #101=#101-1 实现刀具半径补偿的动态过程。

3）#104、#105 号变量计算理论依据请读者参考表 10-2。

10.1.5　本节小结

G10 是 FANUC 系统提供给用户应用程序指令方式进行参数修改的指令，其功能强大，如刀具寿命管理、工件坐标修改、刀具补偿值修改，以及 PMC 参数修改等。G10 应用领域广泛，涉及范围广，感兴趣的读者可以参考相关的专业书籍。

10.2　FANUC 系统变量在数控编程中的应用

10.2.1　FANUC 系统变量概述

1. FANUC 系统变量

系统变量用于读写 CNC 内部数据，如工件坐标系值、刀具偏置值和当前数据位置。不管是用户宏程序功能 A（A 宏）或用户宏程序功能 B（B 宏），关于系统变量的用法都是固定的，而且某些特定的系统变量为只读，用户必须严格按照规定使用。

BENJING FANUC 0i-MA 系统操作说明书关于系统变量的分类见表 10-3。

表 10-3　FANUC 0i-MA 系统变量一览表

变量号	含义
#1000 ～ #1015, #1032	接口输入变量
#1100 ～ #1115, #1132, #1133	接口输出变量
#10001 ～ #10400, #11001 ～ #11400	刀具长度补偿值
#12001 ～ #12401, #13001 ～ #13400	刀具半径补偿值
#2001 ～ #2400	刀具长度与半径补偿值
#3000	报警
#3001, #3002	时钟
#3003, #3004	循环运行控制
#3005	设定数据（SETTING）
#3006	停止和信息提示
#3007	镜像
#3011, #3012	日期与时间
#3901, #3902	零件数
#4001 ～ #4120, #4130	模态信息
#5001 ～ #5104	位置信息
#5201 ～ #5324	工件坐标系补偿值（工件零点偏移值）
#7001 ～ #7944	扩展工件坐标系补偿值（工件零点偏移值）

以上参考北京 FANUCA 公司提供的 BENJING-FANUC 0i-MA 系统操作说明书。对 FANUC 系统变量的作用和应用范围，笔者不进行介绍，仅对实际数控编程时常用的系统变量进行详细介绍。对 FANUC 系统变量感兴趣的读者可以参考相关专业书籍，了解更多系统变量。

2. 数控编程常用的系统变量

数控铣床程序编制及实际零件的加工通常与刀具长度偏置、刀具半径以及工件坐标系零点偏置相关。刀具长度补偿和刀具半径补偿统称为刀具补偿偏置。FANUC 0i-MA 刀具补偿存储器 C 的系统变量见表 10-4，FANUC 0i-MA 工件坐标系（工件零点）变量号及功能见表 10-5。

表 10-4　FANUC 0i-MA 刀具补偿存储器 C 的系统变量

补偿号	刀具长度补偿（H）		刀具半径补偿（D）	
	几何补偿	磨损补偿	几何补偿	磨损补偿
1	#11001（#2201）	#10001（#2001）	#13001	#12001
2	#11002（#2202）	#10002（#2002）	#13002	#12002
…	…	…	…	…
199	#11199（#2399）	#10199（#2199）	#13199	#12199
200	#11200（#2400）	#10200（#2200）	#13200	#12200
201	#11201	#10201	#13201	#12201
…	…	…	…	…
399	#11399	#10399	#13399	#12399
400	#11400	#10400	#13400	#12400

表 10-5　FANUC 0i-MA 工件坐标系（工件零点）变量号及功能

变量号	功能
#5201	第 1（X）轴 G53 坐标系零点偏移值
#5202	第 2（Y）轴 G53 坐标系零点偏移值
#5203	第 3（Z）轴 G53 坐标系零点偏移值
#5204	第 4（A 或 B）轴 G53 坐标系零点偏移值
#5221	第 1（X）轴 G54 坐标系零点偏移值
#5222	第 2（Y）轴 G54 坐标系零点偏移值
#5223	第 3（Z）轴 G54 坐标系零点偏移值
#5224	第 4（A 或 B）轴 G54 坐标系零点偏移值
#5241	第 1（X）轴 G55 坐标系零点偏移值
#5242	第 2（Y）轴 G55 坐标系零点偏移值
#5243	第 3（Z）轴 G55 坐标系零点偏移值
#5244	第 4（A 或 B）轴 G55 坐标系零点偏移值
#5261	第 1（X）轴 G56 坐标系零点偏移值
#5262	第 2（Y）轴 G56 坐标系零点偏移值
#5263	第 3（Z）轴 G56 坐标系零点偏移值
#5264	第 4（A 或 B）轴 G56 坐标系零点偏移值
#5281	第 1（X）轴 G57 坐标系零点偏移值
#5282	第 2（Y）轴 G57 坐标系零点偏移值
#5283	第 3（Z）轴 G57 坐标系零点偏移值
#5284	第 4（A 或 B）轴 G57 坐标系零点偏移值
#5301	第 1（X）轴 G58 坐标系零点偏移值
#5302	第 2（Y）轴 G58 坐标系零点偏移值
#5303	第 3（Z）轴 G58 坐标系零点偏移值
#5304	第 4（A 或 B）轴 G58 坐标系零点偏移值
#5321	第 1（X）轴 G59 坐标系零点偏移值
#5322	第 2（Y）轴 G59 坐标系零点偏移值
#5323	第 3（Z）轴 G59 坐标系零点偏移值
#5324	第 4（A 或 B）轴 G59 坐标系零点偏移值
#7001	第 1（X）轴工件零点偏移值（G54.1 P1）
#7002	第 2（Y）轴工件零点偏移值（G54.1 P1）
#7003	第 3（Z）轴工件零点偏移值（G54.1 P1）
#7004	第 4（A 或 B）轴工件零点偏移值（G54.1 P1）
#7941	第 1（X）轴工件零点偏移值（G54.1 P48）
#7942	第 2（Y）轴工件零点偏移值（G54.1 P48）
#7943	第 3（Z）轴工件零点偏移值（G54.1 P48）
#7944	第 4（A 或 B）轴工件零点偏移值（G54.1 P48）

10.2.2　FANUC 系统变量在数控编程中的应用

FANUC 系统变量在数控编程中主要应用于坐标系输入、刀具长度数据输入、刀具半径数据输入。一般情况下刀具半径数据输入应用较多。FANUC 系统结合宏程序编程可以解决各种斜面、倒 R 面以及其他可以使用或必须使用半径加工编程中不可忽视的加工方法，使用方法参考表 10-2。

10.3　FANUC 系统变量在工件坐标系中的应用

10.3.1　FANUC 系统变量在工件坐标系中的应用实例

加工图 10-4 所示零件，毛坯为 200mm×50mm×30mm 的长方体，材料为 45 钢，在长方体表面加工 7 个均匀分布的通孔，孔直径为 8mm，孔与孔的间距为 30mm，试编写数控铣床加工孔的宏程序代码。

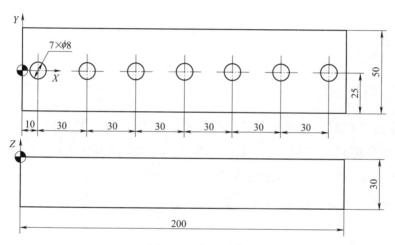

图 10-4　加工零件

该零件是宏程序在直线孔中的应用，关于该零件的装夹、刀具选择、工艺路径安排、加工轨迹、程序设计流程框图请读者参考 7.1 节相关部分内部。

加工程序代码如下：

O1104;	
G15 G17 G21 G40 G49 G54 G80 G90;	
T1 M06;	
N10 #5221 = -100;	（设置 #5221 号变量，控制 G54 坐标系 X 的值，根据机床实际测量而来）
#5222 = -100;	（设置 #5222 号变量，控制 G54 坐标系 Y 的值，根据机床实际测量而来）
#5223 = -100;	（设置 #5223 号变量，控制 G54 坐标系 Z 的值，

根据机床实际测量而来）

```
#103 = 0;                              （设置 #103 号变量，计数器）
G0 G90 G54 X10 Y0 M03 S1500;          （X、Y 轴以 G0 速度移至 X10 Y0 位置）
G43 Z50 H01;                          （Z 轴以 G0 速度移至 Z50 位置）
G98 G83 Z-33 Q5 R1 F30 M8;            （采用 G83 钻孔循环，钻 φ10mm 孔）
G80;                                  （钻孔循环取消）
#5221 = #5221 + 30;                   （#5221 号变量依次增加 30mm）
#103 = #103+1;                        （#103 号变量依次增加 1）
IF [ #103 LT 7] GOTO 10;              （条件判断语句，若 #103 号变量的值小于 7，
                                       则跳转到标号为 10 的程序段处执行，否则
                                       执行下一程序段）

G90 G0 Z100;                          （Z 轴以 G0 速度移至 Z100 位置）
G91 G28 Z0;
G91 G28 Y0;
M05;
M09;
M30;
```

10.3.2　编程总结

1）通过 #5221、#5222、#5223 号变量，将工件零点偏移输入机床 CNC 存储器中，并通过语句 #5221 = #5221+30 实现坐标系中 X 轴的变化。

2）系统变量 #5221、#5222、#5223 的赋值依据：机床建立工件坐标系时，机床机械坐标系 X、Y、Z 的值必须一一对应，否则会出现加工错误，甚至损坏刀具和机床。

3）设置 #103 号变量控制已经加工完毕孔的个数，语句 #103 = #103+1 相当于计数器的功能。

10.4　FANUC 系统变量在刀具长度补偿中的应用

10.4.1　FANUC 系统变量在刀具长度补偿中的应用实例

加工图 10-5 所示零件，毛坯为 80mm×60mm×30mm 的长方体，需要加工 80mm×60mm×16mm 的长方体，材料为 45 钢，试编写数控铣床加工宏程序代码。

　　该零件是宏程序在加工矩形平面中的应用，关于该零件的装夹、刀具选择、工艺路径安排、加工轨迹、程序设计流程框图请读者参考 8.1 节相关部分内容。

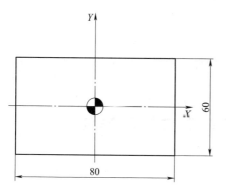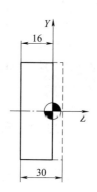

图 10-5　加工零件

加工程序代码如下：

```
O1005;
G15 G17 G21 G40 G49 G54 G80 G90;
T1 M06;
#11001 = 300;                        （设置 #11001 号变量，控制 1 号刀具长度补偿
                                       值，是根据刀具测量仪测量出来的数值）
#103 = 14;                           （设置 #103 号变量，控制 Z 轴加工余量）
G0 G90 G54 X0 Y85 M03 S1500;         （X、Y 轴以 G0 速度移至 X0 Y85 位置）
N10 #11001 = #11001 + #103;          （计算 #11001 号变量的值）
G43 Z50 H01;                         （Z 轴以 G0 速度移至 Z50 位置）
G90 G0 Z0;                           （Z 轴以 G0 速度移至 Z0 位置）
G01 Y-85 F200 M8;                    （Y 轴直线插补至 Y-85）
G91 G0 Z0.5;                         （Z 轴沿正方向以 G0 速度移动 0.5mm）
G90 G0 Y85;                          （Y 轴以 G0 速度移至 Y85 位置）
#103 = #103-2;                       （#103 号变量依次减小 2mm）
IF [ #103 GE 0] GOTO 10;             （条件判断语句，若 #103 号变量的值大于等于
                                       0，则跳转到标号为 10 的程序段处执行，否则
                                       执行下一程序段）
G90 G0 Z100;                         （Z 轴以 G0 速度移至 Z100）
G91 G28 Z0;
G91 G28 Y0;
M05;
M09;
M30;
```

10.4.2　编程总结

1）通过 FANUC 系统变量 #11001，将 1 号刀具长度补偿输入机床 CNC 存储器中，并通过语句 #11001=#11001 + #103 实现刀具长度补偿的动态过程。

2）系统变量 #11001 的赋值依据：建立刀具长度补偿值时，以机床坐标系实际显示值作为赋值，否则会出现加工错误，甚至损坏刀具和机床。

3）设置 #103 号变量控制 Z 轴加工余量，通过语句 #103 = #103-2 实现分层加工。

10.5　FANUC 系统变量在刀具半径补偿中的应用

10.5.1　FANUC 系统变量在刀具半径补偿中的应用实例

加工图 10-6 所示零件，在通孔的孔口上加工一个倒 R 圆角，孔口直径为 50mm，倒 R 角的圆弧半径为 8mm，倒 R 角的深度为 8mm，底孔已经加工，材料为 45 钢，要求编写孔口倒 R 角的宏程序代码。

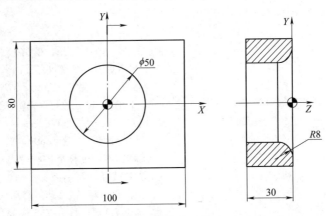

图 10-6　加工零件

该零件是加工圆形 R 角，关于该零件的装夹、刀具选择、工艺路径安排、加工轨迹、程序设计流程框图请读者参考 9.2 节相关部分内容。

加工程序代码如下：

```
O1006;
G15 G17 G21 G40 G49 G54 G80 G90;
T1 M06;
G0 G90 G54 X0 Y5 M03 S1500;        （X、Y 轴以 G0 速度移至 X0 Y5 位置）
G43 Z50 H01;                       （Z 轴以 G0 速度移至 Z50 位置）
```

#101 = 90;	（设置 #101 号变量，控制倒起始角度）
#102 = 8;	（设置 #102 号变量，控制 R 角半径）
#103 = 5;	（设置 #103 号变量，控制刀具半径）
N10 #104 = #102*[1−COS[#101];	（计算 #104 号变量的值，控制刀具切削刀尖到上表面的距离）
#105 = #103−#102*[1−SIN[#101]];	（计算 #105 号变量的值，控制刀具中心线到已加工轮廓的法向距离）
#13001 = #105;	（设置 #13001 号变量，控制 T1 号刀具半径补偿值）
G90 G0 Z[0−#104] M8;	（Z 轴以 G0 速度移至 Z[0−#104]）
G42 G0 X20 D01;	（建立刀具半径右补偿）
G02 X25 Y0 R5;	（1/4 圆弧切入工件）
G02 I−25;	（倒圆角）
G02 X20 Y−5 R5;	（圆弧切出工件）
G0 G40 X0;	（取消刀具半径补偿）
#101 = #101−1;	（#101 号变量依次减小 1°）
IF [#101 GE 0] GOTO 10;	（条件判断语句，若 #101 号变量值大于等于 0，则跳转到标号为 10 的程序段处执行，否则执行下一程序段）
G90 G0 Z100;	（Z 轴以 G0 速度移至 Z100）
G91 G28 Z0;	
G91 G28 Y0;	
M05;	
M09;	
M30;	

10.5.2　编程总结

1）通过系统变量 #13001 将刀具半径补偿值输入机床 CNC 存储器中，并通过语句 #13001=#105 和 #101=#101−1 实现刀具半径补偿的动态过程。

2）#104、#105 号变量计算的理论依据请读者参考表 10-2。

10.6　雷尼绍 OMP40-2 与 FANUC 编程指令 G31 在数控编程中的应用

10.6.1　雷尼绍触发式探头概述

雷尼绍（Renishaw）是一家跨国公司，主要提供测量、运动控制、光谱和精密加工等核心技术，数控机床探头是雷尼绍主要产品之一，能保证机械加工质量，提升技术及产品精度。雷尼绍触发式探头在数控铣床、加工中心、数控车床等数控机床中实现自动对刀、工件找正、工序中测量及工件检测，如图 10-7 所示。

图 10-7　雷尼绍触发式探头

10.6.2　数控机床雷尼绍触发式探头工作原理

数控机床采用雷尼绍触发式探头，探头在触碰到工件的一瞬间，通过读取机床此刻的坐标位置（根据当前坐标系的位置），通过系统变量传输到机床相对应的共用变量（也可以自行设定公用变量号）；通过公用变量和原来的坐标值进行比较（进行加减运算），将计算出来的结果自动补偿到工件坐标系或刀具长度（H）、刀具半径（D）中。

雷尼绍触发式探头采用 3 色灯来显示对应的工作状态：触碰到工件、障碍物等时红色信号灯亮；电池电量不足或没有电时黄色信号灯亮；工作状态未触碰到工件、障碍物等时绿色信号灯亮。

10.6.3　FANUC 数控机床 G31 指令

G31 是跳转指令，通常只用于测量功能，需要外部输入信号，输入信号的地址是 X4.7（信号名 SKIP）。

G31 执行过程中如果没有 SKIP 信号输入则和 G01 完全一样，如果在执行过程中 SKIP 信号置"1"，则在 SKIP 信号置"1"的位置清除剩余的运动量，直接执行下一个程序段。在 SKIP 信号置"1"时，X、Y、Z、A（B）轴坐标值

被存储在 #5061 ～ 5064 这 4 个系统变量中，供测量宏程序计算使用。

10.7　雷尼绍在卧式加工中心探测 B 轴的应用

10.7.1　问题描述

卧式加工中心加工图 10-8 所示零件，该零件为新品打样，为了节省成本，没有设计工装。加工前需要通过 B 轴旋转一定的角度（存入 G54 工件坐标系中），使工件的直线度不大于 0.01mm。

传统办法：采用百分表校正工件。

高效办法：雷尼绍触发式探头自动探测 B 轴角度。

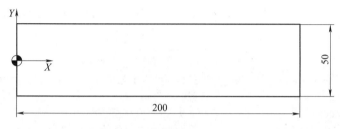

图 10-8　加工零件

10.7.2　解决思路

雷尼绍触发式探头探测图 10-9 所示 A、B 点位置，找出 A、B 点之间 Z 轴的差值，通过反三角函数（ATAN）计算出 A、B 点连线之间的夹角 γ，如图 10-9 所示。计算得出的角度 γ 与原来机床坐标系的角度 δ 进行加减计算，计算的结果自动补偿到工件坐标系 G54 中。

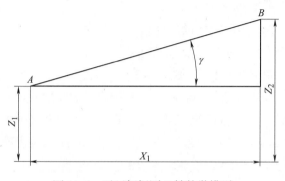

图 10-9　雷尼绍探测 B 轴数学模型

10.7.3　编制雷尼绍自动探测程序

```
O1007;
G15 G17 G21 G40 G49 G54 G80 G90;
T1 M06;                        （雷尼绍触发式探头）
#500 = 0;                      （设置 #500 号变量，赋初始值 0）
#501 = 0;                      （设置 #501 号变量，赋初始值 0）
#502 = 0;                      （设置 #502 号变量，赋初始值 0）
#503 = 0;                      （设置 #503 号变量，赋初始值 0）
#504 = 0;                      （设置 #504 号变量，赋初始值 0）
G90 G54 G0 B0
G0 G90 G54 X5 Y25;             （X、Y 轴以 G0 速度移至 X5 Y25 位置）
G43 Z200 H01;                  （Z 轴以 G0 速度移至 Z200 位置）
Z20;                           （Z 轴以 G0 速度移至 Z20）
G91 G31 Z-30 F500;             （雷尼绍寻第 1 个测量点，如图 10-9 所示 A 点）
#500 = #5063;                  （雷尼绍触碰到工件时的坐标值传递到 #500 号变量中）
G90 G0 Z200;                   （Z 轴以 G0 速度移至 Z200）
X195;                          （X 轴以 G0 速度移至 X195）
Z20;                           （Z 轴以 G0 速度移至 Z20）
G91 G31 Z-30 F500;             （雷尼绍寻第 2 个测量点，如图 10-9 所示 B 点）
#501 = #5063;                  （雷尼绍触碰到工件时的坐标值传递到 #501 号变量中）
G90 G0 Z200;                   （Z 轴以 G0 速度移至 Z200）
#502 = #500 − #501;            （计算 #502 号变量的值，A、B 点 Z 轴的差值）
#503 = #502/[195−5];           （根据三角函数计算正切值）
#504 = ATAN[#503];             （根据反三角函数计算正切值对应的角度）
#5224 = #5224 + #504;          （自动补偿 G54 坐标系中 B 轴机械坐标值）
G91 G28 Z0;
G91 G28 Y0;
M01;
……
```

10.7.4　编程总结

1）执行程序 O1007 前坐标系 G54 中必须有数据，（该数据采用手工找正）。

2）G31 执行过程中如果没有 SKIP 信号输入，则和 G01 完全一样；如果在执行过程中 SKIP 信号置"1"，则在 SKIP 信号置"1"的位置清除剩余的运动量，直接执行下一个程序段。因此 G31 应采用增量的编程方式，如 G91 G31 Z-30 F500。此时坐标值会传递到系统变量中，系统变量与对应的坐标轴见表 10-6。

3）语句 #5224 = #5224 + #504 中的"+"号与机床参数设置有关，即与 B 轴旋转方向有关。实际应用中，应该考虑 B 轴的旋转方向。

4）本书中如未特别说明，雷尼绍测针直径为 6mm。

表 10-6 系统变量与对应的坐标轴

系统变量	坐标轴
#5061	X
#5062	Y
#5063	Z
#5064	第 4 轴

10.8 雷尼绍自动探测长方体中心的应用

10.8.1 问题描述

加工如图 10-10 所示零件，该零件为铸件，毛坯外形差异较大。加工前需要校正工件中心（存入 G54 工件坐标系中）。

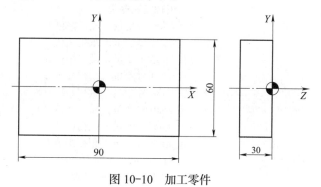

图 10-10 加工零件

10.8.2 解决思路

（1）传统办法 采用机械（电子）寻边器找正工件中心。

（2）高效办法 用雷尼绍触发式探头自动四面分中并通过系统变量修改坐标系的值。

雷尼绍触发式探头探测图 10-11 所示 A、B 点位置（长方体 X 轴中心位置），A、B 点的坐标值相加再除以 2 的值就是与原来坐标系的偏差值（X 轴）；如图 10-11 所示 C、D 点位置（长方体 Y 轴中心位置），C、D 点的坐标值相加再除以 2 的值就是与原来坐标系的偏差值（Y 轴）。通过系统变量自动补偿 G54 工件坐标系中的数据。

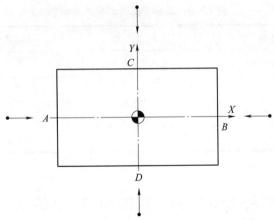

图 10-11　雷尼绍自动探测长方体中心数学模型

10.8.3　编制雷尼绍自动探测程序

O1008；	
G15 G17 G21 G40 G49 G54 G80 G90；	
T1 M06；	（雷尼绍触发式探头）
#500 = 0；	（设置 #500 号变量，赋初始值 0）
#501 = 0；	（设置 #501 号变量，赋初始值 0）
#502 = 0；	（设置 #502 号变量，赋初始值 0）
#503= 0；	（设置 #503 号变量，赋初始值 0
#504 = 0；	（设置 #504 号变量，赋初始值 0）
#505 = 0；	（设置 #500 号变量，赋初始值 0）
#506 = 0；	（设置 #506 号变量，赋初始值 0）
#507 = 0；	（设置 #507 号变量，赋初始值 0）
G0 G90 G54 X60 Y0；	（X、Y 轴以 G0 速度移至 X60 Y0）
G43 Z200 H01；	（Z 轴以 G0 速度移至 Z200 位置）
Z-10；	（Z 轴以 G0 速度移至 Z-10）
G91 G31 X-30 F500；	（雷尼绍寻第 1 个点，如图 10-11 所示 A 点）
#500 = #5061；	（雷尼绍触碰到工件时的坐标值传递到 #500 号变量中）
G0 G90 X60；	（X、Y 轴以 G0 速度移至 X60）
G90 G0 Z200；	（Z 轴以 G0 速度移至 Z200）
X-60；	（X 轴以 G0 速度移至 X-60）
Z-10；	（Z 轴以 G0 速度移至 Z-10）
G91 G31 X30 F500；	（雷尼绍寻第 2 个点，如图 10-11 所示 B 点）
#501 = #5061；	（雷尼绍触碰到工件时的坐标值传递到 #501 号变量中）
G0 G90 X-60；	（X、Y 轴以 G0 速度移至 X-60）
G90 G0 Z200；	（Z 轴以 G0 速度移至 Z200）
#502 = #500 + #501；	（计算 #502 号变量的值，A、B 点坐标值之和）
#503 = #502/2；	（计算 #503 号变量的值）
#5221 = #5221 + #501；	（自动补偿 G54 坐标系中 X 轴的机械坐标值）

```
G0 G90 G54 X0 Y40;           （X、Y 轴以 G0 速度移至 X0 Y40）
Z-10;                        （Z 轴以 G0 速度移至 Z-10）
G91 G31 Y-30 F500;           （雷尼绍寻第 3 个点，如图 10-11 所示 C 点）
#504 = #5062;                （雷尼绍触碰到工件时的坐标值传递到 #504 号变量中）
G0 G90 Y40;                  （Y 轴以 G0 速度移至 Y40）
G90 G0 Z200;                 （Z 轴以 G0 速度移至 Z200）
Y-40;                        （X 轴以 G0 速度移至 Y-40）
Z-10;                        （Z 轴以 G0 速度移至 Z-10）
G91 G31 Y30 F500;            （雷尼绍寻第 4 个点，如图 10-11 所示 D 点）
#505 = #5062;                （雷尼绍触碰到工件时的坐标值传递到 #505 号变量中）
G0 G90 Y-40;                 （Y 轴以 G0 速度移至 Y-40）
G90 G0 Z200;                 （Z 轴以 G0 速度移至 Z200）
#506 = #504 + #505;          （计算 #506 号变量的值，C、D 点坐标值之和）
#507 = #506/2;               （计算 #507 号变量的值）
#5222 = #5222 + #507;        （自动补偿 G54 坐标系中 Y 轴机械坐标值）
G91 G28 Z0;
G91 G28 Y0;
M01;
……
```

10.8.4　编程总结

1）执行程序 O1008 前，坐标系 G54 中必须有数据（该数据采用手工找正）。

2）雷尼绍定位点必须考虑雷尼绍测针的直径并预留适当的安全距离，见程序中语句 G0 G90 G54 X60 Y0。

10.9　雷尼绍探测工件坐标系 Z 轴坐标值

10.9.1　问题描述

加工图 10-12 所示零件，该零件为铸件，毛坯高度差异较大。工序 1：铣大平面 2mm。加工前需要校正工件坐标系 Z 轴的坐标值。

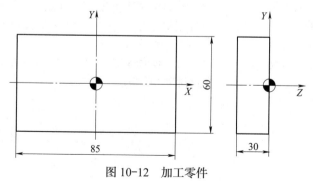

图 10-12　加工零件

10.9.2 解决思路

（1）传统办法 采用试切法。

（2）高效办法 用雷尼绍触发式探头探测Z轴加工余量，并通过系统变量修改坐标系的值。

雷尼绍触发式探头探测图10-13所示A点，探测出A点的坐标值，将A点的坐标值减去加工余量2mm，通过系统变量自动补偿G54工件坐标系Z轴的数据。

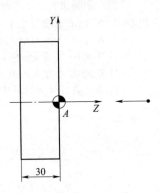

图10-13 雷尼绍探测坐标系Z轴坐标值数学模型

10.9.3 编制雷尼绍自动探测程序

```
O1009;
G15 G17 G21 G40 G49 G54 G80 G90;
T1 M06;
#500 = 0;                    （设置 #500 号变量，赋初始值0）
#501 = 0;                    （设置 #501 号变量，赋初始值0）
G0 G90 G54 X0 Y0;            （X、Y轴以 G0 速度移至 X0 Y0）
G43 Z20 H01;                 （Z轴以 G0 速度移至 Z20 位置）
G91 G31 Z-30 F500;           （雷尼绍探测图 10-13 所示 A 点）
#500 = #5063;                （雷尼绍触碰到工件时的坐标值传递到 #500 号变量中）
#501 = #500−#11001;          （计算 #501 号变量的值）
#5223 = #5223 + #501−2;      （自动补偿 G54 工件坐标系Z轴的坐标值）
G90 G0 Z200;                 （Z轴以 G0 速度移至 Z200）
G91 G28 Z0;
G91 G28 Y0;
M01;
......
```

10.9.4　编程总结

1）雷尼绍自动探测的 Z 轴坐标系的值，包含了雷尼绍的刀具长度，因此在自动补偿坐标系值时，需要将刀具长度值减去，见程序语句 #501 = #500-#11001。

2）执行程序 O1009 前，坐标系 G54 中必须有数据（该数据采用手工找正）。

10.10　雷尼绍在单边测量中的应用

10.10.1　问题描述

加工图 10-14 所示零件，该零件为铸件，毛坯外形差异较大。由于装配的需要，必须保证 4×ϕ10mm 第一个孔中心 X 轴到毛坯边的距离为 10mm。

10.10.2　解决思路

（1）传统办法　用机械寻边器测量毛坯边在产品中的具体位置。

（2）高效办法　用雷尼绍触发式探头探测毛坯边在产品中的具体位置。

雷尼绍触发式探头探测图 10-15 所示 A 点，探测 A 点的坐标值 X_1，将 A 点的坐标值 X_1 再加上 10mm，即 X[X1+10] 是加工第一个孔 X 轴的坐标值。

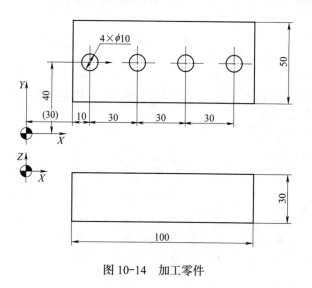

图 10-14　加工零件

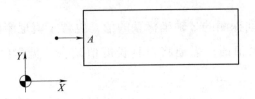

图 10-15　雷尼绍单边测量数学模型示意

10.10.3　编制雷尼绍自动探测程序

```
O1010;
G15 G17 G21 G40 G49 G54 G80 G90;
T1 M06;                          （雷尼绍触发式探头，测头直径6mm）
#500 = 0;                        （设置 #500 号变量，赋初始值 0）
#501 = 0;                        （设置 #501 号变量，赋初始值 0）
#100 = 0;                        （设置 #100 号变量，控制第 1 个孔中心到毛坯边的距离）
G0 G90 G54 X20 Y40;              （X、Y 轴以 G0 速度移至 X20 Y40）
G43 Z200 H01;                    （Z 轴以 G0 速度移至 Z200 位置）
Z-10;                            （Z 轴以 G0 速度移至 Z-10 位置）
G91 G31 X30 F500;                （雷尼绍测量，如图 10-15 所示 A 点）
#500 = #5061;                    （雷尼绍触碰到工件时的坐标值传递到 #500 号变量中）
#501 = #500 + 3;                 （毛坯边在零件 X 轴中的具体位置）
#100 = #501 + 10;                （第一个孔中心到毛坯边的具体位置）
G90 G0 Z200;                     （Z 轴以 G0 速度移至 Z200）
G91 G30 Z0;
T2 M06;                          （采用 φ10mm 钻头）
G0 G90 G54 X#100 Y40 M03 S1500;
G43 Z50 H02;
G98 G83 Z-33 Q5 R1 F300;         （采用 G83 钻孔循环，钻 φ10mm 孔）
X[#100+30];
X[#100+60];
X[#100+90];
G80;
G91 G28 Z0;
G91 G28 Y0;
M05;
M09;
M30;
```

10.10.4　编程总结

1）执行程序 O1010 前，坐标系 G54 中必须有数据（该数据采用手工找正）。

2）#501 = #500 + 3：雷尼绍测头直径 6mm，测量点在探头中心的正方向。

3）#100 号变量控制第 1 个孔中心距毛坯边的距离，毛坯存在差异，雷尼绍自动探测完成后，将探测的数据传输到 #100 号变量中。

10.11　雷尼绍在探测分度圆孔中心的应用

10.11.1　问题描述

加工图 10-16 所示零件，该零件为精密件，圆周孔与外圆位置度要求比较高。由于装配的需要，必须保证 6×φ8mm 孔中心与 φ100mm 圆的位置度误差在 0.02mm 以内。

10.11.2　解决思路

（1）传统办法　百分表找正 φ100mm 的圆心。

（2）高效办法　用雷尼绍触发式探头探测 φ100mm 的圆心。

雷尼绍触发式探头探测图 10-17 所示 A、B 点位置（φ100mm 圆的 0、180° 象限点），A、B 点的坐标值相加再除以 2 的值就是与原来坐标系的偏差值（X 轴）；如图 10-17 所示 C、D（φ100 圆的 90°、270° 象限点）点位置，C、D 点的坐标值相加再除以 2 的值就是与原来坐标系的偏差值（Y 轴）。通过系统变量自动补偿 G54 工件坐标系中的数据。

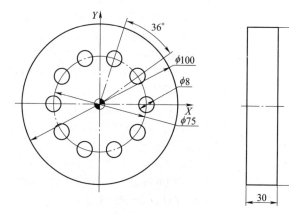

图 10-16　加工零件

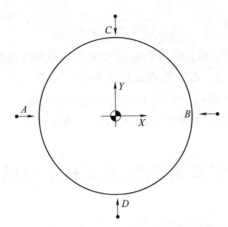

图 10-17　雷尼绍探测圆（孔）中心数学模型示意

10.11.3　编制雷尼绍自动探测程序

```
O1011;
G15 G17 G21 G40 G49 G54 G80 G90;
T1 M06;                      （雷尼绍触发式探头）
#500 = 0;                    （设置 #500 号变量，赋初始值 0）
#501 = 0;                    （设置 #501 号变量，赋初始值 0）
#502 = 0;                    （设置 #502 号变量，赋初始值 0）
#503 = 0;                    （设置 #503 号变量，赋初始值 0）
#504 = 0;                    （设置 #504 号变量，赋初始值 0）
#505 = 0;                    （设置 #500 号变量，赋初始值 0）
#506 = 0;                    （设置 #506 号变量，赋初始值 0）
#507 = 0;                    （设置 #507 号变量，赋初始值 0）
G0 G90 G54 X65 Y0;           （X、Y 轴以 G0 速度移至 X65 Y0）
G43 Z200 H01;                （Z 轴以 G0 速度移至 Z200）
Z-10;                        （Z 轴以 G0 速度移至 Z-10）
G91 G31 X-30 F500;           （雷尼绍寻第 1 个点，如图 10-17 所示 B 点）
#500 = #5061;                （雷尼绍触碰到工件时的坐标值传递到 #500 号变量中）
G0 G90 X65;                  （X、Y 轴以 G0 速度移至 X65）
G90 G0 Z200;                 （Z 轴以 G0 速度移至 Z200）
X-65;                        （X 轴以 G0 速度移至 X-65）
Z-10;                        （Z 轴以 G0 速度移至 Z-10）
G91 G31 X30 F500;            （雷尼绍寻第 2 个点，如图 10-17 所示 A 点）
#501 = #5061;                （雷尼绍触碰到工件时的坐标值传递到 #501 号变量中）
G0 G90 X-65;                 （X、Y 轴以 G0 速度移至 X-65）
G90 G0 Z200;                 （Z 轴以 G0 速度移至 Z200）
```

#502 = #500 + #501;	（计算 #502 号变量的值，*A*、*B* 点坐标值之和）
#503 = #502/2;	（计算 #503 号变量的值）
#5221 = #5221 + #501;	（自动补偿 G54 坐标系中 *X* 轴的机械坐标值）
G0 G90 G54 X0 Y65;	（*X*、*Y* 轴以 G0 速度移至 X0 Y65）
Z-10;	（*Z* 轴以 G0 速度移至 Z-10）
G91 G31 Y-30 F500;	（雷尼绍寻第 3 个点，如图 10-17 所示 *C* 点）
#504 = #5062;	（雷尼绍触碰到工件时的坐标值传递到 #504 号变量中）
G0 G90 Y65;	（*Y* 轴以 G0 速度移至 Y65）
G90 G0 Z200;	（*Z* 轴以 G0 速度移至 Z200）
Y-65;	（*X* 轴以 G0 速度移至 Y-65）
Z-10;	（*Z* 轴以 G0 速度移至 Z-10）
G91 G31 Y30 F500;	（雷尼绍寻第 4 个点，如图 10-17 所示 *D* 点）
#505 = #5062;	（雷尼绍触碰到工件时的坐标值传递到 #505 号变量中）
G0 G90 Y-65;	（*Y* 轴以 G0 速度移至 Y-65）
G90 G0 Z200;	（*Z* 轴以 G0 速度移至 Z200）
#506 = #504 + #505;	（计算 #506 号变量的值，*C*、*D* 点坐标值之和）
#507 = #506/2;	（计算 #507 号变量的值）
#5222 = #5222 + #507;	（自动补偿 G54 坐标系中 *Y* 轴的机械坐标值）
G91 G28 Z0;	
G91 G28 Y0;	
M01;	
……	

10.11.4　编程总结

1）探测圆（孔）中心，常见方法有 3 分点测量法、4 分点测量法、6 分点测量法……程序 O1011 采用 4 分点测量法，计算相对比较简单，测量原理、方法完全一致，感兴趣的读者可以自行完成。

2）雷尼绍在测量之前应检查探针测头的中心位置，如偏差较大（测头精度根据加工要求会有差异）可采用千分表进行校正。

3）执行程序 O1011 前，坐标系 G54 中必须有数据（该数据采用手工找正）。

10.12　雷尼绍在探测不同加工区域的应用

10.12.1　问题描述

加工图 10-18 所示零件，该零件为铸件，毛坯外形差异较大。由于装配的需要，必须保证 2×φ10mm 孔口倒角 2.5mm。

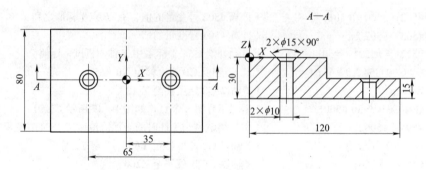

图 10-18 加工零件

10.12.2 解决思路

（1）传统办法 采用试切法。

（2）高效办法 用雷尼绍触发式探头探测加工区域（孔中心）位置毛坯面的高度。

雷尼绍触发式探头探测图 10-19 所示 A 点，探测 A 点 Z 轴的坐标值，将 A 点 Z 轴的坐标值减去雷尼绍的刀具长度，自动补偿到 #100 号变量，作为加工 A 点孔中心的起始高度；用同样的方式自动探测图 10-19 所示的 B 点，将自动测量的数据自动补偿到 #101 号变量，作为加工 B 点孔中心的起始高度。

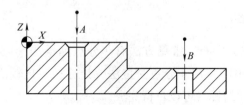

图 10-19 雷尼绍探测不同加工区域数学模型

10.12.3 编制雷尼绍自动探测程序

```
O1012;
G15 G17 G21 G40 G49 G54 G80 G90;
T1 M06;
#500 = 0;                    （设置 #500 号变量，赋初始值 0）
#501 = 0;                    （设置 #501 号变量，赋初始值 0）
#502 = 0;                    （设置 #502 号变量，赋初始值 0）
#503 = 0;                    （设置 #503 号变量，赋初始值 0）
```

```
#100 = 0;                       （设置 #100 号变量，控制 A 点孔中心起始加工高度）
#101 = 0;                       （设置 #101 号变量，控制 B 点孔中心起始加工高度）
G0 G90 G54 X-30 Y0;             （X、Y 轴以 G0 速度移至 X-30 Y0）
G43 Z20 H01;                    （Z 轴以 G0 速度移至 Z20 位置）
G91 G31 Z-30 F500;              （雷尼绍探测如图 10-19 所示 A 点）
#500 = #5063;                   （雷尼绍触碰到工件时的坐标值传递到 #500 号变量中）
#501 = #500-#11001;             （计算 #501 号变量的值）
#100 = #501;                    （雷尼绍探测数据赋值给 #100 号变量）
G90 G0 Z200;                    （Z 轴以 G0 速度移至 Z200）
G0 G90 G54 X35 Y0;             （X、Y 轴以 G0 速度移至 X35 Y0）
Z-10;                           （Z 轴以 G0 速度移至 Z-10 位置）
G91 G31 Z-30 F500;              （雷尼绍探测如图 10-19 所示 B 点）
#502 = #5063;                   （雷尼绍触碰到工件时的坐标值传递到 #502 号变量中）
#503 = #500-#11001;             （计算 #503 号变量的值）
#101 = #503;                    （雷尼绍探测数据赋值给 #101 号变量）
G90 G0 Z200;                    （Z 轴以 G0 速度移至 Z200）
G91 G28 Z0;
G91 G28 Y0;
M01;
N2                              （加工 φ10mm 孔）
T2 M6;
G90 G0 G54 X-30 Y0 M03 S1500;
G43 Z50 H02;
G81 Z[#100-35]R[#100+2]F150;
X35 Z[#101-17] R[#101+2];
G80;
G91 G28 Z0;
M05;
M09;
M01;
N3;                             （加工 φ15mm×90° 孔）
T3 M6;                          （φ15mm×90° 成型刀）
G90 G0 G54 X-30 Y0 M03 S1500;
G43 Z50 H03;
G81 Z[#100-2]R[#100+2]F150;
X35 Z[#101-2] R[#101+2];
G80;
G91 G28 Z0;
M05;
M09;
M30;
```

10.12.4　编程总结

1）雷尼绍探测不同加工区域，也可以将自动探测的数据自动补偿到工件坐标中，通过修改工件坐标中相对应的坐标值来实现。

2）执行程序 O1012 坐标系 G54 中必须有数据（该数据采用手工找正）。

10.13　雷尼绍自动探测报警程序的应用

10.13.1　雷尼绍自动探测误差

雷尼绍在自动探测过程中如探测到工件的铁屑、毛刺等会出现测量结果与实际值相差较大的情况。此时将探测的值自动补偿到工件坐标系或相对应的加工变量中，会出现补偿错误，导致加工零件误差较大，甚至损坏刀具以及引起机床加工事故。

10.13.2　雷尼绍自动探测误差解决方法

在实际生产过程中，为了减少自动探测的误差，最大程度确保自动探测的准确性；出现探测误差能及时反馈给机床操作人员，让机床操作人员对测量结果进行确认。

通常的做法：将雷尼绍自动测量的结果与现有的测量值进行比较，当两者比较的结果在一定的范围内时，可以判定自动探测数据是准确的，此时的测量误差是合理的；当两者比较的结果在超出一定的范围内时，可以判定自动探测数据是误差较大，需要人工进行进一步的确认。当自动测量误差较大时，可以通过触发数控系统报警来提示机床操作人员。

10.13.3　雷尼绍自动探测误差解决方法实例

10-11 节实例雷尼绍自动探测圆（孔）中心过程中，当测量误差大于 0.5mm 时，需要触发机床报警，告知机床操作人员需要对测量结果进行确认。

程序如下：

```
O1013;
G15 G17 G21 G40 G49 G54 G80 G90;
T1 M06;                    （雷尼绍触发式探头）
#100 = 0.5;                （设置 #100 号变量，测量误差值）
#500 = 0;                  （设置 #500 号变量，赋初始值 0）
#501 = 0;                  （设置 #501 号变量，赋初始值 0）
#502 = 0;                  （设置 #502 号变量，赋初始值 0）
```

#503= 0;	（设置 #503 号变量，赋初始值 0）
#504 = 0;	（设置 #504 号变量，赋初始值 0）
#505 = 0;	（设置 #500 号变量，赋初始值 0）
#506 = 0;	（设置 #501 号变量，赋初始值 0）
#507 = 0;	（设置 #507 号变量，赋初始值 0）
G0 G90 G54 X65 Y0;	（X、Y 轴以 G0 速度移至 X65 Y0）
G43 Z200 H01;	（Z 轴以 G0 速度移至 Z200 位置）
Z-10;	（Z 轴以 G0 速度移至 Z-10）
G91 G31 X-30 F500;	（雷尼绍寻第 1 个点，如图 10-17 所示 B 点）
#500 = #5061;	（雷尼绍触碰到工件时的坐标值传递到 #500 号变量中）
G0 G90 X65;	（X、Y 轴以 G0 速度移至 X65）
G90 G0 Z200;	（Z 轴以 G0 速度移至 Z200）
X-65;	（X 轴以 G0 速度移至 X-65）
Z-10;	（Z 轴以 G0 速度移至 Z-10）
G91 G31 X30 F500;	（雷尼绍寻第 2 个点，如图 10-17 所示 A 点）
#501 = #5061;	（雷尼绍触碰到工件时的坐标值传递到 #501 号变量中）
G0 G90 X-65;	（X、Y 轴以 G0 速度移至 X-65）
G90 G0 Z200;	（Z 轴以 G0 速度移至 Z200）
#502 = #500 + #501;	（计算 #502 号变量的值，A、B 点坐标值之和）
#503 = #502/2;	（计算 #503 号变量的值）
IF[ABS[#503] GE #100] GOTO 100;	
	（条件判断语句，若 #503 号变量绝对值大于等于 #100 号变量值，则跳转到标号为 100 的程序段执行，否则执行下一程序段）
#5221 = #5221 + #501;	（自动补偿 G54 坐标系中 X 轴机械坐标值）
G0 G90 G54 X0 Y65;	（X、Y 轴以 G0 速度移至 X0 Y65）
G43 Z200 H01;	（Z 轴以 G0 速度移至 Z200 位置）
Z-10;	（Z 轴以 G0 速度移至 Z-10）
G91 G31 Y-30 F500;	（雷尼绍寻第 3 个点，如图 10-17 所示 C 点）
#504 = #5062;	（雷尼绍触碰到工件时的坐标值传递到 #504 号变量中）
G0 G90 Y65;	（Y 轴以 G0 速度移至 Y65）
G90 G0 Z200;	（Z 轴以 G0 速度移至 Z200）
Y-65;	（X 轴以 G0 速度移至 Y-65）
Z-10;	（Z 轴以 G0 速度移至 Z-10）
G91 G31 Y30 F500;	（雷尼绍寻第 4 个点，如图 10-17 所示 D 点）
#505 = #5062;	（雷尼绍触碰到工件时的坐标值传递到 #505 号变量中）
G0 G90 Y-40;	（Y 轴以 G0 速度移至 Y-40）
G90 G0 Z200;	（Z 轴以 G0 速度移至 Z200）
#506 = #504 + #505;	（计算 #506 号变量的值，C、D 点坐标值之和）
#507 = #506/2;	（计算 #507 号变量的值）
IF[ABS[#507] GE #100] GOTO 100;	
	（条件判断语句，若 #507 号变量绝对值大于等于 #100 号变量值，则跳转到标号为 100 的程序段执行，否则执行下一程序段）

```
#5222 = #5222 + #507;        （自动补偿 G54 坐标系中 Y 轴机械坐标值）
N100 G91 G28 Z0;             （Z 轴返回机床原点）
#3000 = 1;                   （触发数控机床系统报警）
G91 G28 Y0;
M01;
……
```

10.13.4　编程总结

1）程序 O1013 是雷尼绍探测圆心，当测量值大于 0.5 时，触发系统报警，通知机床操作人员对测量结果进行确认。

2）产生测量误差的原因及其措施大致有以下 3 种：

① 机床自身的精度。机床及其工作部件应定期维护与保养，确保机床自身精度满足加工要求。

② 雷尼绍及接收信号装置的精度。应严格定期进行雷尼绍精度的校正，确保测头中心与机床主轴中心重合，确保测量杆与雷尼绍主体固定螺纹未松动，确保雷尼绍电池电量充足，确保信号接收装置的周围没有电磁干扰信号。

③ 测量程序合理性相关的精度。测量中应增加防碰撞程序、测量误差过大报警等程序，最大限度地减少测量误差。

3）系统变量 #3000 含义见表 10-3 所列的 FANUC 0i 系统变量一览表。

本 章 小 结

1）本章对 FANUC 系统可编程参数输入（G10）、系统变量、雷尼绍自动探测功能进行介绍，通过多个应用实例介绍其在实际数控加工中的应用。

2）在实际编程中，可编程参数输入（G10）、系统变量根据实际加工的需要对坐标系原点、刀具长度（半径）补偿进行改变和调整，改变了传统的坐标系原点、刀具长度（半径）补偿的固定加工方式，拓展了数控编程思路和编程方法，结合宏程序使得编程更加灵活，功能更加广泛。

3）雷尼绍自动探测关键在于读取程序当前坐标和进行修改工件坐标系、修改变量值并传递程序进行加工等，大大降低人工操作的误差，但雷尼绍自动探测和机床自身精度也是密切相关的，实际加工中有时也会出现测量误差，所以对现场操作人员的操作能力有较高的要求。

4）雷尼绍自动探测功能应用于数控加工能提高产品的加工质量和加工效率，雷尼绍探头及其编程在实际加工中应用较多，包含但不仅限于书中所列举的应用场合。

参 考 文 献

[1] 胡育辉，赵宏立，张宇. 数控宏编程手册 [M]. 北京：化学工业出版社，2010.

[2] 冯志刚. 数控宏程序编程方法、技巧与实例 [M]. 北京：机械工业出版社，2007.

[3] 李锋. 数控宏程序实例教程 [M]. 北京：化学工业出版社，2010.

[4] 陈海舟. 数控铣削加工宏程序及其应用实例 [M]. 北京：机械工业出版社，2006.

[5] Peter Smid. FANUC 数控系统用户宏程序与编程技巧 [M]. 罗学科，等译. 北京：化学工业出版社，2007.

[6] 孙德茂. 数控机床车削加工直接编程技术 [M]. 北京：机械工业出版社，2005.

[7] 张立新，何玉忠. 数控加工进阶教程 [M]. 西安：西安电子科技大学出版社，2008.

[8] 于万成. 数控加工工艺与编程基础 [M]. 北京：人民邮电出版社，2006.

[9] 顾雪艳，等. 数控加工编程操作技巧与禁忌 [M]. 北京：机械工业出版社，2008.

[10] 沈春根，徐晓翔，刘义. 数控车宏程序编程实例精讲 [M]. 北京：机械工业出版社，2011.

[11] 沈春根，徐晓翔，刘义. 数控铣宏程序编程实例精讲 [M]. 北京：机械工业出版社，2014.

[12] 沈春根，汪健，刘义. FANUC 数控宏程序编程案例手册 [M]. 北京：机械工业出版社，2017.